高职高专物联网专业规划教材

射频识别技术及应用

陈　军　　徐　旻　主　编
翟永健　副主编

化学工业出版社
·北京·

内容提要

本书主要介绍射频识别技术涉及的主要技术知识，包括射频识别技术概述、射频识别系统的主要电路分析、射频识别的频率标准与技术规范、125kHz射频识别技术及应用、射频识别读写器开发关键技术、微波射频识别技术和射频识别技术在交通安全与管理中的应用等，书后附有相关的技能训练。本书尽可能做到通俗易懂，内容新颖、翔实。

本书可以作为高职高专电子信息类专业、物联网技术应用类专业、物流管理类专业教材，也可作为从事电子信息技术的工程技术人员的学习参考书。

图书在版编目（CIP）数据

射频识别技术及应用/陈军，徐旻主编. —北京：化学工业出版社，2014.1（2024.8重印）

高职高专物联网专业规划教材

ISBN 978-7-122-19030-7

Ⅰ.①射… Ⅱ.①陈…②徐… Ⅲ.①无线电信号-射频-信号识别-高等职业教育-教材 Ⅳ.①TN911.23

中国版本图书馆CIP数据核字（2013）第275184号

责任编辑：廉 静　　文字编辑：张燕文

责任校对：宋 玮　　装帧设计：王晓宇

出版发行：化学工业出版社（北京市东城区青年湖南街13号 邮政编码100011）

印　　装：北京科印技术咨询服务有限公司数码印刷分部

787mm×1092mm 1/16 印张12¾ 字数325千字 2024年8月北京第1版第4次印刷

购书咨询：010-64518888　　售后服务：010-64518899

网　　址：http：//www.cip.com.cn

凡购买本书，如有缺损质量问题，本社销售中心负责调换。

定　　价：39.00元

前 言

为了适应物联网技术的发展，越来越多的院校在电子信息类专业、物联网技术应用类专业和物流管理类专业开设了射频识别技术的相关课程。由于教材建设滞后，相关课程一直面临没有合适教材的问题。为了配合教学，解决教材缺乏的问题，我们决定编写本教材。

作者结合多年的教学、科研和工程实践经验，编写了该教材。在教材编写中，始终坚持“管用、够用、适用”的原则，精选内容，介绍新技术、新标准、新应用等内容，合理编排,突显了教材的实用性和先进性；体现了以实施工程任务突出能力培养的主线，相关知识为支撑的编写思路，使理论知识与技能实践知识巧妙地融为一体。

本书可作为高职高专院校电子信息技术、物联网技术应用、物流管理等专业的理论或实训教材，也可作为工程技术人员自学或职业技能培训教材。

《射频识别技术及应用》在内容上充分体现了高职教育理念，本书结构合理，第1、2、3章主要介绍射频技术的基本概念、基础知识和相关标准，第4、5、6、7章主要讲解射频技术的具体应用及分析。在编写模式上采用项目训练、情境教学、企业案例等多种方式，突出了职业教育特色。为编好本教材，编写团队依托所在学校的课程改革成果，已完成如下基础工作：

① 广泛调研区域内电子信息相关生产企业，对相关岗位的职业素质、操作技能及知识结构进行分析，在职业课程开发理论指导下优化设计本课程的教学内容。

② 与来自企业一线的技术和管理人员组成编写团队，按岗位实际设计教学项目，将知识介绍、射频识别知识与技术和技能训练等融入具体的项目实践中，编写了教学讲义。该讲义在南京交通职业技术学院相关专业使用，教学效果良好。

③ 全面体现教育信息化发展趋势，已按照江苏省精品资源共享课程建设要求，配套建设了课程网站，配备了丰富的数字化资源。

主要编者从事相关课程教学近20年，积累了丰富的教学经验。在教材编写中注重知识的系统性，同时注重引入新技术的应用。为了便于教学，尽量避免复杂的公式推导，做到通俗易懂，易教易学。

本书由陈军、徐旻（南京交通职业技术学院）任主编，翟永健（南京交通职业技术学院）任副主编，刘铁刚、杨磊、罗凯（武汉创维特信息技术有限公司）参与了教材的编写。在教材编写过程中，得到了武汉创维特信息技术有限公司的大力支持，在此表示感谢。

由于时间仓促且水平所限，书中疏漏、不足之处在所难免，恳请专家和广大读者批评指正。

编者

2013 年 8 月

目 录

绪　论

射频技术在低频段基于变压器耦合模型（初级与次级之间的能量传递及信号传递），在高频段基于雷达探测目标的空间耦合模型（雷达发射电磁波信号碰到目标后携带目标信息返回雷达接收机）。

射频识别（Radio Frequency Identification，RFID）技术是当前最受人们关注的热点技术之一，也是我国信息化建设的核心技术之一。这项技术既和传统应用紧密相关，又充满着新意与活力。RFlD 技术的应用领域众多，如票务、身份证、门禁、电子钱包、物流、动物识别等，它已经渗透到我们日常生活和工作的各个方面，给我们的社会活动、生产活动、行为方法和思维观念带来了巨大的变革。

RFID 技术是 20 世纪 90 年代开始兴起的一种自动识别技术，是目前比较先进的一种非接触识别技术。以简单 RFID 系统为基础，结合已有的网络技术、数据库技术、中间件技术等，构筑一个由大量联网的阅读器和无数移动的标签组成的，比 Internet 更为庞大的物联网成为 RFID 技术发展的趋势。

RFID 技术是能够让物品“开口说话”的一种技术。在“物联网”的构想中，RFID 标签中存储着规范而具有互用性的信息，通过无线数据通信网络把它们自动采集到中央信息系统，实现物品（商品）的识别，进而通过开放性的计算机网络实现信息交换和共享，实现对物品的“透明”管理。RFID 技术的理论得到丰富和完善。单芯片电子标签、多电子标签识读、无线可读可写、无源电子标签的远距离识别、适应高速移动物体的 RFID 正在成为现实。

无线射频识别技术可通过射频信号自动识别目标对象，无需可见光源；具有穿透性，可以透过外部材料直接读取数据，保护外部包装，节省开箱时间；射频产品可以在恶劣环境下工作，对环境要求低；读取距离远，无需与目标接触就可以得到数据；支持写入数据，无需重新制作新的标签；使用防冲突技术，能够同时处理多个射频标签，适用于批量识别场合；可以对 RFID 标签所附着的物体进行追踪定位，提供位置信息。

无线射频识别技术已被广泛应用于工业自动化、商业自动化、交通运输控制管理等众多领域，例如汽车或火车等的交通监控系统、高速公路自动收费系统、物品管理、流水线生产自动化、门禁系统、金融交易、仓储管理、畜牧管理、车辆防盗等。

由于 RFID 芯片的小型化和高性能芯片的实用化，射频识别标签不仅帮助不同领域的管理者追踪物品的位置和搬运情况，还可以实时报告标签上附带的其他信息，比如温度和压力等。RFID 技术可以实现从商品设计，原材料采购及半成品与制成品的生产、运输、仓储、配送、销售，甚至退货处理与售后服务等所有供应链环节的即时监控，准确掌握产品相关信息，诸如种类、生产商、生产时间、地点、颜色、尺寸、数量、到达地、接收者等。射频标签是通过连接到数据网络上的读写器来提供此类信息的，迄今为止射频识别标签主要作为条码的延伸而应用于工厂自动化或者库存管理等领域，尺寸更小的射频识别标签将应用于更先进的领域内。

RFID技术及其产业正在展现出一个美好的未来。2006年6月9日和2009年11月3日，由中国多个部委联合发布的《中国射频识别技术政策白皮书》和《中国射频识别技术发展与应用报告》，不仅为中国RFID产业发展指明了方向，也全面带动了全国范围内RFID应用的发展。特别是2009年8月温家宝总理提出建立"感知中国"中心，推进物联网发展，实现流通现代化的目标后，RFID应用的全面推进更是指日可待。在整个电子商务领域，射频识别技术是继互联网和移动通信两大技术大潮后的又一次大潮。

Chapter 01

第1章

射频识别(RFID)技术概述

1.1 RFID 技术的发展

射频识别技术是 20 世纪 90 年代开始兴起的一种自动识别技术，射频识别技术是一项利用射频信号通过空间耦合（交变磁场或电磁场）实现无接触信息传递并通过所传递的信息达到识别目的的技术。

1940～1950 年：雷达的改进和应用催生了射频识别技术，1948 年哈里斯托克曼发表的“利用反射功率的通信”奠定了射频识别技术的理论基础。

1950～1960 年：早期射频识别技术的探索阶段，主要是实验室实验研究。

1960～1970 年：射频识别技术的理论得到了发展，开始了一些应用尝试。

1970～1980 年：射频识别技术与产品研发处于一个大发展时期，各种射频识别技术测试得到加速。出现了一些最早的射频识别应用。

1980～1990 年：射频识别技术及产品进入商业应用阶段，各种规模应用开始出现。

1990～2000 年：射频识别技术标准化问题日趋得到重视，射频识别产品得到广泛采用，射频识别产品逐渐成为人们生活中的一部分。

2000 年后：标准化问题日趋为人们所重视，射频识别产品种类更加丰富，有源电子标签、无源电子标签及半无源电子标签均得到发展，电子标签成本不断降低，应用规模扩大。

至今，射频识别技术理论得到丰富和完善。单芯片电子标签、多电子标签识读、无线可读可写、无源电子标签的远距离识别、适应高速移动物体的射频识别技术与产品正在成为现实并走向应用。

RFID 技术主要特征有以下几个方面：

① 数据的读写（Read Write）机能。只要通过 RFID Reader 即可不需接触，直接读取信息至数据库内，且可一次处理多个标签，并可以将物流处理的状态写入标签，供下一阶段物流处理用。

② 容易小型化和多样化的形状。RFID 在读取上并不受尺寸大小与形状的限制，不需为了读取精确度而配合纸张的固定尺寸和印刷品质。此外，RFID 电子标签更可小型化且应用在不同产品。因此，可以更加灵活地控制产品的生产，特别是在生产线上的应用。

③ 耐环境性。纸张一受到脏污就会看不到，但 RFID 对水、油和药品等物质却有强力的抗污性。RFID 在黑暗或脏污的环境之中，也可以读取数据。

④ 可重复使用。由于 RFID 为电子数据，可以反复被覆写，因此可以回收标签重复使用。如被动式 RFID，不需要电池就可以使用，没有维护保养的需要。

⑤ 穿透性。RFID 若被纸张、木材和塑料等非金属或非透明的材质包覆，也可以进行穿透性通信。但如果是铁质金属，就无法进行通信。

⑥ 数据的记忆容量大。数据容量会随着记忆规格的发展而扩大，未来物品所需携带的资料量愈来愈大，对卷标所能扩充容量的需求也增加，对此 RFID 不会受到限制。

⑦ 系统安全。将产品数据从中央计算机中转存到工件上将为系统提供安全保障，大大地提高了系统的安全性。

⑧ 数据安全。通过校验或循环冗余校验的方法来保证射频标签中存储的数据的准确性。

1.2 RFID 系统组成

作为物联网的核心技术之一，RFID 技术的应用领域非常广泛，由于不同领域的应用需求不同，造成了目前多种标准和协议的 RFID 设备共存的局面，这就使应用系统架构的复杂程度大为提高。但基本的 RFID 系统组成相对简单而清晰，主要包括 RFID 标签、读写器、天线、中间件和应用系统软件五部分（图 1-1）。

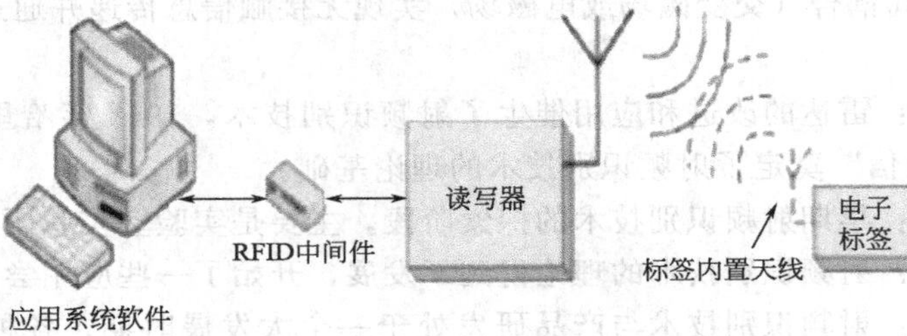

图 1-1　RFID 系统组成示意图

RFID 技术利用无线射频方式在读写器和射频卡之间进行非接触双向数据传输，以达到目标识别和数据交换的目的。与传统的条码、磁卡及 IC 卡相比，射频卡具有非接触、阅读速度快、无磨损、不受环境影响、寿命长、便于使用的特点和具有防冲突功能，能同时处理多张卡片。

1.2.1 RFID 标签

电子标签是射频识别系统的数据载体，由耦合元件及芯片组成，每个标签具有唯一的电子编码；且每个电子标签具有全球唯一的识别号（ID），无法修改、无法仿造，这就提供了安全性。电子标签中一般保存有约定格式的电子数据，在实际应用中，电子标签附着在待识别物体的表面。

(1) RFID 标签工作原理

电子标签进入磁场后，接收读写器发出的射频信号，凭借感应电流所获得的能量发送出存储在芯片中的产品信息（Passive Tag，无源标签或被动标签），或者主动发送某一频率的信号（Active Tag，有源标签或主动标签）；读写器读取信息并解码后，送至中央信息系统进行有关数据处理。

RFID 标签中存储一个唯一编码，通常为 64bit、96bit 甚至更高，其地址空间大大高于条码所能提供的空间，因此可以实现单品级的物品编码。

图 1-2 是一款 RFID 标签芯片的内部结构示意图，主要包括射频前端、模拟前端、数字基带处理单元和 EEPROM 存储单元四部分。

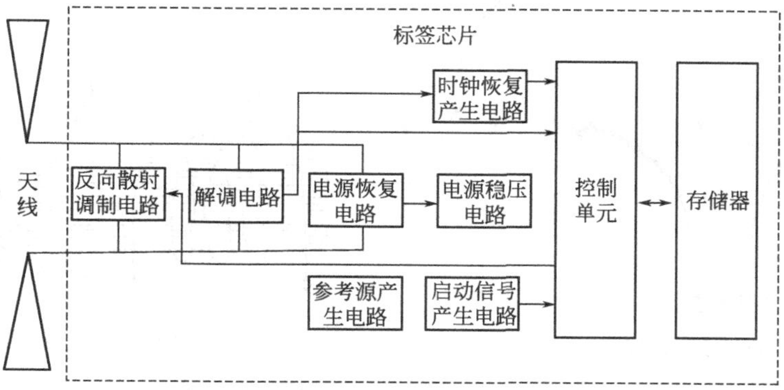

图 1-2　RFID 标签芯片的内部结构示意图

(2) RFID 标签分类

依据电子标签供电方式的不同，电子标签可以分为有源电子标签（Active Tag）、无源电子标签（Passive Tag）和半无源电子标签（Semi-passive Tag）。有源电子标签内装有电池，无源电子标签没有内装电池，半无源电子标签部分依靠电池工作。

电子标签依据频率的不同可分为低频电子标签、高频电子标签、甚高频电子标签和微波电子标签。

依据封装形式的不同可分为信用卡标签、线形标签、纸状标签、玻璃管标签、圆形标签及特殊用途的异形标签等。

1.2.2　读写器

读写器主要包括射频模块和数字信号处理单元两部分。一方面，RFID 标签返回的微弱电磁信号通过天线进入读写器的射频模块中并转换为数字信号，再经过读写器的数字信号处理单元对其进行必要的加工整形，最后从中解调出返回的信息，完成对 RFID 标签的识别或读/写操作；另一方面，上层中间件及应用软件与读写器进行交互，实现操作指令的执行和数据汇总上传。

有些系统还通过读写器的 RS-232 或 RS-485 接口与外部计算机（上位机主系统）连接，进行数据交换。

1.2.3　天线

天线（图 1-3）的作用是在标签和读写器间传递射频信号（即标签的数据信息）（图 1-4）。

天线是一种以电磁波形式把前端射频信号功率接收或辐射出去的设备，是电路与空间的界面器件，用来实现导行波与自由空间波能量的转化。在 RFID 系统中，天线分为电子标签天线和读写器天线两大类，分别承担接收能量和发射能量的作用。

在确定的工作频率和带宽条件下，天线发射射频载波，并接收从标签发射或反射回来的射频载波。目前，RFID 系统主要集中在 LF、HF、UHF 和微波频段，不同工作频段 RFID 系统天线的原理和设计有着根本上的不同。RFID 读写器天线的增益和阻抗特性会对 RFID 系统的作用距离等产生影响，RFID 系统的工作频段反过来对天线尺寸以及辐射损耗有一定要求。所以 RFID 天线设计的好坏关系到整个 RFID 系统的成功与否。

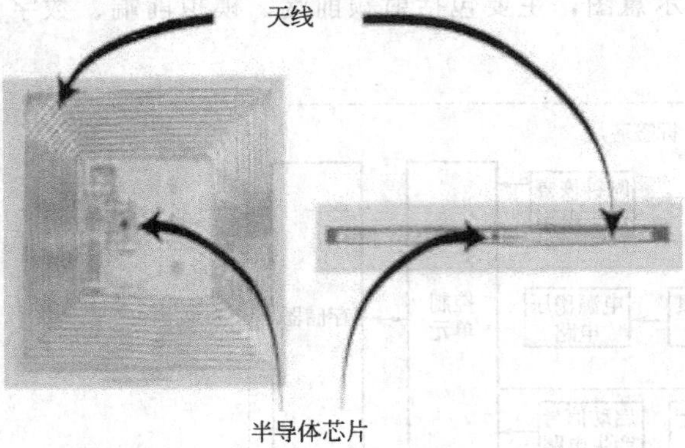

图 1-3　天线

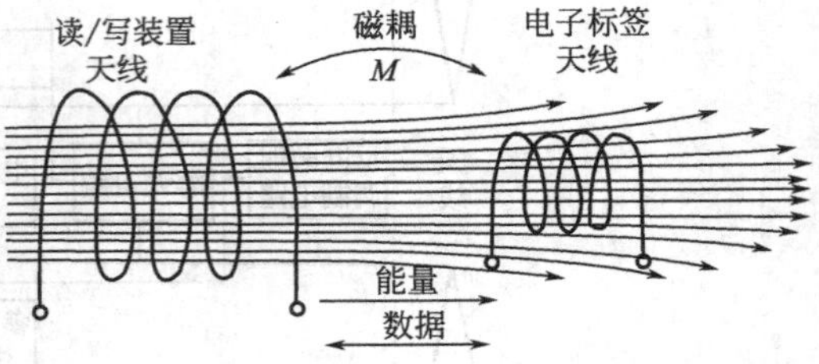

图 1-4　天线工作原理

以 UHF 频段（900MHz）的天线为例，一般具有如下特征：

① 足够小以至于能够贴到需要的物品上。

② 有全向或半球覆盖的方向性。

③ 提供最大可能的信号给卷标的芯片。

④ 无论物品什么方向，天线的极化都能与卡片阅读机的询问信号相匹配。

⑤ 具有鲁棒性（即控制系统在一定的参数摄动下，维持某些性能的特性）。

⑥ 非常便宜。

图 1-5 是不停车收费系统（ETC）应用示意图，在这个应用中很好地体现了天线的上述特征。

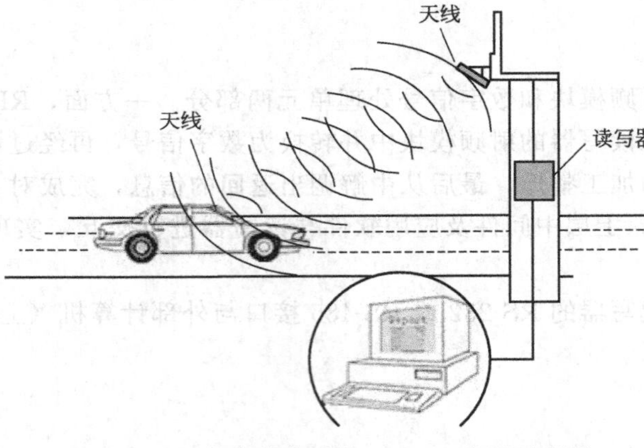

图 1-5　不停车收费系统（ETC）应用示意图

1.2.4　中间件

(1) 什么是RFID中间件

看到目前各式各样 RFID 的应用，企业最想问的第一个问题是："我要如何将我现有的系统与这些新的 RFID Reader 连接？"这个问题的本质是企业应用系统与硬件接口的问题。因此，通透性是整个应用的关键，正确抓取数据、确保数据读取的可靠性以及有效地将数据传送到后端系统都是必须考虑的问题。传统应用程序与应用程序之间（Application to Application）数据通透是通过中间件架构解决，并发展出各种 Application Server 应用软件，中间件的架构设计解决方案便成为RFID应用的一项极为重要的核心技术（图1-6）。

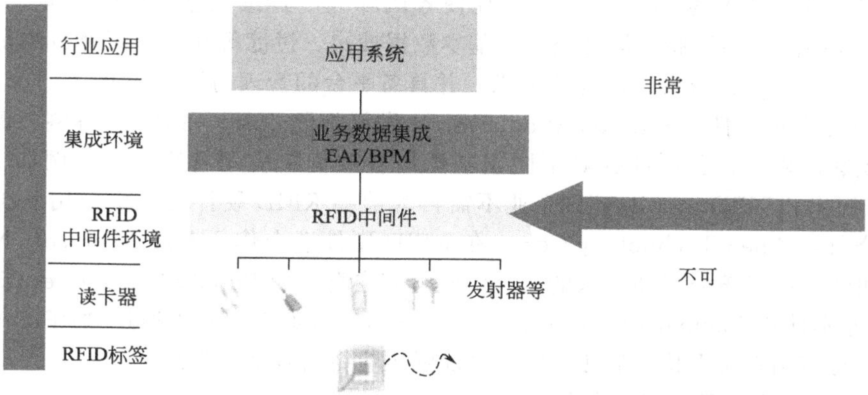

图1-6 中间件作用

（2）RFID中间件原理

RFID中间件（图1-7）扮演RFID标签和应用程序之间的中介角色，从应用程序端使用中间件所提供一组通用的应用程序接口（API），即能连到RFID读写器，读取RFID标签数据。这样一来，即使存储RFID标签情报的数据库软件或后端应用程序增加或改由其他软件取代，或者RFID读写器种类增加等情况发生时，应用端不需修改也能处理，省去多对多连接的维护复杂性问题。

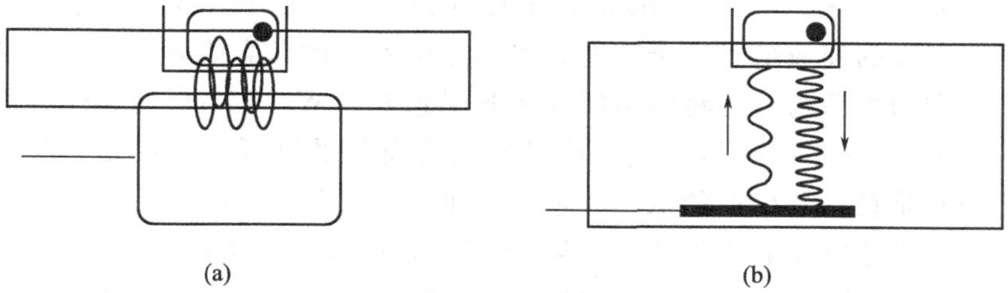

图1-7 RFID中间件

RFID中间件是一种面向消息的中间件（Message-Oriented Middleware，MOM），信息（Information）是以消息（Message）的形式，从一个程序传送到另一个或多个程序。信息可以以异步（Asynchronous）的方式传送，所以传送者不必等待回应。面向消息的中间件包含的功能不仅是传递（Passing）信息，还必须包括解译数据、安全性、数据广播、错误恢复、定位网络资源、找出符合成本的路径、消息与要求的优先次序以及延伸的除错工具等服务。

（3）RFID中间件的三个发展阶段

从发展趋势看，RFID中间件可分为三大发展阶段：

① 应用程序中间件（Application Middleware）发展阶段　RFID初期的发展多以整合、串接RFID读写器为目的，本阶段多为RFID读写器厂商主动提供简单API，以供企业将后端系统与RFID读写器串接。以整体发展架构来看，此时企业的导入必须自行花费许多成本去处理前、后端系统连接的问题，通常企业在本阶段会通过Pilot Project方式来评估成本效益与导入的关键议题。

② 架构中间件（Infrastructure Middleware）发展阶段　本阶段是RFID中间件成长的

关键阶段。由于RFID的强大应用，Wal Mart与美国国防部等关键使用者相继进行RFID技术的规划并进行导入的Pilot Project，促使各国际大厂持续关注RFID相关市场的发展。本阶段RFID中间件的发展不但已经具备基本数据搜集、过滤等功能，同时也满足企业多对多（Devices-to-Applications）的连接需求，并具备平台的管理与维护功能。

③ 解决方案中间件（Solution Middleware）发展阶段　未来在RFID标签、读写器与中间件发展成熟过程中，各厂商针对不同领域提出各项创新应用解决方案，例如Manhattan Associates提出“RFID in a Box”，企业不需再为前端RFID硬件与后端应用系统的连接而烦恼，该公司与Alien Technology Corp. 在RFID硬件端合作，发展Microsoft Net平台为基础的中间件，针对该公司900家的已有供应链客户群发展Supply Chain Execution（SCE）Solution，原本使用Manhattan Associates SCE Solution的企业只需通过“RFID in a Box”，就可以在原有应用系统上快速利用RFID来加强供应链管理的透明度。

(4) RFID中间件两个应用方向

随着硬件技术逐渐成熟，庞大的软件市场商机促使国内外信息服务厂商无不持续注意与提早投入，RFID中间件在各项RFID产业应用中居于神经中枢的位置，特别受到国际大厂的关注，未来在应用上可朝下列方向发展：

① Service Oriented Architecture Based RFID中间件　面向服务的架构（SOA）的目标就是建立沟通标准，突破应用程序对应用程序沟通的障碍，实现商业流程自动化，支持商业模式的创新，让IT变得更灵活，从而更快地响应需求。因此，RFID中间件在未来发展上，将会以面向服务的架构为基础的趋势，提供给企业更弹性灵活的服务。

② Security Infrastructure　RFID应用最让外界质疑的是RFID后端系统所连接的大量厂商数据库可能引发的商业信息安全问题，尤其是消费者的信息隐私权。通过大量RFID读写器的布置，人类的生活与行为将因RFID而容易追踪，Wal Mart、Tesco（英国最大零售商）初期RFID Pilot Project都因为用户隐私权问题而遭受过抵制与抗议。为此，飞利浦半导体等厂商已经开始在批量生产的RFID芯片上加入“屏蔽”功能。RSA Security也发布了能成功干扰RFID信号的技术“RSA Blocker标签”，通过发射无线射频扰乱RFID读写器，让RFID读写器误以为搜集到的是垃圾信息而错失数据，达到保护消费者隐私权的目的。目前Auto-ID Center也正在研究Security机制以配合RFID中间件的工作。相信Security将是RFID未来发展的重点之一，也是成功的关键因素。

(5) RFID中间件分类

RFID中间件可以从架构上分以下两种：

① 以应用程序为中心（Application Centric）　该设计概念是通过RFID Reader厂商提供的API，以Hot Code方式直接编写特定Reader读取数据的Adapter，并传送至后端系统的应用程序或数据库，从而达成与后端系统或服务串接的目的。

② 以架构为中心（Infrastructure Centric）　随着企业应用系统的复杂度增高，企业无法负荷以Hot Code方式为每个应用程式编写Adapter，同时面对对象标准化等问题，企业可以考虑采用厂商所提供标准规格的RFID中间件。这样一来，即使存储RFID标签情报的数据库软件改由其他软件代替，或RFID标签的RFID Reader种类增加等情况发生时，应用端不作修改也能应付。

(6) RFID中间件的特征

一般来说，RFID中间件具有下列特色：

① 独立于架构（Insulation Infrastructure）　RFID中间件独立并介于RFID读写器与后

端应用程序之间，并且能够与多个 RFID 读写器以及多个后端应用程序连接，以减轻架构与维护的复杂性。

② 数据流（Data Flow） RFID 的主要目的在于将实体对象转换为信息环境下的虚拟对象，因此数据处理是 RFID 最重要的功能。RFID 中间件具有数据的搜集、过滤、整合与传递等特性，以便将正确的对象信息传到企业后端的应用系统。

③ 处理流（Process Flow） RFID 中间件采用程序逻辑及存储再转送（Store-and-Forward）的功能来提供顺序的消息流，具有数据流设计与管理的能力。

④ 标准（Standard） RFID 为自动数据采样技术与辨识实体对象的应用。EPCglobal 目前正在研究为各种产品的全球唯一识别号码提出通用标准，即 EPC（产品电子编码）。EPC 是在供应链系统中，以一串数字来识别一项特定的商品，通过无线射频辨识标签由 RFID 读写器读入后，传送到计算机或是应用系统中的过程称为对象命名服务（Object Name Service，ONS）。对象命名服务系统会锁定计算机网络中的固定点抓取有关商品的消息。EPC 存放在 RFID 标签中，被 RFID 读写器读出后，即可提供追踪 EPC 所代表的物品名称及相关信息，并立即识别及分享供应链中的物品数据，有效率地提供信息透明度。

1.2.5 应用软件

应用软件（Application Software）是直接面向 RFID 应用最终用户的人机交互界面，协助使用者完成对读写器的指令操作以及对中间件的逻辑设置，逐级将 RFID 原子事件转化为使用者可以理解的业务事件，并使用可视化界面进行展示。由于应用软件需要根据不同应用领域的不同企业进行专门制定，因此很难具有通用性。从应用评价标准来说，使用者在应用软件端的用户体验是判断一个 RFID 应用案例成功与否的决定性因素之一。

1.2.6 RFID 系统工作原理

RFID 系统基本工作原理是：读写器通过天线发出含有信息的一定频率的调制信号；当电子标签进入到读写器的工作区时，其天线通过耦合产生感应电流，从而为电子标签提供相应的能量，此时标签根据读写器发来的信息决定是否响应，是否发送数据；当读写器接收到电子标签发送过来的信号，经过解调和解码之后，将标签内部的数据识别出来（图 1-8）。

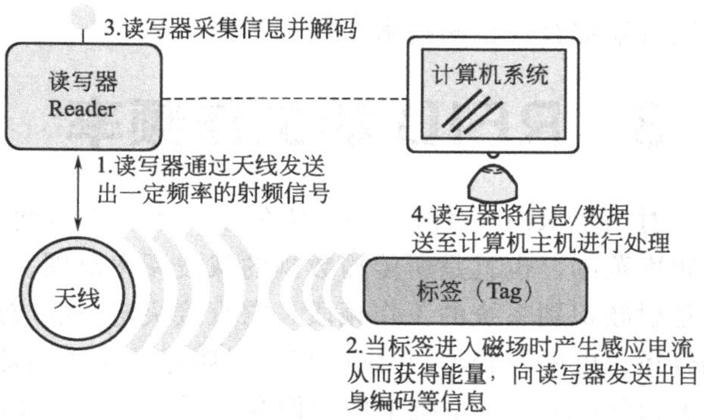

图 1-8 RFID 系统工作原理

在 RFID 系统的五个组件中，通常来说，RFID 标签、读写器和天线三部分的性能指标是设备选型和现场部署阶段所关注的主要对象，是解决 RFID 应用可靠性问题的主要挑战。而 RFID 中间件和应用软件的性能指标更多依赖于软件代码质量和网络架构的复杂度，一般在后期的系统集成阶段才会被关注。因此，在不同的阶段，使用者所关心的 RFID 对象也有所不同。

1.2.7 RFID 领域的关键技术

RFID 关键技术主要包括产业化关键技术和应用关键技术两方面。

(1) RFID产业化关键技术

① 标签芯片设计与制造　例如低成本、低功耗的RFID芯片设计与制造技术，适合标签芯片实现的新型存储技术，防冲突算法及电路实现技术，芯片安全技术，以及标签芯片与传感器的集成技术等。

② 天线设计与制造　例如标签天线匹配技术，针对不同应用对象的RFID标签天线结构优化技术，多标签天线优化分布技术，片上天线技术，读写器智能波束扫描天线阵技术，以及RFID标签天线设计仿真软件等。

③ RFID标签封装技术与装备　例如基于低温热压的封装工艺，精密机构设计优化，多物理量检测与控制，高速高精运动控制，装备故障自诊断与修复，以及在线检测技术等。

④ RFID标签集成　例如芯片与天线及所附着的特殊材料介质三者之间的匹配技术，标签加工过程中的一致性技术等。

⑤ 读写器设计　例如密集读写器技术，抗干扰技术，低成本、小型化读写器集成技术，以及读写器安全认证技术等。

(2) RFID应用关键技术

① RFID应用体系架构　例如RFID应用系统中各种软硬件和数据的接口技术及服务技术等。

② RFID系统集成与数据管理　例如RFID与无线通信、传感网络、信息安全、工业控制等的集成技术，RFID应用系统中间件技术，海量RFID信息资源的组织、存储、管理、交换、分发、数据处理和跨平台计算技术等。

③ RFID公共服务体系　提供支持RFID社会性应用的基础服务体系的认证、注册、编码管理、多编码体系映射、编码解析、检索与跟踪等技术与服务。

④ RFID检测技术与规范　例如面向不同行业应用的RFID标签及相关产品物理特性和性能一致性检测技术与规范，标签与读写器之间空中接口一致性检测技术与规范，以及系统解决方案综合性检测技术与规范等。

1.3 RFID的工作频率

对一个RFID系统来说，它的频段概念是指读写器通过天线发送、接收并识读的标签信号频率范围，也就是所传输数据的载波频率范围。从应用角度来说，射频标签的工作频率也就是射频识别系统的工作频段，它直接决定系统应用的各方面特性，如系统工作原理（电感耦合还是电磁耦合）、识别距离、射频标签及读写器实现的难易程度和设备成本等方面特性。在RFID系统中，系统工作就像我们平时收听调频广播一样，射频标签和读写器也要调制到相同的频率才能工作。

RFID系统主要工作在以下四个频段：

(1) 低频（30～300kHz）

低频率的RFID系统主要是通过电感耦合的方式进行工作，也就是在读写器线圈和感应器（电子标签）线圈间存在着变压器耦合作用，通过读写器交变场的作用在感应器天线中感应的电压被整流，可作供电电压使用。场区域能够很好地被定义，但是场强下降得太快。其特性主要有以下几方面：

① 工作频率从30kHz到300kHz，典型工作频率有125kHz和133kHz。该频段的波长

大约为 2500m。

② 除了金属材料影响外，一般低频能够穿过任意材料的物品而不降低它的读取距离。

③ 工作在低频的读写器在全球没有任何特殊的许可限制。

④ 低频产品有不同的封装形式。好的封装形式就是价格太贵，但是有 10 年以上的使用寿命。

⑤ 虽然该频率的磁场区域下降很快，但是能够产生相对均匀的读写区域。

⑥ 相对于其他频段的 RFID 产品，该频段数据传输速率比较慢。

⑦ 感应器的价格相对于其他频段来说要贵。

(2) 高频（13.56MHz）

在该频率的感应器不再需要线圈进行绕制，可以通过腐蚀印刷的方式制作天线。感应器一般通过负载调制的方式进行工作，也就是通过感应器上的负载电阻的接通和断开促使读写器天线上的电压发生变化，实现用远距离感应器对天线电压进行振幅调制。如果人们通过数据控制负载电压的接通和断开，那么这些数据就能够从感应器传输到读写器。其特性主要有以下几方面：

① 工作频率为 13.56MHz，该频率的波长大概为 22m。

② 除了金属材料外，该频率的波长可以穿过大多数的材料，但是往往会降低读取距离。感应器需要离开金属一段距离。

③ 该频段在全球都得到认可并没有特殊的限制。

④ 感应器一般为电子标签的形式。

⑤ 虽然该频率的磁场区域下降很快，但是能够产生相对均匀的读写区域。

⑥ 该系统具有防冲撞特性，可以同时读取多个电子标签。

⑦ 可以把某些数据信息写入标签中。

⑧ 数据传输速率比低频要快，价格不是很贵。

(3) 甚高频（433MHz、860～960MHz）

甚高频系统通过电场来传输能量。电场能量下降得不是很快，但是读取的区域不是很好定义。该频段读取距离比较远，无源可达 10m 左右。主要是通过电容耦合的方式进行实现。其特性主要有以下几方面：

① 在该频段，全球的定义不是很相同，欧洲和亚洲部分地区定义的频率为 868MHz，北美定义的频段为 902～905MHz 之间。该频段的波长大概为 30cm 左右。

② 目前，该频段功率输出统一的定义：美国定义为 4W，欧洲定义为 500mW。可能欧洲限制会上升到 2W EIRP。

③ 甚高频频段的电波不能通过许多材料，特别是水、灰尘、雾等悬浮颗粒物质。相对于高频的电子标签来说，该频段的电子标签不需要和金属分开。

④ 电子标签的天线一般是长条和标签状。天线有线性和圆极化两种设计，满足不同应用的需求。

⑤ 该频段有好的读取距离，但是对读取区域很难进行定义。

⑥ 有很高的数据传输速率，在很短的时间可以读取大量的电子标签。

(4) 微波（工作频率为2.45～5.8GHz）

这个频段的优势在于其受各种强电磁场（如电动机、焊接系统等）的干扰较小，识别距离介于高频和甚高频系统之间，而且标签可以设计得很小，但是成本较高。

各频段特性的对比见表 1-1。

表 1-1　各频段特性的对比

频率	低频	高频	甚高频		微波
	125.124kHz	13.56MHz	433.92MHz	860～960MHz	2.45GHz
识别距离	＜60cm	约 60cm	50～100m	3.5～5m(P) 约 100m(A)	1m 以内(P) 约 50m(A)
一般特性	·比较高价 ·几乎没有环境变化引起的性能下降	·比低频低廉 ·适合短识别距离和需要多重标签识别的应用领域	·长识别距离 ·实时跟踪，对集装箱内部湿度、冲击等环境敏感	·先进的 IC 技术使最低廉的生产成为可能 ·多重标签识别距离和性能最突出	·特性与 900MHz 频带类似 ·受环境的影响最多
运行方式	无源型	无源型	有源型	有源型/无源型	有源型/无源型
识别速度	低速←→高速				
环境影响	迟钝←→敏感				
标签大小	大型←→小型				

1.4 RFID 应用领域概述

射频识别技术以其独特的优势，逐渐地被广泛应用于工业自动化、商业自动化和交通运输控制管理等领域。随着大规模集成电路技术的进步以及生产规模的不断扩大，射频识别产品的成本将不断降低，其应用也将越来越广泛。射频识别技术在国外发展非常迅速，射频识别产品种类繁多。而在我国，由于射频识别技术起步较晚，应用的领域不是很广，除了在中国铁路应用的车号自动识别系统外，主要应用仅限于射频卡。RFID 技术的典型应用主要在以下几方面：

① 在车辆自动识别方面，早在 1995 年北美铁路系统就采用了射频识别技术的车号自动识别标准，在北美 150 万辆货车、1400 个地点安装了射频识别装置。近年来，澳大利亚开发了用于矿山车辆识别和管理的射频识别系统。

② 在高速公路收费及智能交通方面，利用射频识别技术的不停车高速公路自动收费系统是将来的发展方向，人工收费包括 IC 卡的停车收费方式也终将被淘汰。

③ 在货物的跟踪、管理及监控方面，澳大利亚和英国的西思罗机场将射频识别技术应用于旅客行李管理中，大大提高了分拣效率，降低了出错率。几年前，欧共体就要求从 1997 年开始生产的新车型必须具有基于射频识别技术的防盗系统。我国铁路行包自动追踪管理系统还只是在计划推广之中，真正应用还要假以时日。

④ 在射频卡应用方面，1996 年 1 月韩国在首尔的 600 辆公共汽车上安装射频识别系统用于电子月票，实现了非现金结算，方便了市民出行。而德国汉莎航空公司则开始试用射频卡作为飞机票，改变了传统的机票购销方式，简化了机场入关的手续。在我国，射频卡主要应用于公共变通、地铁、校园、社会保障等方面。上海、深圳、北京等地陆续采用了射频公交卡。

⑤ 在生产线的自动化及过程控制方面，德国 BMW 公司为保证汽车在流水线各位置准确地完成装配任务，将射频识别系统应用在汽车装配线上。而 Motorola 公司则采用了射频识别技术的自动识别工序控制系统，满足了半导体生产对于环境的特殊要求，同时提高了生产效率。

⑥ 在动物的跟踪及管理方面，许多发达国家采用射频识别技术，通过对牲畜个别识别，保证牲畜大规模疾病爆发期间对感染者的有效跟踪及对未感染者的隔离控制。

⑦ 在供应链管理方面，美国的沃尔玛使用了 RFID 系统，从而使供应链的透明度大大提高，物品能在供应链的任何地方被实时追踪，同时消除了以往各环节上的人工差错。安装在工厂、配送中心、仓库及商场货架上的读写器能够自动监测已录物品从生产线到最终消费者的整个供应链上的流动。

RFID 技术的应用领域及适用的频段见表 1-2。

表 1-2 RFID 技术的应用领域及适用的频段

区分	领域	主要内容	适用技术
物流/流通	制造业	附着在部件，TQM 及部件传送(JIT)	915MHz
	物质流管理	附着在 palette、货物、集装箱等。降低费用及提供配送信息，收集 CRM 数据	433MHz
	支付	需要注油、过路费等非现金支付时自动计算费用	13.56MHz
	零售业	商品检索及陈列场所的检索，库存管理，防盗，特性化广告等	915MHz
	装船/受领	附着 palette 或集装箱、商品，缩短装船过程及包装时间	433MHz
	仓储业	个别货物的调查及减少发生错误，节省劳动力	915MHz
健康管理/食品	制药	为了视觉障碍者，在药品容器附着存储处方、用药方法、警告等信息的 RFID 标签，并通过识别器把信息转换成语音，并进行传送	915MHz
	健康管理	防止制药的伪造和仿造，提供利用设施的识别手段，附着在老年性痴呆患者的收容设施及医药品/医学消耗品	915MHz
	畜牧业流通管理	家畜出生时附着 RFID 标签，把饲养过程及宰杀过程信息存储在中央数据库里	125kHz 134kHz
确认身份/保安/支付	游乐公园/活动	给访客附着内置 RFID 芯片的手镯或 ID 标签，进行位置跟踪及防止走失，群体间位置确认服务	433MHz
	图书馆、录像带租赁店	在书和录像带附着 RFID 芯片，进行借出和退还管理，防止盗窃	13.56MHz 915MHz
	保安	用作个人 ID 标签，防止伪造，确认身份及控制出入，跟踪对象及防止盗窃	2.45GHz
	接待	自动支付及出入控制	13.56MHz
运输	交通	在车辆附着 RFID 标签，进行车辆管理(注册与否、保险等)及交通控制实时监控管理大众交通情况	433MHz 915MHz 2.45GHz

RFID 不需要人工去识别标签，读卡器每 250ms 就可以从射频标签中读出位置和商品的相关数据。有一些读卡器可以每秒读取 200 个标签的数据，这比传统扫描方式要快 1000 倍以上，节省了货物验收、装运、意外处理等劳动力资源。通过在跨组织界限的共享实施中实现 RFID 技术，可以最大化实现在供应链中的价值。

复 习 题

1-1 简述 RFID 技术主要特征。

1-2 RFID 标签分为哪几类？

1-3 RFID 中间件经历了哪几个发展阶段？

1-4 RFID 系统主要工作在哪几个频段？

第2章

Chapter 02

RFID系统的主要电路分析

2.1 RFID 系统的基本电路

最基本的 RFID 系统电路由电子标签、读写器和天线等主要电路组成。

电子标签（Tag）：由耦合元件及芯片组成，且每个电子标签具有全球唯一的识别号（ID），无法修改、无法仿造，这样提供了安全性。电子标签附着在物体上标识目标对象。电子标签中一般保存有约定格式的电子数据，在实际应用中，电子标签附着在待识别物体的表面。

读写器（Reader）：读取或写入标签信息的设备，读写器可无接触地读取并识别电子标签中所保存的电子数据，从而达到自动识别物体的目的。读写器与计算机相连，所读取的标签信息被传送到计算机上。

天线（Antenna）：在标签和读写器间传递射频信号，有些系统还通过读写器的 RS-232 或 RS-485 接口与外部计算机（上位机主系统）连接，进行数据交换。

RFID 系统的基本工作流程是：读写器通过发射天线发送一定频率的射频信号，当射频卡进入发射天线工作区域时产生感应电流，射频卡获得能量被激活；射频卡将自身编码等信息通过卡内置发送天线发送出去；系统接收天线接收到从射频卡发送来的载波信号，经天线调节器传送到读写器，读写器对接收的信号进行解调和解码然后送到后台主系统进行相关处理；主系统根据逻辑运算判断该卡的合法性，针对不同的设定作出相应的处理和控制，发出指令信号控制执行机构动作。

2.1.1 读写器电路

读写器控制单元的功能包括：与应用系统软件进行通信，并执行应用系统软件发来的命令；控制与射频卡的通信过程（主-从原则）；信号的编、解码。对一些特殊的系统还有执行反碰撞算法，对射频卡与读写器间要传送的数据进行加密和解密，以及进行射频卡和读写器间的身份验证等附加功能。

RFID 读写器通过天线与 RFID 电子标签进行无线通信，可以实现对标签识别码和内存数据的读出或写入操作（图 2-1）。典型的读写器包含高频模块（发送器和接收器）、控制单元（图 2-2）以及读写器天线。

(1) RFID 读写器频率分类

和我们听的收音机一样，射频标签和读写器也要调制到相同的频率才能工作。LF、

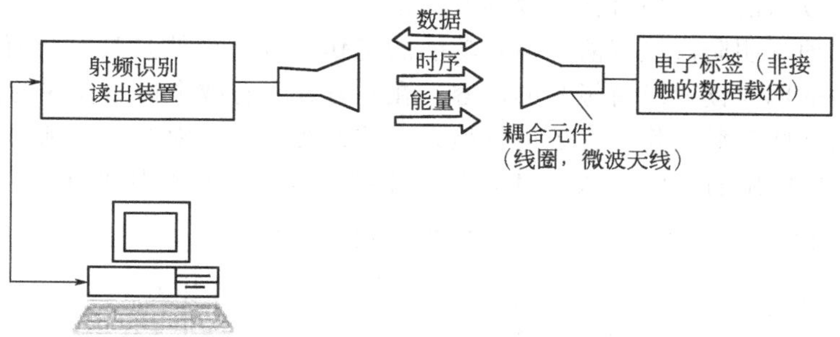

图 2-1　RFID 读写器技术原理

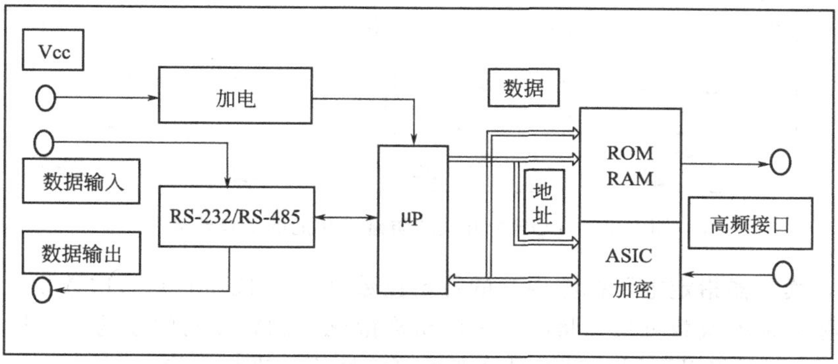

图 2-2　读写器的控制单元电路框图

HF、UHF 就对应着不同频率的射频。LF 代表低频射频，在 125kHz 左右，HF 代表高频射频，在 13.56MHz 左右，UHF 代表甚高频射频，在 850～960MHz 范围之内，还有 2.45GHz 的微波读写器。每一种频率都有它的特点，被用在不同的领域，因此要正确使用就要先选择合适的频率。

(2) 不同的国家所使用频率也不尽相同

欧洲的甚高频是 868MHz，美国的则是 915MHz，日本目前不允许将甚高频用到射频技术中。政府也通过调整读写器的电源来限制它对其他器械的影响。有些组织例如全球商务促进委员会正鼓励政府取消限制。标签和读写器生产厂商也正在开发能使用不同频率系统避免这些问题。

目前还不是很多公司生产的读写器支持现有供给链中用的新标签的射频技术。一些读写器只支持新的电子产品代码，一些只支持某些生产厂商生产的特定标签。

射频技术遇到的一个问题就是读写器冲突，即一个读写器接收到的信息和另外一个读写器接收到的信息发生冲突，产生重叠。解决这个问题的一种方法是使用 TDMA 技术，简单来说就是读写器被指挥在不同时间接收信号，而不是同时，这样就保证了读写器不会互相干扰。但是在同一区域的物品就会被读取两次，因此就要建立相应的系统去避免这种情况的发生。

(3) RFID 读写器防碰撞技术

RFID 另一个重要的作用是要同时读取数个标签，为了实现这个功能在通信上所采取的技术是防碰撞，同时读取数个标签是常被人们谈及的 RFID 比图形码远为优越的地方，但是如果没有防碰撞的功能时，RFID 系统只能读写一个标签。在这种情况下如果有两个以上的标签同时处于可读取的范围内就会导致读取的错误。

下面来简单地说明防碰撞（防冲撞）功能的工作原理。即使是具有防碰撞功能的 RFID 系统，实际上并非同时读取所有标签的内容。在同时查出有数个标签存在的情况下，检索信号并防止冲突的功能开始动作。为了进行检索，首先要确定检索条件。例如，13.56MHz 频带的 RFID 系统里应用的 ALOHA 方式，其防碰撞功能的工作步骤如图 2-3 所示。

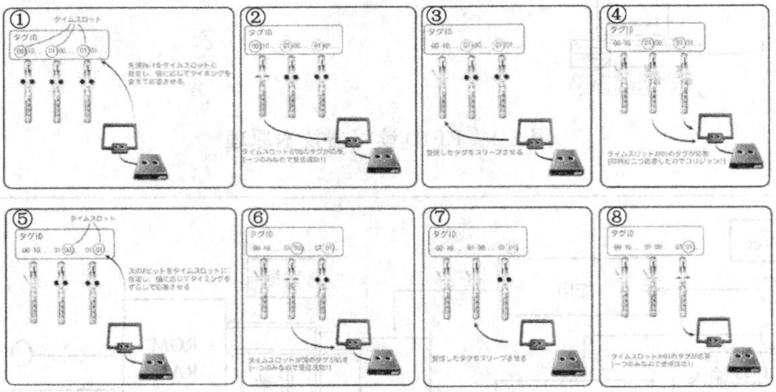

图 2-3　ALOHA 方式的防碰撞功能的工作步骤

① 首先，读写器指定电子标签内存的特定位数（1～4 位左右）为次数批量。

② 电子标签根据次数批量，将响应的时机离散化。例如在两位数的次数批量“00、01、10、11”时，读写器将以不同的时机对这四种可能性逐一进行响应。

③ 在各个时机里同时响应的电子标签只有一个的场合下才能得到这个电子标签的正常数据。信息读取之后读写器对于这个电子标签发送在一定时间内不再响应的睡眠指令(Sleep/Mute）使之休眠，避免再次响应。

④ 若在各个时机内同时由几个电子标签响应，判别为“冲突”。在这种情况下，内存内的另外两位数所记录的次数批量，重复以上从②开始的处理。

⑤ 所有的电子标签都完成响应之后，读写器向它们发送唤醒指令（Wake Up），从而完成对所有电子标签的信息读取。

在这种搭载有防碰撞功能的 RFID 系统中，为了只读一个标签，几经调整次数批量反复读取进行检索。所以，一次性读取具有一定数量的标签的情况下，所有的标签都被读到为止，其速度是不同的，一次性读取的标签数目多，完成读取所需时间要比单纯计算所需的时间长。

实现防碰撞功能是 RFID 在物流领域中取代图形码所必不可少的条件。例如，在超市中，商品是装在购物车里面进行计价的。为了实现这种计价方式，防碰撞功能必须完备。另一方面，在电子货币和个人认证方面利用 RFID 系统时，同时识别几个标签是发生差错的主要原因。

具有防碰撞功能的 RFID 系统的价格比不具有这种功能的系统要昂贵。当个人用户在制作 RFID 系统时，如果没有必要进行数个 ID 同时认识时就没有必要选择防碰撞机能的读写器。

2.1.2 应答器电路

最初在技术领域，应答器是指能够传输信息回复信息的电子模块，近些年，由于射频技术发展迅猛，应答器有了新的说法和含义，又被称为智能标签或标签。智能标签确切地说是射频标签的一种创新，由具有黏性的标签和超薄射频标签组成。智能标签将射频技术和方便灵活的标签印刷优点结合起来，具有读写功能的智能标签能被多次编程，遵循标签最初制作时的编码规律。

RFID 标签的安全性最多只能跟读取它的标签读卡器的安全性一样高。换言之，高级 RFID 标签上的 64 位加密算法只有在标签读卡器或主机支持这种 64 位加密算法时才有用。与 RFID 标签一样，目前市面上大多数的标签读卡器只支持最低程度的安全性，并采用老旧的加密算法和太短的密钥长度，这使它们很容易被破解。

安全性更高的新型读卡器将支持高级的军用级 128 位 AES 加密算法，同时也支持更简单的加密算法。它们还允许采用密码保护，并允许在 RFID 标签上的多个加密区中采用可选的加密算法。加密算法在不断更新和改进，密钥越来越长和越来越强大。由于 RFID 是一个新兴技术，预计 RFID 标签上的功能集将随时间而继续演进，以适应不断变化的供应链要求。

在选择 RFID 标签和读卡器时应记住，有些读卡器只能通过手动改变设备中的硬件来进行升级。试想一下，如果要派遣设备维护人员前往建筑物的每一个入口处拆卸和更新每一个读卡器，到从制造商到消费者这一供应链的每一个环节上拆卸和更新数以千计的读卡器，这将是一件非常麻烦的事。灵活性是 RFID 系统的关键特性。新的 RFID 读卡器只需上载新的固件，即可让网络中的所有设备通过网络进行升级。这种标签读卡器不仅支持基于互联网的固件升级，还允许在单个远程位置上对多个读卡器网络进行升级。

2.1.3 读写器和应答器之间的电感耦合

在耦合方式（电感、电磁）、通信流程（FDX、HDX、SEQ）、从射频卡到读写器的数据传输方法（负载调制、反向散射、高次谐波）以及频率范围等方面，不同的非接触传输方法有根本的区别，但所有的读写器在功能原理上，以及由此决定的设计构造上都很相似，所有读写器均可简化为高频接口和控制单元两个基本模块。高频接口包含发送器和接收器，其功能包括：产生高频发射功率以启动射频卡并提供能量；对发射信号进行调制，用于将数据传送给射频卡；接收并解调来自射频卡的高频信号。不同射频识别系统的高频接口设计具有一些差异，电感耦合系统的高频接口原理如图 2-4 所示。

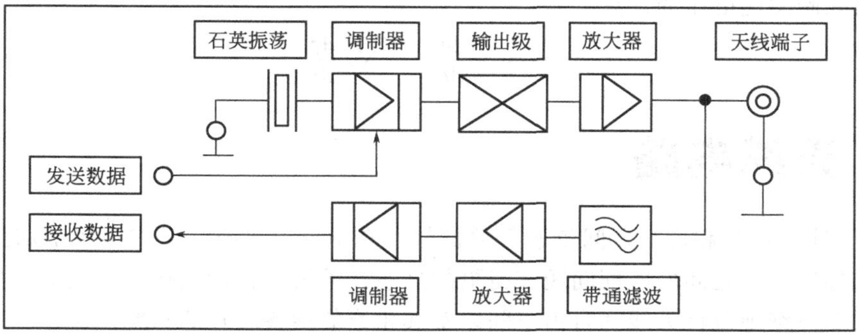

图 2-4　电感耦合射频识别系统高频接口电路框图

发生在读写器和电子标签之间的射频信号的耦合类型有以下两种（图 2-5）。

① 电感耦合：变压器模型，通过空间高频交变磁场实现耦合，依据的是电磁感应定律。

② 电磁反向散射耦合：雷达原理模型，发射出去的电磁波，碰到目标后反射，同时携

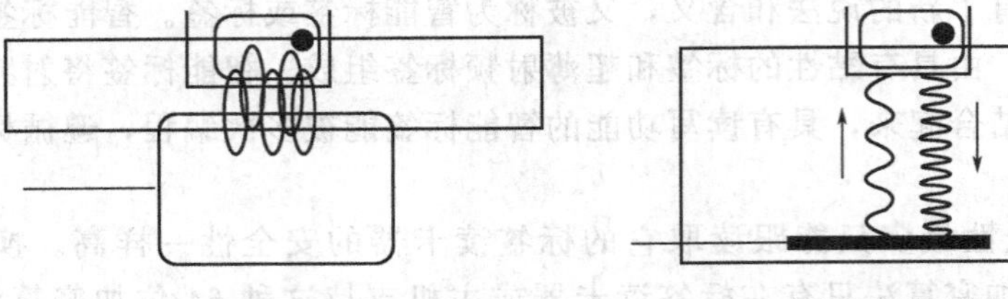

图 2-5　读写器和电子标签之间射频信号的耦合类型

带回目标信息，依据的是电磁波的空间传播规律。

电感耦合方式一般适合于中、低频工作的近距离射频识别系统。典型的工作频率有125kHz、225kHz 和 13.56MHz。识别作用距离小于 1m，典型作用距离为 10～20cm。

电磁反向散射耦合方式一般适合于高频、微波工作的远距离射频识别系统。典型的工作频率有 433MHz、915MHz、2.45GHz、5.8GHz。识别作用距离大于 1m，典型作用距离为 3～10m。

法拉第定理指出，一个时变磁场通过一个闭合导体回路时，在其上会产生感应电压，并在回路中产生电流。当应答器进入读写器产生的交变磁场时，应答器的电感线圈上就会产生感应电压，当距离足够近，应答器天线电路所截获的能量可以供应答器芯片正常工作时，读写器和应答器才能进入信息交互阶段（图 2-6）。

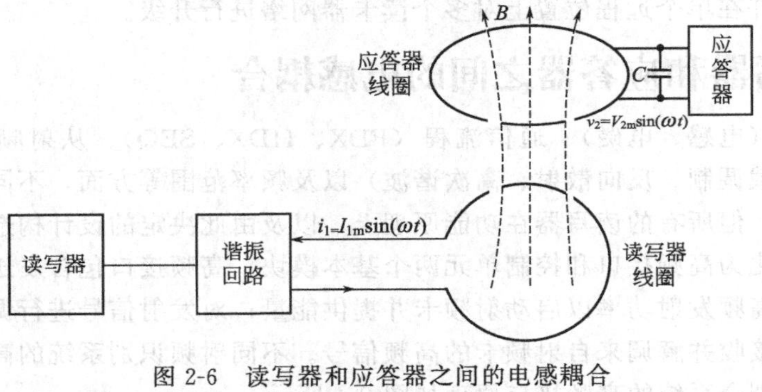

图 2-6　读写器和应答器之间的电感耦合

应答器线圈感应电压的计算：

$$v_2 = -\frac{d\psi}{dt} = -N_2\frac{d\phi}{dt}$$

2.2　天线电路

RFID 天线在标签和读写器间传递射频信号。在 RF 装置中，工作频率增加到微波区域时，天线与标签芯片之间的匹配问题变得更加严峻。天线的目标是传输最大的能量进出标签芯片。这需要仔细地设计天线和自由空间以及其相连的标签芯片的匹配。

天线必须足够的小以至于能够贴到需要的物品上；具有全向或半球覆盖的方向性；能提供最大可能的信号给标签的芯片；无论物品什么方向，天线的极化都能与读卡机的询问信号相匹配；具有鲁棒性；非常便宜。

在选择天线时主要考虑天线的类型、天线的阻抗、应用到物品上的 RF 性能和在有其他的物品围绕贴标签物品时的 RF 性能。

2.2.1 天线的分类

RFID 系统中常用的是 435MHz、2.45GHz 和 5.8GHz 频率，可选的天线有几种，它们重点考虑了天线的尺寸。小天线的增益是有限的，增益的大小取决于辐射模式的类型，全向天线具有峰值增益 0～2dBi；方向性天线的增益可以达到 6dBi。增益大小影响天线的作用距离。由于 RFID 标签的方向性是不可控的，所以读卡机必须是圆极化的。一个圆极化的标签天线可以产生 3dB 以上的信号。

RFID 主要有线圈型、微带贴片型、偶极子型三种基本形式的天线。其中，小于 1m 的近距离应用系统的 RFID 天线一般采用工艺简单、成本低的线圈型天线，它们主要工作在中、低频段，而 1m 以上远距离的应用系统需要采用微带贴片型或偶极子型的 RFID 天线，它们工作在高频及微波频段。这几种类型天线的工作原理是不相同的。

(1) 线圈天线

当 RFID 的线圈天线进入读写器产生的交变磁场中，RFID 天线与读写器天线之间的相互作用就类似于变压器，两者的线圈相当于变压器的初级线圈和次级线圈。由 RFID 的线圈天线形成的谐振回路如图 2-7 所示，它包括 RFID 天线的线圈电感 L、寄生电容 C_p 和并联电容 C_2'，其谐振频率为

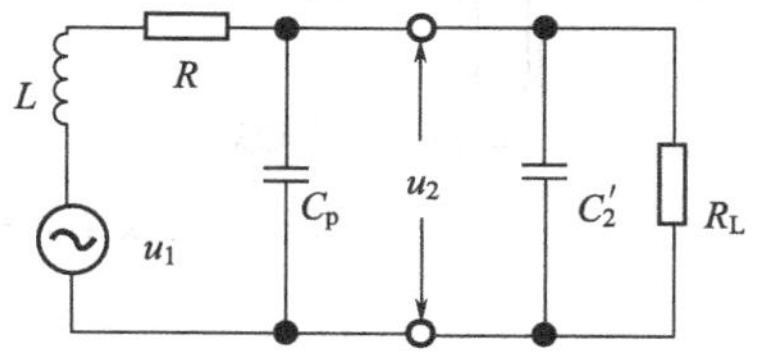

图 2-7 应答器等效电路图

$$f=\frac{1}{2\pi\sqrt{LC}}$$

式中，C 为 C_p 和 C_2' 的并联等效电容。RFID 应用系统就是通过这一频率载波实现双向数据通信的。常用的 ID1 型非接触式 IC 卡的外观为一小型的塑料卡（85.72mm×54.03mm×0.76mm），天线线圈谐振工作频率通常为 13.56MHz。目前已研发出面积最小为 0.4mm×0.4mm 线圈天线的短距离 RFID 应用系统。

某些应用要求 RFID 天线线圈外形很小，且需一定的工作距离，如用于动物识别的 RFID，线圈外形即面积小，RFID 与读写器间的天线线圈互感量就明显不能满足实际使用。通常在 RFID 的天线线圈内部插入具有高磁导率的铁氧体材料，以增大互感量，从而补偿线圈横截面减小的问题。

(2) 微带贴片天线

微带贴片天线是由贴在带有金属底板的介质基片上的辐射贴片导体所构成的，如图 2-8 所示。根据天线辐射特性的需要，可以设计贴片导体为各种形状。通常贴片天线的辐射导体与金属底板距离为几十分之一波长，假设辐射电场沿导体的横向与纵向两个方向没有变化，仅沿约为半波长的导体长度方向变化，则微带贴片天线的辐射基本上是由贴片导体开路边沿的边缘场引起的，辐射方向基本确定，因此，一般适用于通信方向变化不大的 RFID 应用系统中。为了提高天线的性能并考虑其通信方向性问题，人们还提出了各种不同的微带缝隙天线，如一种工作在 24GHz 的单缝隙天线和 5.9GHz 的双缝隙天线，其辐射波为线极化波，另一种圆极化缝隙耦合贴片天线，它可以采用左旋圆极化和右旋圆极化来对二进制数据中的“1”和“0”进行编码。

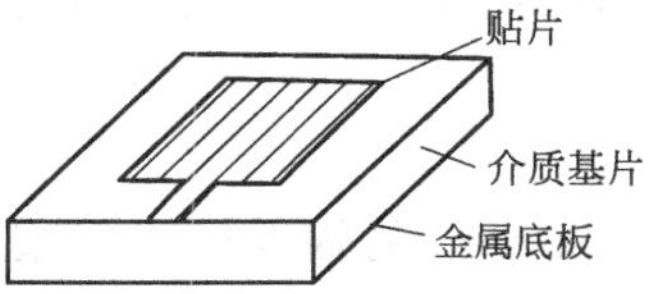

图 2-8 微带天线

(3) **偶极子天线**

在远距离耦合的 RFID 应用系统中，最常用的是偶极子天线（又称对称振子天线）。偶极子天线及其演化形式如图 2-9 所示，其中偶极子天线由两段同样粗细和等长的直导线排成一条直线构成，信号从中间的两个端点馈入，在偶极子的两臂上将产生一定的电流分布，这种电流分布就在天线周围空间激发起电磁场。利用麦克斯韦方程就可以求出其辐射场方程：

$$E_\theta=\int_{-l} \mathrm{d}E_\theta=\int_{-l} \frac{60\alpha I_z}{r}\sin\theta\cos(\alpha_z\cos\theta)\,\mathrm{d}z$$

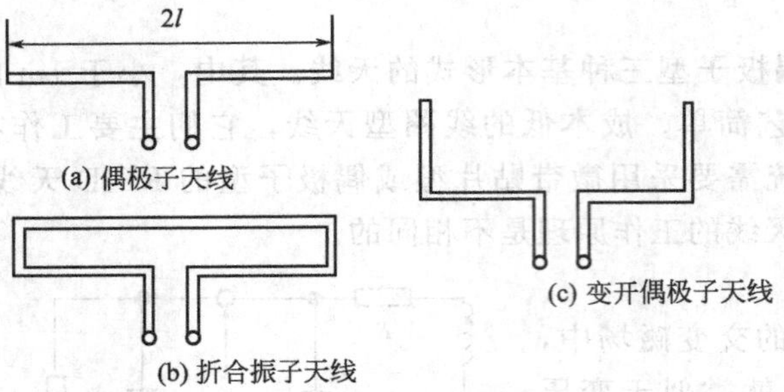

图 2-9　偶极子天线

式中，I_z 为沿振子臂分布的电流；α 为相位常数；r 是振子中点到观察点的距离；θ 为振子轴到 r 的夹角；l 为单个振子臂的长度。同样，也可以得到天线的输入阻抗、输入回波损耗 S_{11}、阻抗带宽和天线增益等特性参数。

当单个振子臂的长度 $l=\lambda/4$ 时（半波振子），输入阻抗的电抗分量为零，天线输入阻抗可视为一个纯电阻。在忽略天线粗细的横向影响下，简单的偶极子天线设计可以取振子的长度 l 为 $\lambda/4$ 的整数倍，如工作频率为 2.45GHz 的半波偶极子天线，其长度约为 6cm。当要求偶极子天线有较大的输入阻抗时，可采用图 2-9(b) 的折合振子。

2.2.2 天线的主要参数

(1) **阻抗**

为了最大功率传输，天线后的芯片的输入阻抗必须和天线的输出阻抗匹配。几十年来，设计天线与 50Ω 或 70Ω 的阻抗匹配，但是可能设计天线具有其他的特性阻抗。例如，一个缝隙天线可以具有几百欧的阻抗，一个折叠偶极子的阻抗可以是一个标准半波偶极子阻抗的 20 倍，印刷贴片天线的引出点能够提供一个很宽范围的阻抗（通常是 40～100Ω）。选择天线的类型，使它的阻抗能够和标签芯片的输入阻抗匹配是十分关键的。另一个问题是其他的与天线接近的物体可以降低天线的返回损耗。对于全向天线，例如双偶极子天线，这个影响是显著的。此外是物体的介电常数，而不是金属，改变了谐振频率。当物体与天线的距离小于 62.5mm 的时候，返回损耗将导致一个 3.0dB 的插入损耗，而天线的自由空间插入损耗才 0.2dB。可以设计天线使它与接近物体的情况相匹配，但是天线的行为对于不同的物体和不同的物体距离而不同。对于全向天线是不可行的，所以设计方向性强的天线，它们不受这个问题的影响。

(2) **局部结构的影响**

在使用手持仪器时，大量的其他临近物体使读卡机天线和标签天线的辐射模式严重失真。对于 2.45GHz 的工作频率计算，假设一个代表性的几何形状，和自由空间相比，显示返回信号降低了 10dB，在双天线同时使用时，比预料的模式下降得更多。在仓库的使用环境下，一个物品盒子具有一个标签会有问题，几个标签贴在一个盒子上以确保所有时候都有一个标签是可以看见的。便携系统的使用有几个天线的问题。每个盒子两个天线足够适合门禁装置探测，这样局部结构的影响变得不再重要，因为门禁装置的读卡机天线被固定在仓库的出入口，并且直接指向贴标签的物体。

(3) 辐射模式

在一个无反射的环境中测试了天线的模式，包括了各种需要贴标签的物体，在使用全向天线时性能严重下降。圆柱金属听引起的性能下降是最严重的，在它与天线距离50mm时，反回信号下降大于20dB。天线与物体的中心距离分开到100～150mm时，反回信号下降10～12dB。在与天线距离100mm时，测量了几瓶水（塑料和玻璃），反回信号降低大于10dB。在蜡纸盒的液体，甚至苹果上做试验得到了类似的结果。

(4) 距离

RFID天线的增益和是否使用有源的标签芯片将影响系统使用距离。乐观的考虑，在电磁场的辐射强度符合UK的相关标准时，2.45GHz的无源情况下，全波整流，驱动电压不大于3V，优化的RFID天线阻抗环境（阻抗200Ω或300Ω），使用距离约1m。如果使用WHO限制则更适合于全球范围的使用，但是作用距离下降了一半。这些限制了读卡机到标签的电磁场功率。作用距离随着频率升高而下降。如果使用有源芯片作用距离可以达到5～10m。

全向天线应该避免在标签中使用，可以使用方向性天线，它具有更少的辐射模式和返回损耗的干扰。天线类型的选择必须使它的阻抗与自由空间和ASIC匹配。在一个仓库中使用天线好像是不可行的，除非使用有源标签，但是在任何情况下，仓库内的天线辐射模式将严重失真。一个门禁系统的使用将是好的选择，可以使用短作用距离的无源标签。当然门禁系统比手持的仪器昂贵，但是手持仪器工作人员需要使用它到仓库搜寻物品，人员费用同样昂贵。在门禁系统中，每一个物品盒子，仅需要2个而不是4个或6个RFID标签。

目前RFID已经得到了广泛应用，且有国际标准ISO 10536、ISO 14443、ISO 15693、ISO 18000等几种。这些标准除规定了通信数据帧协议外，还着重对工作距离、频率、耦合方式等与天线物理特性相关的技术规格进行了规范，RFID应用系统的标准制定决定了RFID天线的选择。

2.2.3 RFID射频天线的案例分析

从RFID技术原理和RFID天线类型介绍上看，RFID具体应用的关键在于RFID天线的特点和性能。目前线圈型天线的实现技术很成熟，虽然都已广泛地应用在如身份识别、货物标签等RFID应用系统中，但是对于那些要求频率高、信息量大、工作距离和方向不确定的RFID应用场合，采用线圈型天线则难以实现相应的性能指标。如果采用微带贴片天线，由于实现工艺较复杂，成本较高，一时还无法被低成本的RFID应用系统所选择。偶极子天线具有辐射能力较强、制造简单和成本低等优点，且可以设计成适用于全方向通信的RFID应用系统，下面来具体设计一个工作于2.45GHz（国际工业医疗研究自由频段）的RFID偶极子天线。

半波偶极子天线模型如图2-9(a)所示。天线采用铜材料，位于充满空气的立方体中心。在立方体外表面设定辐射吸收边界。输入信号由天线中心处馈入，也就是RFID芯片的所在位置。对于2.45GHz的工作频率其半波长度约为61mm，设偶极子天线臂宽为1mm，且无限薄，由于天线臂宽的影响，要求实际的半波偶极子天线长度为57mm。在AnsoftHFSS工具平台上，采用有限元算法对该天线进行仿真，获得的输入回波损耗S_{11}分布图如图2-10(a)所示。辐射场E面（即最大辐射方向和电场矢量所在的平面）方向图如图2-10(b)所示。天线输入阻抗约为72Ω，电压驻波比小于2.0时的阻抗带宽为14.3%，天线增益为1.8。

从图2-10(b)可以看到在天线轴方向上，天线几乎无辐射。如果此时读写器处于该方

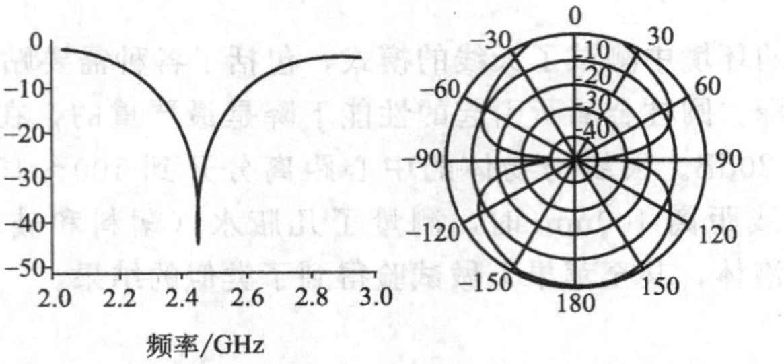

(a) 回波损耗 S_{11}　　(b) 辐射场方向图

图 2-10　偶极子天线

向上，应答器将不会作出任何反应。为了获得全方位辐射的天线以克服该缺点，可以对天线进行适当的变形，如将偶极子天线臂末端在垂直方向上延长 $\lambda/4$ 成图 2-9(c) 所示。这样天线总长度修改为（57.0mm＋2×28.5mm），天线臂宽仍然为 1mm。天线臂延长 $\lambda/4$ 后，整个天线谐振于 1 个波长，而非原来的半个波长。这就使天线的输入阻抗大大地增加，仿真计算结果约为 2kΩ。其输入回波损耗 S_{11} 如图 2-11(a) 所示。图 2-11(b) 为 E 面（天线平面）上的辐射场方向图，其中实线为仿真结果，黑点为实际样品测量数据，两者结果较为吻合，说明了该设计是正确的。从图 2-11(b) 可以看到在原来弱辐射的方向上得到了很大的改善，其辐射已经近似为全方向的了。电压驻波比小于 2.0 时的阻抗带宽为 12.2%，增益为 1.4，对于大部分 RFID 应用系统，该偶极子天线可以满足要求。

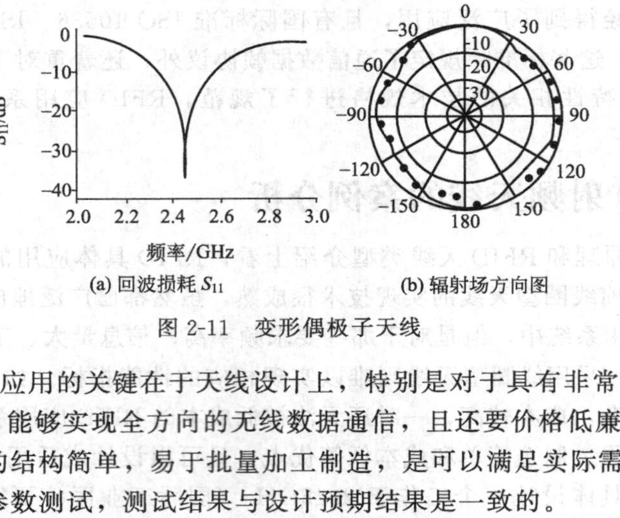

(a) 回波损耗 S_{11}　　(b) 辐射场方向图

图 2-11　变形偶极子天线

总之，RFID 实际应用的关键在于天线设计上，特别是对于具有非常大市场容量的商品标签来说，要求 RFID 能够实现全方向的无线数据通信，且还要价格低廉、体积小。上述这种全向型偶极子天线的结构简单，易于批量加工制造，是可以满足实际需要的。通过对设计出来的实际样品进行参数测试，测试结果与设计预期结果是一致的。

复 习 题

2-1　RFID 系统由哪几部分电路组成？

2-2　简述 RFID 读写器防碰撞工作步骤。

2-3　简述读写器和电子标签之间射频信号的耦合类型。

2-4　RFID 主要有几种形式的天线？简述每种天线工作原理。

2-5　简述天线的主要参数。

Chapter 03

第3章

RFID的频率标准与技术规范

射频识别产业链作为一个新型的高新技术产业群，将成为信息产业新的增长点。从全球的范围来看，美国已经在射频识别标准的建立、相关软硬件技术的开发、应用领域走在世界的前列。欧洲射频识别标准追随美国主导的 EPCglobal 标准。在封闭系统应用方面，欧洲与美国基本处在同一阶段。而在亚洲射频识别标准也已日益受到重视，但仍处于推广的初级阶段。日本虽然已经提出射频识别标准，但主要得到的是本国厂商的支持，如要成为国际标准还有很长的路要走。RFID 在韩国的重要性得到了加强，政府给予了高度重视，但至今韩国在射频识别标准上仍模糊不清。

国外政府以及大型企业成功应用射频识别技术的经验将促进射频识别技术在中国市场的进一步发展和需求。近几年射频识别技术在全球商品流通、商品跟踪以及物流管理中的应用进一步提高，大大推动了作为全球制造中心中国对射频识别技术的发展和普及，尤其是来自大型制造企业的需求，推动了射频识别技术在中国的进一步发展。

3.1 RFID 标准概述

射频识别系统主要由数据采集和后台数据库网络应用系统两大部分组成。目前已经发布或者正在制定中的标准主要与数据采集相关，其中包括电子标签与读写器之间的接口、读写器与计算机之间的数据交换协议、射频识别标签与读写器的性能和一致性测试规范以及射频识别标签的数据内容编码标准等。虽然目前射频识别还未形成统一的全球标准，市场中多种标准并存，但制定统一的射频识别标准已经得到业界认可。

目前制定射频识别标准的组织比较著名的有三个：国际标准化组织（International Standard Organized，简称 ISO），以美国为首的 EPCglobal［国际物品编码协会（EAN）和美国统一代码委员会（UCC）的一个合资公司］；日本的泛在中心 Ubiquitous ID Center。这三个组织对射频识别技术应用规范都有各自的目标与发展规划。如果从发展的角度来观察全球射频识别标准制定，目前最为积极的非 EPCglobal 莫属。

3.1.1 RFID 标准体系

3.1.1.1 ISO 制定的 RFID 标准体系

射频识别标准化工作最早可以追溯到 20 世纪 90 年代。1995 年国际标准化组织 ISO/IEC 联合技术委员会 JTCl 设立了子委员会 SC31（以下简称 SC31），负责 RFID 标准化研究工作。SC31委员会由来自各个国家的代表组成，如英国的BSI IST34委员、欧洲CEN TC225成员。他们既是各大公司内部咨询者，也是不同公司利益的代表者。因此，在ISO标准化制定过程中，有企业、区域标准化组织和国家三个层次的利益代表者。SC31子委员会负责的射频识别标准可以分为四个方面：数据标准（如编码标准ISO/IEC 15691、数据协议ISO/IEC 15692、ISO/IEC 15693，解决了应用程序、标签和空中接口多样性的要求，提供了一套通用的通信机制）、空中接口标准（ISO/IEC 18000系列）、测试标准（性能测试ISO/IEC 18047和一致性测试标准ISO/IEC 18046）、实时定位（RTLS）（ISO/IEC 24730系列应用接口与空中接口通信标准）方面的标准。

（1）通用RFID技术标准

ISO/IEC的通用技术标准可以分为数据采集和信息共享两大类，数据采集类技术标准涉及标签、读写器、应用程序等，可以理解为本地单个读写器构成的简单系统，也可以理解为大系统中的一部分；而信息共享类就是RFID应用系统之间实现信息共享所必须的技术标准，如软件体系架构标准等。

在图3-1中，左半图是普通RFID标准分层框图，右半图是从2006年开始制定的增加辅助电源和传感器功能以后的RFID标准分层框图。它清晰地显示了各标准之间的层次关系，自下而上先是RFID标签标识编码标准ISO/IEC 15963，然后是空中接口协议ISO/IEC 18000系列、ISO/IEC 15962和ISO/IEC 24753数据传输协议，最后是ISO/IEC 15961应用程序接口。与辅助电源和传感器相关的标准有空中接口协议、ISO/IEC 24753数据传输协议以及IEEE 1451标准。

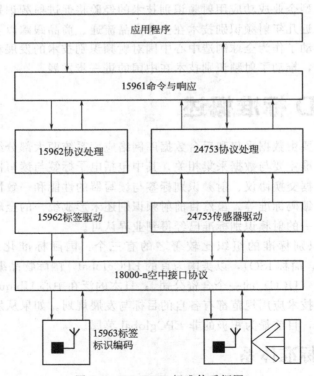

图3-1　ISO RFID标准体系框图

① 数据内容标准　主要规定了数据在标签、读写器到主机（亦即中间件或应用程序）各个环节的表示形式。由于标签能力（存储能力、通信能力）的限制，在各个环节的数据表

示形式必须充分考虑各自的特点，采取不同的表现形式。另外，主机对标签的访问可以独立于读写器和空中接口协议，也就是说读写器和空中接口协议对应用程序来说是透明的。RFID 数据协议的应用接口基于 ASN.1，它提供了一套独立于应用程序、操作系统和编程语言，也独立于标签读写器与标签驱动之间的命令结构。

ISO/IEC 15961 规定了读写器与应用程序之间的接口，侧重于应用命令与数据协议加工器交换数据的标准方式，这样应用程序可以完成对电子标签数据的读取、写入、修改、删除等操作功能。该协议也定义了错误响应消息。

ISO/IEC 15962 规定了数据的编码、压缩、逻辑内存映射格式，以及如何将电子标签中的数据转化为应用程序有意义的方式。该协议提供了一套数据压缩的机制，能够充分利用电子标签中有限数据存储空间以及空中通信能力。

ISO/IEC 24753 扩展了 ISO/IEC 15962 数据处理能力，适用于具有辅助电源和传感器功能的电子标签。增加传感器以后，电子标签中存储的数据量以及对传感器的管理任务大大增加了，ISO/IEC 24753 规定了电池状态监视、传感器设置与复位、传感器处理等功能。ISO/IEC 24753 与 ISO/IEC 15962 一起，规范了带辅助电源和传感器功能电子标签的数据处理与命令交互。它们的作用使得 ISO/IEC 15961 独立于电子标签和空中接口协议。

ISO/IEC 15963 规定了电子标签唯一标识的编码标准，该标准兼容 ISO/IEC 7816-6、ISO/TS 14816、EAN. UCC 标准编码体系、INCITS 256 以及保留对未来扩展。注意与物品编码的区别，物品编码是对标签所贴附物品的编码，而该标准标识的是标签自身。

② 空中接口通信协议　空中接口通信协议规范了读写器与电子标签之间信息交互，目的是为了不同厂家生产设备之间的互联互通性。ISO/IEC 制定该标准具有广泛的通用性，覆盖了 RFID 应用的常用频段，如 125～134.2kHz、13.56MHz、433MHz、860～960MHz、2.45GHz、5.8GHz 几种频段的空中接口协议，主要由于不同频段的 RFID 标签在识读速度、识读距离、适用环境等方面存在较大差异，单一频段的标准不能满足各种应用的需求。这种思想充分体现了标准统一的相对性，一个标准是对相当广泛的应用系统的共同需求，但不是所有应用系统的需求，一组标准可以满足更大范围的应用需求。

③ 测试标准　测试是所有信息技术类标准中非常重要的部分，ISO/IEC RFID 标准体系中包括设备性能测试方法和一致性测试方法。

ISO/IEC 18046 射频识别设备性能测试方法，主要内容有标签性能参数及其检测方法（标签检测参数、标签检测速度、标签形状、标签检测方向、单个标签检测及多个标签检测方法等）、读写器性能参数及其检测方法（读写器检测参数、识读范围、识读速率、读数据速率、写数据速率等检测方法）。在附件中规定了测试条件，全电波暗室、半电波暗室以及开阔场三种测试场。该标准定义的测试方法形成了性能评估的基本架构，可以根据 RFID 系统应用的要求，扩展测试内容。应用标准或者应用系统测试规范可以引用 ISO/IEC 18046 性能测试方法，并在此基础上根据应用标准和应用系统具体要求进行扩展。

ISO/IEC 18047 对确定射频识别设备（标签和读写器）一致性的方法进行定义，也称空中接口通信测试方法。测试方法只要求那些被实现和被检测的命令功能以及任何功能选项。它与 ISO/IEC 18000 系列标准相对应。一致性测试，是确保系统各部分之间的相互作用达到的技术要求，亦即系统的一致性要求。只有符合一致性要求，才能实现不同厂家生产的设备在同一个 RFID 网络内能够互连互通互操作。一致性测试标准体现了通用技术标准的范围，亦即实现互联互通互操作所必需的技术内容，凡是不影响互联互通互操作的技术内容尽量留给应用标准或者产品的设计者。

④ 实时定位系统（RTLS） 可以改善供应链的透明性、团队管理、物流和团队安全等。RFID标签可以解决短距离尤其是室内物体的定位，可以弥补GPS等定位系统只能适用于室外大范围的不足。GPS定位、手机定位以及RFID短距离定位手段与无线通信手段一起可以实现物品位置的全程跟踪与监视。

目前正在制定的标准有：ISO/IEC 24730-1应用编程接口API，它规范了RTLS服务功能以及访问方法，目的是应用程序可以方便地访问RTLS系统，它独立于RTLS的低层空中接口协议；ISO/IEC 24730-2适用于2.45GHz的RTLS空中接口协议，它规范了一个网络定位系统，该系统利用RTLS发射机发射无线电信标，接收机根据收到的几个信标信号解算位置，发射机的许多参数可以远程实时配置；ISO/IEC 24730-3适用于433MHz的RTLS空中接口协议。

⑤ 软件系统基本架构 2006年ISO/IEC开始重视RFID应用系统的标准化工作，将ISO/IEC 24752调整为六个部分并重新命名为ISO/IEC 24791。制定该标准的目的是对RFID应用系统提供一种框架，并规范了数据安全和多种接口，便于RFID系统之间的信息共享；使应用程序不再关心多种设备和不同类型设备之间的差异，便于应用程序的设计和开发；能够支持设备的分布式协调控制和集中管理等功能，优化密集读写器组网的性能。该标准主要目的是解决读写器之间以及应用程序之间共享数据信息问题，随着RFID技术的广泛应用RFID，数据信息的共享越来越重要。

ISO/IEC 24791标准各部分之间的关系如图3-2所示。

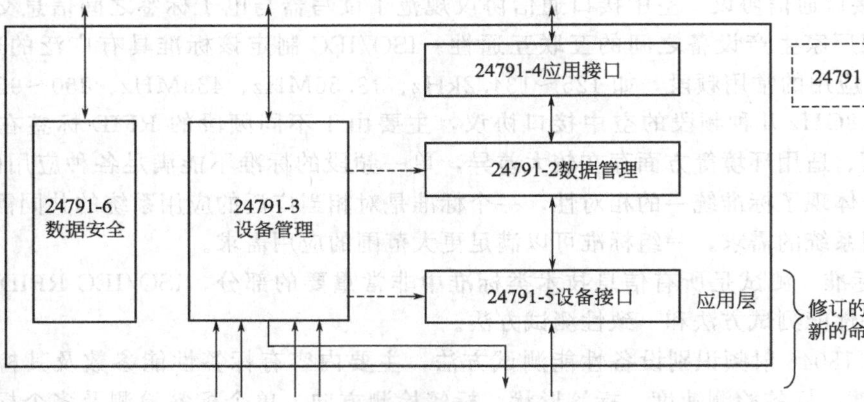

图3-2 软件体系基本结构框图

ISO/IEC 24791标准的具体内容如下。

a. ISO/IEC 24791-1体系架构：给出软件体系的总体框架和各部分标准的基本定位。它将体系架构分成三大类：数据平面、控制平面和管理平面。数据平面侧重于数据的传输与处理，控制平面侧重于运行过程中对读写器中空中接口协议参数的配置，管理平面侧重于运行状态的监视和设备管理。三个平面的划分可以使软件架构体系的描述得以简化，每一个平面包含的功能将减少，在复杂协议的描述中经常采用这种方法。每个平面包含数据管理、设备管理、应用接口、设备接口和数据安全五个方面的部分内容。

b. ISO/IEC 24791-2数据管理：主要功能包括读、写、采集、过滤、分组、事件通告、事件订阅等功能。另外支持ISO/IEC 15962提供的接口，也支持其它标准的标签数据格式。该标准位于数据平面。

c. ISO/IEC 24791-3设备管理：类似于EPCglobal读写器管理协议，能够支持设备的运行参数设置、读写器运行性能监视和故障诊断。设置包括初始化运行参数、动态改变的运行参数以及软件升级等。性能监视包括历史运行数据收集和统计等功能。故障诊断包括故障的检测和诊断等功能。该标准位于管理平面。

d. ISO/IEC 24791-4 应用接口：位于最高层，提供读、写功能的调用格式和交互流程。类似于 ISO/IEC 15961 应用接口，但是需要扩展和调整。该标准位于数据平面。

e. ISO/IEC 24791-5 设备接口：类似于 EPCglobal LLRP 低层读写器协议，它为客户控制和协调读写器的空中接口协议参数提供通用接口规范，它与空中接口协议相关。该标准位于控制平面。

f. ISO/IEC 24791-6 数据安全。

应该注意的是以上 RFID 系列标准中包含了大量专利，如 ISO/IEC 18000 系列中列出了部分专利，其实还有很多专利并没有在标准中列出来。

（2）ISO /IEC RFID 应用技术标准

早在 20 世纪 90 年代，ISO/IEC 已经开始制定集装箱标准 ISO 10374 标准，后来又制定了集装箱电子关封标准 ISO 18185，动物管理标准 ISO 11784/5、ISO 14223 等。随着 RFID 技术的应用越来越广泛，ISO/IEC 认识到需要针对不同应用领域中所涉及的共同要求和属性制定通用技术标准，而不是每一个应用技术标准完全独立制定，这就是通用技术标准。

在制定物流与供应链 ISO 17363～17367 系列标准时，直接引用 ISO/IEC 18000 系列标准。通用技术标准提供的是一个基本框架，而应用标准是对它的补充和具体规定，这样既保证了不同应用领域 RFID 技术具有互联互通与互操作性，又兼顾了应用领域的特点，能够很好地满足应用领域的具体要求。应用技术标准是在通用技术标准基础上，根据各个行业自身的特点而制定，它针对行业应用领域所涉及的共同要求和属性。应用技术标准与用户应用系统的区别，应用技术标准针对一大类应用系统的共同属性，而用户应用系统针对具体的一个应用。如果用面向对象分析思想来比喻，把通用技术标准看成是一个基础类，则应用技术标准就是一个派生类。

① 货运集装箱系列标准　ISO TC104 技术委员会专门负责集装箱标准制定，是集装箱制造和操作的最高权威机构。与 RFID 相关的标准，由第四子委员会（SC4）负责制定。包括如下标准。

a. ISO 6346 集装箱—编码、ID 和标识符号（1995 制定）　该标准提供了集装箱标识系统。集装箱标识系统用途很广泛，比如在文件、控制和通信（包括自动数据处理）方面，与集装箱本身显示一样；在集装箱标识中的强制标识以及自动设备标识 AEI（Automatic Equipment Identification）和电子数据交换 EDI（Electronic Data Interchange）应用的可选特征。该标准规定了集装箱尺寸、类型等数据的编码系统以及相应标记方法、操作标记和集装箱标记的物理展示。

b. ISO 10374 集装箱自动识别标准（1991 年制定，1995 年修订）　该标准基于微波应答器的集装箱自动识别系统，是把集装箱当作一个固定资产来看。应答器为有源设备，工作频率为 850～950MHz 及 2.4～2.5GHz。只要应答器处于此场内就会被活化并采用变形的 FSK 副载波通过反向散射调制作出应答。信号在两个副载波频率 40kHz 和 20kHz 之间被调制。由于它在 1991 年制定，还没有用 RFID 这个词，实际上有源应答器就是今天的有源 RFID 电子标签。此标准和 ISO 6346 共同应用于集装箱的识别，ISO 6346 规定了光学识别，ISO 10374 则用微波的方式来表征光学识别的信息。

c. ISO 18185 集装箱电子关封标准草案（陆、海、空）　该标准是海关用于监控集装箱装卸状况，包含七个部分，它们是：空中接口通信协议、应用要求、环境特性、数据保护、传感器、信息交换的消息集、物理层特性要求。

以上两个标准涉及的空中接口协议并没有引用ISO/IEC 18000系列空中接口协议，主要原因它们的制定时间早于ISO/IEC 18000系列空中接口协议。

② 物流供应链系列标准　为了使RFID能在整个物流供应链领域发挥重要作用，ISO TC122包装技术委员会和ISO TC104货运集装箱技术委员会成立了联合工作组JWG，负责制定物流供应链系列标准。工作组按照应用要求及货运集装箱、装载单元、运输单元、产品包装、单品五级物流单元，制定了六个应用标准。

a. ISO 17358应用要求　这是供应链RFID的应用要求标准，由TC122技术委员会主持。该标准定义了供应链物流单元各个层次的参数，定义了环境标识和数据流程。

b. ISO 17363～17367系列标准　供应链RFID物流单元系列标准分别对货运集装箱、可回收运输单元、运输单元、产品包装、产品标签的RFID应用进行了规范。该系列标准内容基本相同，如空中接口协议采用ISO/IEC 18000系列标准。在具体规定上存在差异，分别针对不同的使用对象进行了补充规定，如使用环境条件、标签的尺寸、标签张贴的位置等特性，根据对象的差异要求采用电子标签的载波频率也不同。货运集装箱、可回收运输单元和运输单元使用的电子标签一定是重复使用的，产品包装则要根据实际情况而定，而产品标签通常是一次性的。另外，还要考虑数据的完整性、可视识读标识等。可回收单元在数据容量、安全性、通信距离方面要求较高。

这里需要注意的是ISO 10374、ISO 18185和ISO 17363三个标准之间的关系，它们都针对集装箱，但是ISO 10374是针对集装箱本身的管理，ISO 18185是为了海关监视集装箱，而ISO 17363是针对供应链管理目的而在货运集装箱上使用可读写的RFID标识标签和货运标签。

③ 动物管理系列标准　ISO TC23/SC19负责制定动物管理RFID方面标准，包括ISO 11784、ISO 11785和ISO 14223三个标准。

a. ISO 11784编码结构　它规定了动物射频识别码的64位编码结构，动物射频识别码要求读写器与电子标签之间能够互相识别。通常由包含数据的比特流以及为了保证数据正确所需要的编码数据。代码结构为64位，其中的27～64位可由各个国家自行定义。

b. ISO 11785技术准则　它规定了应答器的数据传输方法和读写器规范。工作频率为134.2kHz，数据传输方式有全双工和半双工两种，读写器数据以差分双相代码表示，电子标签采用FSK调制，NRZ编码。由于存在较长的电子标签充电时间和工作频率的限制，通信速率较低。

c. ISO 14223高级标签　它规定了动物射频识别的转发器和高级应答机的空间接口标准，可以让动物数据直接存储在标记上，这表示通过简易、可验证以及廉价的解决方案，每只动物的数据就可以在离线状态下直接取得，进而改善库存追踪以及提升全球的进出口控制能力。通过符合ISO 14223标准的读取设备，可以自动识别家畜，而它所具备的防碰撞算法和抗干扰特性，即使家畜的数量极为庞大，识别也没有问题。ISO 14223标准包含空中接口、编码和命令结构、应用三个部分，它是ISO 11784和ISO 11785的扩展版本。

3.1.1.2 EPCglobal制定的射频识别标准体系

EPCglobal标准体系面向物流供应链领域，可以视为一个应用标准。EPCglobal是由美国统一代码协会（UCC）和国际物品编码协会（EAN）于2003年9月共同成立的非营利性组织，其前身是1999年10月1日在美国麻省理工学院成立的非营利性组织Auto-ID中心。

目前EPCglobal已在中国、加拿大、日本等国家建立了分支机构，专门负责EPC码段在这些国家的分配与管理、EPC相关技术标准的制定、EPC相关技术在本国的宣传普及以及推广应用等工作。

EPCglobal的目标是解决供应链的透明性和追踪性，透明性和追踪性是指供应链各环节中所有合作伙伴都能够了解单件物品的相关信息，如位置、生产日期等信息。为此EPCglobal制定了EPC编码标准，它可以实现对所有物品提供单件唯一标识；也制定了空中接口协议、读写器协议。这些协议与ISO标准体系类似。在空中接口协议方面，目前EPCglobal的策略尽量与ISO兼容，如UHF C1G2 RFID标准递交ISO将成为ISO/IEC 18000-6C标准。但EPCglobal空中接口协议有它的局限范围，仅仅关注UHF860～930MHz。

除了信息采集以外，EPCglobal非常强调供应链各方之间的信息共享，为此制定了信息共享的物联网相关标准，包括EPC中间件规范、对象名解析服务ONS（Object Naming Service)、物理标记语言PML（Physical Markup Language)。这样，从信息的发布、信息资源的组织管理、信息服务的发现以及大量访问之间的协调等方面作出规定。“物联网”的信息量和信息访问规模大大超过普通的因特网。“物联网”系列标准是根据自身的特点参照因特网标准制定的。“物联网”基于因特网的，与因特网具有良好的兼容性。

EPC标准是由EPCglobal针对全球产品识别建立的标准体系，可以为单一产品标记唯一标识，从而达到区分产品的目的，目前已经在射频识别系统中得到广泛应用和采纳。

(1) EPCglobal RFID标准体系框架

在EPCglobal标准组织中，体系架构委员会ARC的职能是制定RFID标准体系框架，协调各个RFID标准之间关系使它们符合RFID标准体系框架要求。体系架构委员会对于复杂的信息技术标准制定来说非常重要。ARC首先给出EPCglobal RFID体系框架，它是RFID典型应用系统的一种抽象模型，它包含三种主要活动，具体内容如下。

① EPC物理对象交换　用户与带有EPC编码的物理对象进行交互。对于EPCglobal用户来说，物理对象是商品，用户是该物品供应链中的成员。EPCglobal RFID体系框架定义了EPC物理对象交换标准，从而能够保证当用户将一种物理对象提交给另一个用户时，后者将能够确定该物理对象EPC编码并能方便地获得相应的物品信息。

② EPC基础设施　为实现EPC数据的共享，每个用户在应用时为新生成的对象进行EPC编码，通过监视物理对象携带的EPC编码对其进行跟踪，并将搜集到的信息记录到基础设施内的EPC网络中。EPCglobal RFID体系框架定义了用来收集和记录EPC数据的主要设施部件接口标准，因而允许用户使用互操作部件来构建其内部系统。

③ EPC数据交换　用户通过相互交换数据，来提高物品在物流供应链中的可见性。EPCglobal RFID体系框架定义了EPC数据交换标准，为用户提供了一种端到端共享EPC数据的方法，并提供了用户访问EPCglobal核心业务和其他相关共享业务的方法。更进一步，ARC从RFID应用系统中凝练出多个用户之间RFID体系框架模型图（图3-3）和单个用户内部RFID体系框架模型图（图3-4)，它是典型RFID应用系统组成单元的一种抽象模型，目的是表达实体单元之间的关系。在模型图中实线框代表实体单元，它可以是标签、读写器等硬件设备，也可以是应用软件、管理软件、中间件等；虚线框代表接口单元，它是实体单元之间信息交互的接口。体系结构框架模型清晰地表达了实体单元以及实体单元之间的交互关系，实体单元之间通过接口实现信息交互。“接口”就是制定通用标准的对象，因为接口统一后，只要实体单元符合接口标准就可以实现互联互通。这样允许不同厂家根据自己的技术和RFID应用特点来实现“实体”，就是说提供相当的灵活性，适应技术的发展和不

同应用的特殊性。“实体”就是制定应用标准和通用产品标准的对象。“实体”与“接口”的关系，类似于组件中组件实现与组件接口之间的关系，接口相对稳定，而组件的实现可以根据技术特点与应用要求由企业自己来决定。

图 3-3 表达了多个用户交换 EPC 信息的 EPCglobal 体系框架模型。它为所有用户的 EPC 信息交互提供了共同的平台，不同用户 RFID 系统之间通过它实现信息的交互。因此需要考虑认证接口、EPCIS 接口、ONS 接口、编码分配管理和标签数据转换。

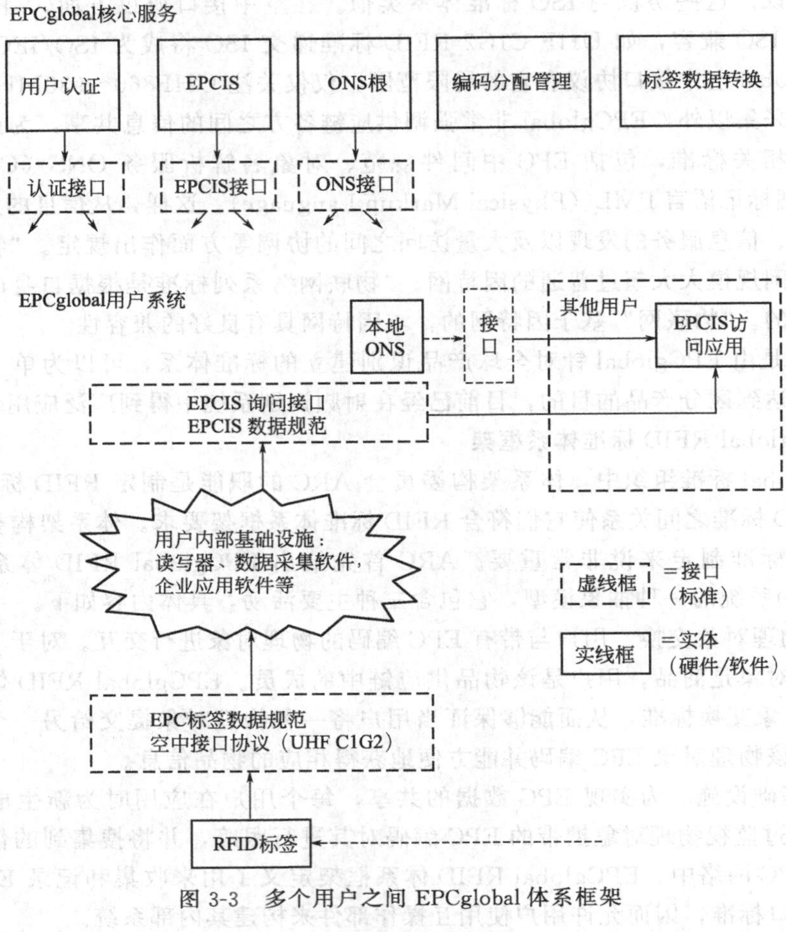

图 3-3　多个用户之间 EPCglobal 体系框架

图 3-4 表达了单个用户系统内部 EPCglobal 体系框架模型，一个用户系统可能包括很多 RFID 读写器和应用终端，还可能包括一个分布式的网络。它不仅需要考虑主机与读写器、读写器与标签之间的交互，读写器性能控制与管理、读写器设备管理，还需要考虑与核心系统、与其他用户之间的交互，确保不同厂家设备之间的兼容性。

下面分别介绍 EPCglobal 体系框架中实体单元的主要功能。

① RFID 标签　保存 EPC 编码，还可能包含其他数据。标签可以是有源标签与无源标签，它能够支持读写器的识别、读数据、写数据等操作。

② RFID 读写器　能从一个或多个电子标签中读取数据并将这些数据传送给主机等。

③ 读写器管理　监控一台或多台读写器的运行状态，管理一台或多台读写器的配置等。

④ 中间件　从一台或多台读写器接收标签数据、处理数据等。

⑤ EPCIS 信息服务　为访问和持久保存 EPC 相关数据提供了一个标准的接口，已授权

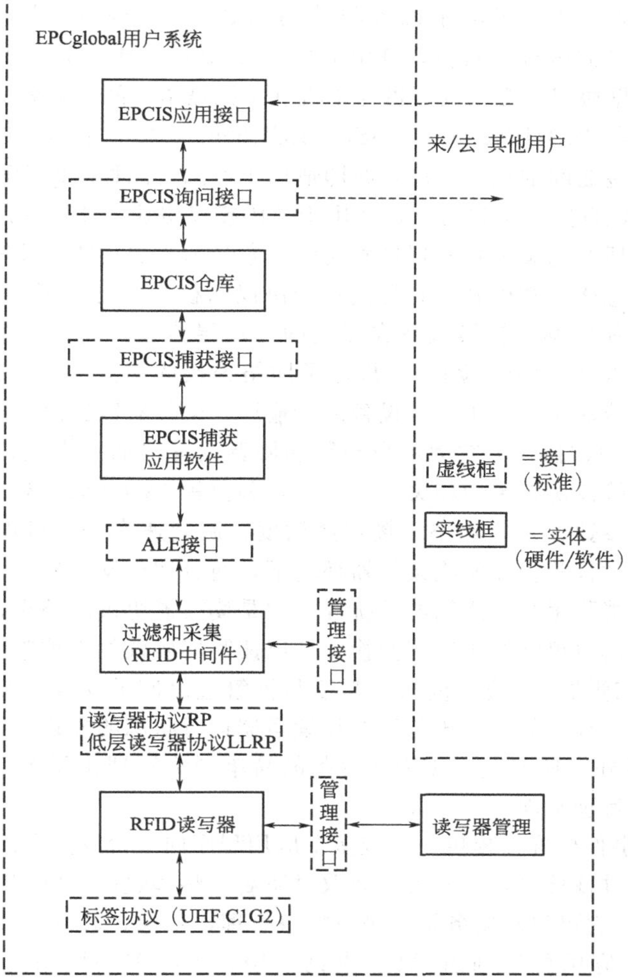

图 3-4 单个用户内部 EPCglobal 体系框架

的贸易伙伴可以通过它来读写 EPC 相关数据，具有高度复杂的数据存储与处理过程，支持多种查询方式。

⑥ ONS 根 为 ONS 查询提供查询初始点；授权本地 ONS 执行 ONS 查找等功能。

⑦ 编码分配管理 通过维护 EPC 管理者编号的全球唯一性来确保 EPC 编码的唯一性等。

⑧ 标签数据转换 提供了一个可以在 EPC 编码之间转换的文件，它可以使终端用户的基础设施部件自动地知道新的 EPC 格式。

⑨ 用户认证 验证 EPCglobal 用户的身份等。

(2) EPCglobal RFID 标准

EPCglobal 制定的 RFID 标准，实际上就位于图 3-3、图 3-4 两个体系框架图中的接口单元，它们包括数据的采集、信息的发布、信息资源的组织管理、信息服务的发现等方面。除此之外部分实体单元实际上也可能组成分布式网络，如读写器、中间件等，为了实现读写器、中间件的远程配置、状态监视、性能协调等就会产生管理接口。EPCglobal 主要标准如下。

① EPC 标签数据规范 规定了 EPC 编码结构，包括所有编码方式的转换机制等。

② 空中接口协议　规范了电子标签与读写器之间命令和数据交互，它与ISO/IEC 18000-3、ISO/IEC 18000-6标准对应，其中UHF C1G2已经成为ISO/IEC 1800-6C标准。

③ RP读写器数据协议　提供读写器与主机（主机是指中间件或者应用程序）之间的数据与命令交互接口，与ISO/IEC 15961、ISO/IEC 15962类似。它的目标是主机能够独立于读写器、读写器与标签之间的接口协议，亦即适用于不同智能程度的RFID读写器、条码读写器，适用于多种RFID空中接口协议，适用于条码接口协议。该协议定义了一个通用功能集合，但是并不要求所有的读写器实现这些功能。它分为三层功能：读写器层规定了读写器与主计算机交换的消息格式和内容，它是读写器协议的核心，定义了读写器所执行的功能；消息层规定了消息如何组帧、转换以及在专用的传输层传送，规定安全服务（比如身份鉴别、授权、消息加密以及完整性检验），规定了网络连接的建立、初始化建立同步的消息、初始化安全服务等。传输层对应于网络设备的传输层。读写器数据协议位于数据平面。

④ LLRP低层读写器协议　它为用户控制和协调读写器的空中接口协议参数提供通用接口规范，它与空中接口协议密切相关。可以配置和监视ISO/IEC 18000-6TypeC中防碰撞算法的时隙帧数、Q参数、发射功率、接收灵敏度、调制速率等，可以控制和监视选择命令、识读过程、会话过程等。在密集读写器环境下，通过调整发射功率、发射频率和调制速率等参数，可以大大消除读写器之间的干扰等。它是读写器协议的补充，负责读写器性能的管理和控制，使读写器协议专注于数据交换。低层读写器协议位于控制平面。

⑤ RM读写器管理协议　位于读写器与读写器管理之间的交互接口。它规范了访问读写器配置的方式，如天线数等；它规范了监控读写器运行状态的方式，如读到的标签数、天线的连接状态等。另外，还规范了RFID设备的简单网络管理协议SNMP和系统库MIB。读写器管理协议位于管理平面。

⑥ ALE应用层事件标准　提供一个或多个应用程序向一台或多台读写器发出对EPC数据请求的方式等。通过该接口，用户可以获取过滤后、整理过的EPC数据。ALE基于面向服务的架构（SOA）。它可以对服务接口进行抽象处理，就像SQL对关系数据库的内部机制进行抽象处理那样。应用可以通过ALE查询引擎，不必关心网络协议或者设备的具体情况。

⑦ EPCIS捕获接口协议　提供一种传输EPCIS事件的方式，包括EPCIS仓库，网络EPCIS访问程序，以及伙伴EPCIS访问程序。

⑧ EPCIS询问接口协议　提供EPCIS访问程序从EPCIS仓库或EPCIS捕获应用中得到EPCIS数据的方法等。

⑨ EPCIS发现接口协议　提供锁定所有可能含有某个EPC相关信息的EPCIS服务的方法。

⑩ TDT标签数据转换框架　提供了一个可以在EPC编码之间转换的文件，它可以使终端用户的基础设施部件自动地知道新的EPC格式。

⑪ 用户验证接口协议　验证一个EPCglobal用户的身份等。

⑫ 物理标记语言PML　用来描述物品静态和动态信息，包括物品位置信息、环境信息、组成信息等。PML是基于为人们广为接受的可扩展标识语言（XML）发展而来的。PML的目标是为物理实体的远程监控和环境监控提供一种简单、通用的描述语言。可广泛应用在存货跟踪、自动处理事务、供应链管理、机器控制和物对物通信等方面。

3.1.1.3　日本UID制定的射频识别标准体系

日本泛在中心制定射频识别相关标准的思路类似于EPCglobal，目标也是构建一个完整的标准体系，即从编码体系、空中接口协议到泛在网络体系结构，但是每一个部分的具体内容存在差异。

为了制定具有自主知识产权的射频识别标准，在编码方面制定了 UCode 编码体系，它能够兼容日本已有的编码体系，同时也能兼容国际其他的编码体系。在空中接口方面积极参与 ISO 的标准制定工作，也尽量考虑与 ISO 相关标准兼容。在信息共享方面主要依赖于日本的泛在网络，它可以独立于因特网实现信息的共享。

泛在网络与 EPCglobal 的物联网还是有区别的。EPC 采用业务链的方式，面向企业，面向产品信息的流动（物联网），比较强调与互联网的结合。UID 采用扁平式信息采集分析方式，强调信息的获取与分析，比较强调前端的微型化与集成。

3.1.1.4 三大标准体系空中接口协议的比较

目前，ISO/IEC 18000、EPCglobal、日本 UID 三个空中接口协议正在完善中。这三个标准相互之间并不兼容，主要差别在通信方式、防冲突协议和数据格式这三个方面，在技术上差距其实并不大。

这三个标准都按照射频识别的工作频率分为多个部分。在这些频段中，以 13.56MHz 频段的产品最为成熟，处于 860～960MHz 内的 UHF 频段的产品因为工作距离远且最可能成为全球通用的频段而最受重视，发展最快。

ISO/IEC 18000 标准是最早开始制定的关于射频识别的国际标准，按频段被划分为七个部分。目前支持 ISO/IEC 18000 标准的射频识别产品最多。EPCglobal 是由 UCC 和 EAN 两大组织联合成立、吸收了麻省理工 AutoID 中心的研究成果后推出的系列标准草案。EPCglobal 最重视 UHF 频段的射频识别产品，极力推广基于 EPC 编码标准的射频识别产品。目前，EPCglobal 标准的推广和发展十分迅速，许多大公司如沃尔玛等都是 EPC 标准的支持者。日本的泛在中心（Ubiquitous ID）一直致力于本国标准的射频识别产品开发和推广，拒绝采用美国的 EPC 编码标准。与美国大力发展 UHF 频段射频识别不同的是，日本对 2.4GHz 微波频段的 RFID 似乎更加青睐，目前日本已经开始了许多 2.4GHz RFID 产品的实验和推广工作。标准的制定面临越来越多的知识产权纠纷。不同的企业都想为自己的利益努力。同时，EPC 在努力成为 ISO 的标准，ISO 最终如何接受 EPC 的射频识别标准，还有待观望。全球标准的不统一，使硬件产品在兼容方面必然不理想，阻碍应用。

EPCgloba l 与日本 UID 标准体系的主要区别如下。

第一个区别是编码标准不同，EPCglobal 使用 EPC 编码，代码为 96 位。日本 UID 使用 UCode 编码，代码为 128 位。UCode 的不同之处在于能够继续使用在流通领域中常用的“JAN 代码”等现有的代码体系。UCode 使用泛在 ID 中心制定的标识符对代码种类进行识别。比如，希望在特定的企业和商品中使用 JAN 代码时，在 IC 标签代码中写入表示“正在使用 JAN 代码”的标识符即可。同样，在 UCode 中还可以使用 EPC。

第二个区别是根据 IC 标签代码检索商品详细信息的功能。EPCglobal 中心的最大前提条件是经过网络，而泛在 ID 中心还设想了离线使用的标准功能。

Auto ID 中心和泛在 ID 中心在使用互联网进行信息检索的功能方面基本相同。泛在 ID 中心使用名为“读卡器”的装置，将所读取到的 ID 标签代码发送到数据检索系统中。数据检索系统通过互联网访问泛在 ID 中心的“地址解决服务器”来识别代码。如果是 JAN 代码，就会使用 JAN 代码开发商流通系统开发中心的服务器信息，检索企业和商品的基本信息。然后再由符合条件的企业的商品信息服务器中得到生产地址和流通渠道等详细信息。

泛在 ID 中心还设想了不通过互联网就能够检索商品详细信息的功能。具体来说就是利用具备便携信息终端（PDA）的高性能读卡器。预先把商品详细信息保存到读卡器中，即便不接入互联网，也能够了解与读卡器中IC标签代码相关的商品详细信息。泛在ID中心认为："如果必须随时接入互联网才能得到相关信息，那么其方便性就会降低。如果最多只限定2万种药品等商品，将所需信息保存到PDA中就可以了。"

第三个区别是日本的电子标签采用的频段为2.45GHz和13.56MHz。欧美的EPC标准采用UHF频段，例如902～928MHz。此外日本的电子标签标准可用于库存管理、信息发送和接收以及产品和零部件的跟踪管理等。EPC标准侧重于物流管理、库存管理等。

3.1.1.5 我国射频识别标准建设情况

在射频识别标准的制定领域，我国起步比较晚，但随着射频识别产业的发展以及我国制造企业在全球竞争中的重要地位，推动了我国在射频识别标准制定领域的发展步伐。2005年年底，我国射频识别标准工作组正式成立，开始制定相关的射频识别国家标准。我国的射频识别标准化工作也取得了长足的发展，而且市场培育已初步开花结果。比较典型的是在中国铁路车号自动识别系统建设中，推出了完全拥有自主知识产权的远距离自动识别系统。在近距离射频识别应用方面，许多城市已经实现了公交射频卡作为预付费电子车票应用。

2006年6月9日，中国官方十五个部委（含发改委、商务部、信息产业部、公安部等）、历时近一年半时间共同编制的《中国射频识别（RFID）技术政策白皮书》正式发布，虽然此前射频识别标准在中国的制定过程一波三折，但随着政府推动力量不断加强，相信此后射频识别技术在中国的发展前景会更加美好。目前作为国家标准的中国RFID标准还在酝酿之中，随着中国参与到射频识别标准争夺中，全球射频识别标准的竞争也将更为激烈。

3.1.2 标准的作用和内容

（1）标准的作用

世界排名第一的零售商沃尔玛在2003年宣布，到2005年1月时要求它前100大的供应商采用射频识别技术，实现货品自动识别，以继续提高其供应链的管理能力。这也威胁到我国的零售商是否能继续销售自己的产品，因为有70%的货品都是由中国厂商生产的，可见射频识别识别技术的发展已经自下而上地被推动。另外，还有诸如Target、Tesco、FDA等也宣布了其使用计划。

但是射频识别推广却倍受标准问题困扰：世界一些知名公司各自推出了自己的很多标准，这些标准互不兼容，表现在频段和数据格式上的差异，这也给RFID的大范围应用带来了困难。

射频识别标准的具体作用表现在以下几点。

① 在混乱中建立秩序，增加客户对新技术的信心。

② 促进全球射频识别的接受程度和技术进步。

③ 为制造商增加市场容量，鼓励全球竞争，减少终端用户的成本。

④ 通过鼓励互操作性，减少专用性，促进应用的开发。

⑤ 为辅助产品提供开发平台（软件、译码转发器、硬件辅助产品）国际上还没有统一的射频识别标准。

⑥ 工作频率。

⑦ 标签序列号（ID号）。

⑧ 数据格式不同，且互不兼容。

目前全球共有五大标准组织，分别代表了国际上不同团体或者国家的利益。其中EPCglobal 是由美国 UCC 产品统一编码组织和欧洲 EAN 产品标准组织联合成立，在全球拥有上百家成员，并且得到了零售巨头沃尔玛、制造业巨头强生、宝洁等大型企业的强力支持。而 AIM、ISO、UID 则代表一部分欧美国家以及日本对射频识别标准的争夺；IP-X 的成员则以非洲、大洋洲、亚洲等国家为主，比较而言，EPCglobal 得到更多厂商的认可和支持。

欧美的 Auto-ID Center 与日本的 Ubiquitous ID Center（UID），前者的领导组织是美国的 EPC 环球协会，旗下有沃尔玛集团、英国 Tesco 等企业，同时有 IBM、微软、飞利浦、Auto-ID Lab 等公司提供技术支持。后者主要由日系厂商组成。

(2) Ubiquitous ID Center 与EPC 两个技术标准内容的对比

Ubiquitous ID Center 与 EPC 两个技术标准内容的对比见表 3-1。

表 3-1　Ubiquitous ID Center 与 EPC 两个技术标准内容的对比

项目	Code	EPC
基本概念	利用日本信息技术优势的宽带网络环境，建立人与人、人与物、物与物的连接，提供个人、商业公共和行政服务	提高产品从供应链到销售链整个生命周期的效率
实施途径	建立泛在网络，并对有形和无形的产品与服务进行唯一标识	对单一产品进行标识，最终取代条码
编码类型	泛在标识号(UCode)	电子产品编码(EPC)
编码长度	128 位	96 位(标准)
工作频率	2.45GHz、13.56MHz	860～930MHz、13.56MHz
数据传输网络	互联网、移动网络、无线网络和所有其他网络	互联网
设计应用范围	库存管理、信息发送/接收、产品和零部件的跟踪管理	物流管理、库存管理
优势	充分利用日本 IT 技术优势 涉及移动网络、消费电子产品、汽车工业 嵌入式操作系统 TRON，成熟并占用 60%市场 网络和应用安全体系较完整	集中力量提高供应链效率 全球业内包括制造、物流、零售等的支持者较多

(3) 射频识别工作频率及应用范围

通常情况下，射频识别读写器发送的频率称为射频识别系统的工作频率或载波频率。射频识别工作频率基本上有三个范围：低频（30～300kHz)、高频（3～30MHz）和超高频(300MHz～3GHz)。常见的工作频率有低频 125kHz 与 134.2kHz、高频 13.56MHz、甚高频 433MHz、860～960MHz 及微波 2.45GHz 等。

射频识别的低频系统主要用于短距离、低成本的应用中，如多数的门禁控制、校园卡、煤气表、水表等；高频系统则用于需传送大量数据的应用系统；甚高频系统应用于需要较长的读写距离和高读写速度的场合，其天线波束方向较窄且价格较高，在火车监控、高速公路收费等系统中应用。

在供应链中的应用，EPCglobal 规定用于 EPC 的载波频率为 13.56MHz 和 860～930MHz 两个频段，其中 13.56MHz 频率采用的标准原型是 ISO/IEC 15693，已经收入到 ISO/IEC 18000-3 中，这个频点的应用已经非常成熟。而 860～930MHz 频段的应用则较复杂，国际上各国家采用的频率不同：美国为 915MHz，欧洲为 869MHz。中国 2007 年规定两个频段，920～925MHz 和 840～845MHz。

无线电产品的生产和使用都必须符合国家的许可，我国由国家无线电管理委员会进行管理。射频识别系统属于无线电的应用范畴，因此其使用不能干扰到其他系统的正常工作。通常情况下，无线射频使用的频段是工业、科学和医疗使用的频率范围（ISM)，属于局部的无线电通信频段，对于135kHz以下的低频频段可以自由使用射频识别系统。

射频系统工作频段主要应用范围见表3-2。

表3-2　射频系统工作频段主要应用范围

频段	主要应用
9～135kHz	航空与航海导航系统、定时信号系统以及军事上的应用；普通门禁
6.765～6.795MHz	中心频率6.78MHz，短波频率，广泛被无线电广播服务、气象服务以及航空服务所利用
13.553～13.567MHz	中心频率13.56MHz，短波频率，应用范围为新闻广播、电信服务、电感射频识别、遥控系统、远距离控制模拟系统、无线电演示设备以及传呼台等
25.565～27.405MHz	中心频率27.125M，在欧洲、美国、加拿大分配给民用无线电台使用
40.680～40.700MHz	处于甚高频(VHF)频段类较低端，对建筑物和其他障碍物的衰减不敏感，主要用于遥感与测控
430.000～434.970MHz	分配给业余无线电服务机构
868～870MHz	中心频率869MHz，允许短距离使用，如邮政、会议等
888～889MHz 902～928MHz	被射频识别系统广泛使用(如915MHz)，与此临近的频段范围被网络电话和无绳电话占用
2.4000～2.4835GHz	通过建筑物和其他障碍物进行反射衰减很大，主要应用于射频识别、遥感发射器与计算机的无线网络
5.725～5.875GHz	典型的ISM应用包括大门开启系统、厕所自动冲洗传感、射频识别系统
24.00～24.25GHz	移动信号传感器、无线电定位系统(传输数据用)，射频识别系统不使用此频段

3.2　常用ISO/IEC的RFID标准简介

(1) ISO/IEC射频识别（RFID）技术标准体系简述

到现在为止，国际标准化组织（ISO）发布的射频识别（Radio Frequency Identification——RFID）国际标准共计19项。RFID国际标准的编号、中文名称、英文名称如下。

① ISO/IEC 15961：2004 信息技术 项目管理的射频识别（RFID）数据协议：应用接口[Information technology— Radio frequency identification (RFID) for item management—Data protocol：application interface]。

② ISO/IEC 15962：2004 信息技术 项目管理的射频识别（RFID）数据协议：数据编码规则和逻辑存储功能[Information technology— Radio frequency identification (RFID) for item management — Data protocol：data encoding rules and logical memory functions]。

③ ISO/IEC 15963：2004 信息技术 项目管理的射频识别（RFID）RF标签的唯一识别[Information technology — Radio frequency identification (RFID) for item management — Unique identification for RF tags]。

④ ISO/IEC 18000-1：2004 信息技术 项目管理的射频识别　第1部分：已标准化的参考体系结构和参数定义（Information technology — Radio frequency identification for item management — Part 1：Reference architecture and definition of parameters to be standardized）。

⑤ ISO/IEC 18000-2：2004 信息技术 项目管理的射频识别　第2部分：在135kHz以下的空气接口通信参数（Information technology — Radio frequency identification for item management — Part 2：Parameters for air interface communications below 135kHz）。

⑥ ISO/IEC 18000-3：2004 信息技术 项目管理的射频识别　第 3 部分：在 13.56MHz 的空气接口通信参数（Information technology — Radio frequency identification for item management — Part 3：Parameters for air interface communications at 13.56 MHz）。

⑦ ISO/IEC 18000-4：2004 信息技术 项目管理的射频识别　第 4 部分：在 2.45GHz 的空气接口通信参数（Information technology — Radio frequency identification for item management — Part 4：Parameters for air interface communications at 2，45 GHz）。

⑧ ISO/IEC 18000-6：2004 信息技术 项目管理的射频识别　第 6 部分：在 860 MHz 和 960 MHz 的空气接口通信参数（Information technology — Radio frequency identification for item management — Part 6：Parameters for air interface communications at 860 MHz to 960 MHz）。

⑨ ISO/IEC 18000-7：2008 信息技术 项目管理的射频识别　第 7 部分：在 433 MHz 的活动空气接口通信参数（Information technology — Radio frequency identification for item management — Part 7：Parameters for active air interface communications at 433 MHz）。

⑩ ISO/IEC TR18001：2004 信息技术 项目管理的射频识别应用要求轮廓（Information technology — Radio frequency identification for item management — Application requirements profiles）。

⑪ ISO/IEC TR18046：2006 信息技术 自动识别和数据采集技术射频识别设备性能测试方法（Information technology — Automatic identification and data capture techniques — Radio frequency identification device performance test methods）。

⑫ ISO/IEC 18046-3：2007 信息技术 射频识别设备性能测试方法　第 3 部分：标签性能测试方法（Information technology - Radio frequency identification device performance test methods - Part 3：Test methods for tag performance）。

⑬ ISO/IEC TR18047-2：2006 信息技术 射频识别设备性能测试方法　第 2 部分：低于 135kHz 的空气接口通信的测试方法（Information technology — Radio frequency identification device performance test methods — Part 2：Test methods for air interface communications below 135kHz）。

⑭ ISO/IEC TR18047-3：2004 信息技术 射频识别设备性能测试方法　第 3 部分：在 13.56MHz 的空气接口通信的测试方法（Information technology — Radio frequency identification device performance test methods — Part 3：Test methods for air interface communications at 13.56 MHz）。

⑮ ISO/IEC TR18047-4：2004 信息技术 射频识别设备性能测试方法　第 4 部分：空气接口的测试方法（Information technology — Radio frequency identification device performance test methods — Part 4：Test methods for air interface）。

⑯ ISO/IEC TR18047-6：2006 信息技术 射频识别设备性能测试方法　第 6 部分：在 860 MHz 到 960MHz 的空气接口通信的测试方法（Information technology — Radio frequency identification device performance test methods — Part 6：Test methods for air interface communications at 860MHz to 960MHz）。

⑰ ISO/IEC TR18047-7：2005 信息技术 射频识别设备性能测试方法　第 3 部分：在 433MHz 的活动空气接口通信的测试方法（Information technology — Radio frequency identification device performance test methods — Part 7：Test methods for active air interface communications at 433 MHz）。

⑱ ISO/IEC 19762-3：2005 信息技术 自动识别和数据采集（AIDC）技术已协调词汇 第 3 部分：射频识别（RFID）[Information technology — Automatic identification and data capture（AIDC）techniques — Harmonized vocabulary — Part 3：Radio frequency identification（RFID）]。

⑲ ISO/IEC TR24710：2005 信息技术 项目管理的射频识别 ISO/IEC 18000 空气接口定义用的基本标签许可证平面功能（Information technology — Radio frequency identification for item management — Elementary tag licence plate functionality for ISO/IEC 18000 air interface definitions）。

目前，可供射频卡使用的几种标准有 ISO 10536、ISO 14443、ISO 15693 和 ISO 18000。应用最多的是 ISO 14443 和 ISO 15693，这两个标准都由物理特性、射频功率和信号接口、初始化和反碰撞以及传输协议四部分组成。

(2) 各协议标准的具体作用

目前的射频识别技术标准化内容包括以下几个部分的内容：空中接口通信协议 ISO/IEC 18000 系列标准草案；数据协议 ISO/IEC 15961/15962/15963；一致性检测方法 ISO/IEC 18047 系列标准草案。

图 3-5 给出了一个典型的射频识别系统各部分的关系及所涉及的标准化的内容。包括读写器与射频标签，读写器与应用系统之间的接口关系图，涉及通信协议、数据协议和一致性测试标准。

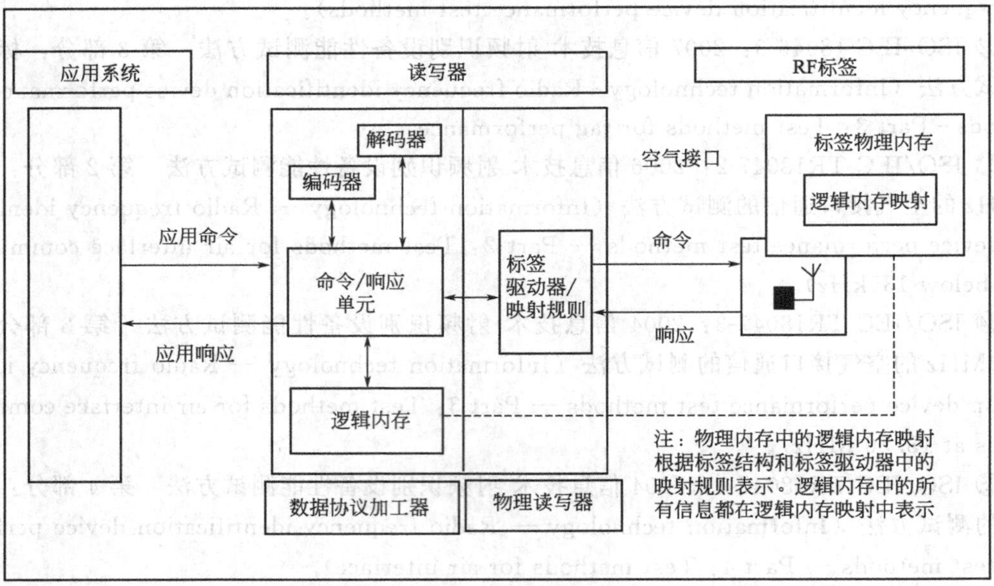

图 3-5　射频识别系统关系图

① 通信协议标准　通信协议定义了读写器与标签之间进行命令和数据双向交换的机制。协议基于以下命令及响应交换：读写器发给标签的命令；标签发给读写器的响应。

在射频识别系统中，读写器发射信号并与作用距离内的标签进行通信；标签从读写器上接收到以功率/数据幅度调制信号形式的数据。在标签响应读写器期间，读写器以恒定的射频功率发射信号，而标签则对连接在其天线终端上的射频负载阻抗进行调制，然后读器写再从标签接收其发射回的信号。

ISO/IEC 18000 系列国际标准包括标签和读写器间的命令格式，给所有命令提供了全面的定义。

② 数据协议标准　射频识别技术是一种无线通信技术，数据的存储、发送和应答都要求这些数据以相同的格式存在于这个开放系统中。ISO/IEC 15961 和 ISO/IEC 15962 规定了射频识别技术中信息交换过程中的数据协议。ISO/IEC 15961 描述了应用层中的数据协议，侧重于应用命令和数据协议加工器交换数据的标准方式；ISO/IEC 15962 侧重于数据加工和射频标签中数据的存储格式。ISO/IEC 15963 规定了射频标签唯一标识的编码系统。

③ 射频识别一致性测试方法标准　射频识别系统由承载了识别信息的射频标签和相应的射频识读设备组成，是实现自动识别与数据采集功能的有机整体。要实现系统的目标功能，系统各部分及各部分之间的相互作用必须达到的技术要求即为系统的一致性要求。

ISO/IEC 18046 定义了射频识别设备的性能检测方法。包括了两个方面的检测内容：标签性能检测，如标签检测参数、检测速度、标签形状、检测方向、单个标签检测及多个标签检测等；识读器性能检测，识读范围、识读率、单个及多个标签识读等。

ISO/IEC 18047 对确定射频识别设备（标签和读写器）一致性的方法进行定义。测试方法只要求那些被实现和被检测的命令功能以及任何功能选项。

(3) ISO/IEC 的RFID 标准的适用范围

① ISO 14443A /B（ISO SC17/WG8）：超短距离智慧卡（Proximity coupling smart cards）标准。此标准定出读取距离（reading distance）7～15cm 的短距离非接触智慧卡（contactless smart card）的功能及运作标准，使用的频率为 13.56MHz，现在大众运输（悠游卡）的票价卡都是这一类的。

② ISO 15693（ISO SC17/WG8）：短距离智慧卡（Vicinity coupling smart cards）标准，此标准订出读取距离可高达 1dm，非接触智慧卡，使用的频率为 13.56MHz，设计简单，使生产读取器的成本比 ISO 14443 低，大都用于进出控制、出勤考核等，现在很多企业使用的门禁卡大都使用这一类的标准。

③ ISO 18000 系列：这一系列的标准主要应用于货品管理类。主要用于物流供应链的管理，读取的距离较长而使用的频率介于 860～930MHz 甚至还有更高的频率，例如 ISO 18000-3 使用频率为 13.56MHz 的标准，ISO 18000-6 使用甚高频（UHF-Ultra High Frequency）频率。

3.3 ISO/IEC 14443 标准

ISO 14443 定义了 A 型（TYPE A）、B 型（TYPE B）两种协议。通信速率为 106Kbps，它们的不同主要在于载波的调制深度及位的编码方式。ISO/IEC 14443 对近耦合卡（Proximity integrated circuit card ）的物理特性、频谱功率、信号接口和通信协议等方面进行了详细的规定。对应的读写器 PCD（Proximity Coupling Device）分为 A 型和 B 型两种。A 型和 B 型卡片主要的区别在于载波调制深度及二进制数的编码方式和防冲突机制。

(1) 调制解调与编码解码技术

从 PCD 向 PICC 传送信号时，A 型采用改进的 Miller 编码方式，调制深度为 100%的 ASK 信号；B 型则采用 NRZ 编码方式，调制深度为 10%的 ASK 信号。

从 PICC 向 PCD 传送信号时，两者均通过调制载波传送信号，副载波频率均为 847kHz。A 型采用开关键控（On-Off keying）的 Manchester 编码；B 型采用 NRZ-L 的 BPSK 编码。

B型与A型相比，由于调制深度和编码方式的不同，具有传输能量不中断、速率更高、抗干扰能力更强的优点（表3-3和图3-6）。

表3-3 读写器（PCD）与应答器（PICC）间的数据传输

PCD→PICC	A型	B型
调制深度	ASK 100%	ASK 10%(键控度8%～12%)
位编码	改进的Miller编码	NRZ编码
同步	位级同步(帧起始,帧结束标记)	每个字节有1个起始位和1个结束位
波特率	106Kbps	106Kbps
PICC→PCD	A型	B型
调制	用振幅键控OOK调制847kHz的负载调制的负载波	用相位键控BPSK调制847kHz的负载调制的负载波
位编码	Manchester编码	NRZ编码
同步	1位"帧同步"(帧起始,帧结束标记)	每个字节有1个起始位和1个结束位
波特率	106Kbps	106Kbps

A型卡在读写器上向卡传送信号时，通过13.65MHz的射频载波传送信号。其采用方案为同步、改进的Miller编码方式，通过100%ASK传送；当卡向读写器传送信号时，通过调制载波传送信号，使用847kHz的副载波传送Manchester编码。简单说，当表示信息"1"时，信号会有0.3μs的间隙，当表示信息"0"时，信号可能有间隙也可能没有，与前后的信息有关。这种方式的优点是信息区别明显，受干扰的机会少，反应速度快，不容易误操作；缺点是在需要持续不断地提高能量到非接触卡时，能量有可能会出现波动。

B型卡在读写器具向卡传送信号时，也是通过13.65MHz的射频载波信号，但采用的是异步、NRZ编码方式，通过用10%ASK传送的方案；在卡向读写器传送信号时，则采用BPSK编码进行调制。即信息"1"和信息"0"的区别在于信息"1"的信号幅度大，即信号强，信息"0"的信号幅度小，即信号弱。这种方式的优点是持续不断地传递信号，不会出现能量波动的情况。

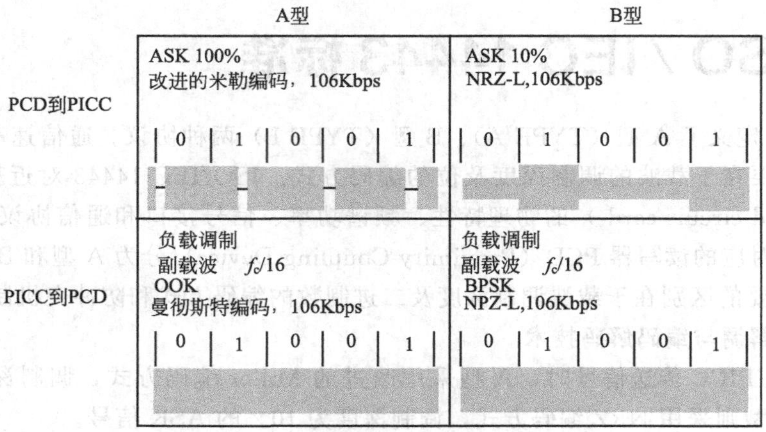

图3-6 A型、B型接口的通信信号

从PCD到PICC的通信信号接口主要区别在信号调制方面，A型调制使用RF工作场的ASK100%调制原理产生一个"暂停（pause）"状态来进行PCD和PICC间的通信（图3-7）。

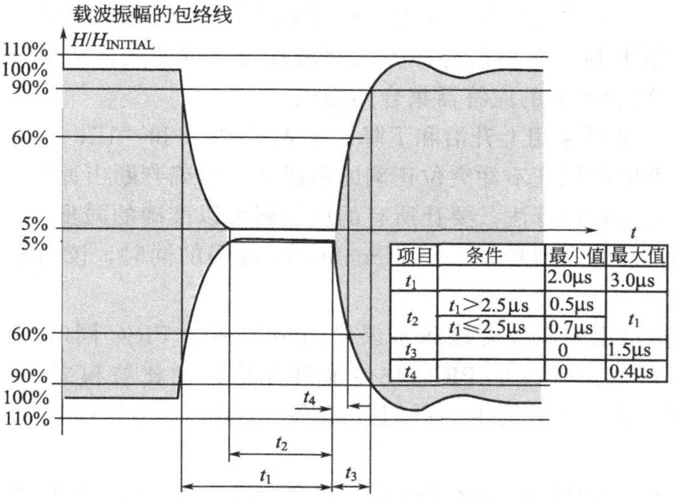

项目	条件	最小值	最大值
t_1		2.0μs	3.0μs
t_2	$t_1>2.5\mu s$	0.5μs	t_1
	$t_1\leqslant 2.5\mu s$	0.7μs	
t_3		0	1.5μs
t_4		0	0.4μs

图 3-7　A 型调制波形

B 型调制使用 RF 工作场的 ASK10％调幅来进行 PCD 和 PICC 间的通信。调制指数最小应为 8％，最大应为 12％（图 3-8）。

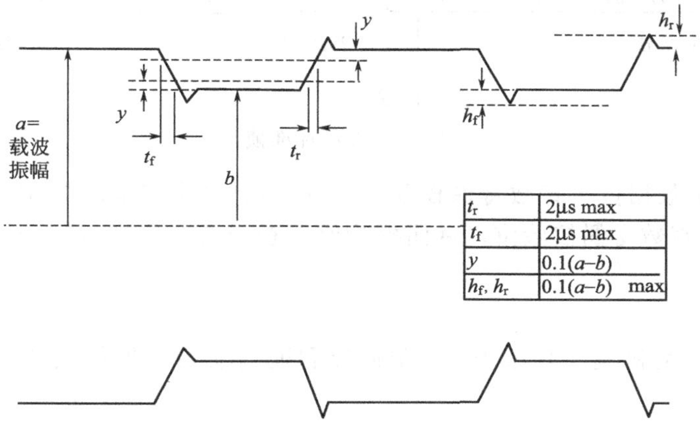

t_r	2μs max
t_f	2μs max
y	$0.1(a-b)$
h_f, h_r	$0.1(a-b)$ max

图 3-8　B 型调制波形

根据两者的设计方案不同，可以看出，A 型和 B 型有以下不同。

① B 卡在接收信号时，不会因能量损失而使芯片内部逻辑及软件工作停止。在 PAUSE 到来时，A 卡的芯片得不到时钟，而 B 卡用 10％ASK，可以从读写器获得持续的能量，容易稳压，所以比较安全可靠。A 卡采用 100％调制方式，在调制发生时无能量传输，仅仅靠内部电容维持，所以卡片的通信必须达到一定的速率，在电容电量耗完之前结束本次调制，否则卡片会复位。

② 负载波采用 BPSK 调制技术，B 型较 A 型方案降低了 6dB 的信号噪声，抗干扰能力更强。

③ 外围电路设计简单。读写器到卡及卡到读写器的编码方式均采用 NRZ 方案，电路设计对称，设计时可使用简单的 UARTS，B 型更容易实现。

（2）防冲突机制

ISO/IEC 14443-3 规定了 A 型和 B 型的防冲突机制。两者防冲突机制的原理完全不同。前者是基于 BIT 冲突检测协议，后者则是通过字节、帧及命令完成防冲突。

射频识别的核心是防冲突技术，这也是和接触式IC卡的主要区别。

① A型的防冲突机制　A型的防冲突机制被称为“位冲突检测协议”或“二进制检索树算法”，应用的是减少冲突的应答器集合的思想。

Manchester编码分别采用上升沿和下降沿来表示“0”和“1”，而没有电平变化的间断是不允许的，因此可以在保证不冲突位正确的前提下，准确判断出冲突位的位置。

为了支持二进制检索树算法，要让所有的应答器可以准确的同步，只有所有的应答器在同一时刻开始传输自己的序列号并采用Manchester编码的同时，读写器才能按位判断出冲突的发生位。

A型PICC的初始化和位冲突检测协议是当至少两个PICC同时传输带有一个或多个比特位置（该位置内至少有两个PICC在传输补充值）的比特模式时，PCD会检测到冲突。在这种情况下，比特模式合并，并且在整个（100%）位持续时间内载波以负载波进行调制。

A型PICC防冲突和通信使用标准帧用于数据交换，并按以下顺序组成（图3-9）：

——通信开始；

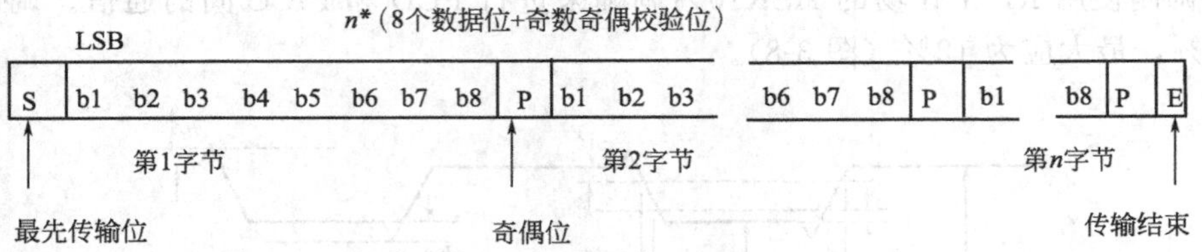

图3-9　A型标准帧

——$n*$（8个数据位＋奇数奇偶校验位），$n\geqslant 1$，每个字节的LSB首先被发送，每个字节后面跟随一个奇数奇偶校验位，奇偶校验位P被设置，使在（b1～b8，P）中1s的数目为奇数；

——通信结束。

② B型的防冲突机制　B型PICC防冲突和通信初始化期间使用字节、帧和命令的格式。

PICC和PCD之间的字节通过字符来发送和接收，在防冲突序列期间，字符的格式如下：

——1个逻辑“0”起始位；

——8个数据位发送，首先发送LSB；

——1个逻辑“1”停止位。

用一个字符执行一个字节的发送需要10etu，如图3-10所示。

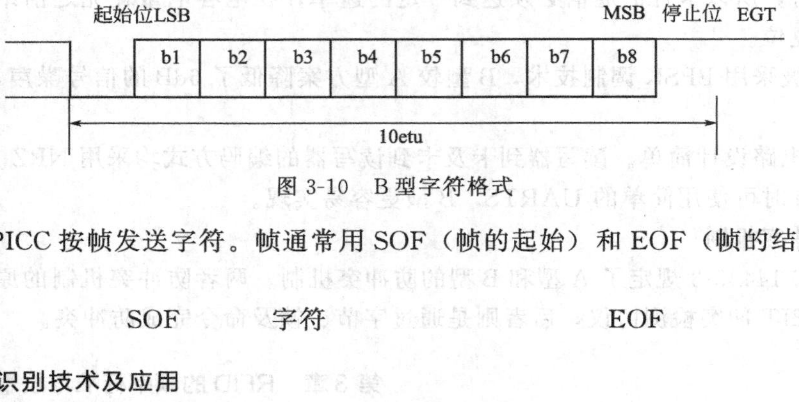

图3-10　B型字符格式

PCD和PICC按帧发送字符。帧通常用SOF（帧的起始）和EOF（帧的结束）定界。B型帧格式：

SOF　　　　字符　　　　EOF

在防冲突序列期间，可能发生两个或两个以上的 PICC 同时响应，这就是冲突。命令集允许 PCD 处理冲突序列以便及时分离 PICC 传输。

在完成防冲突序列后，PICC 通信将完全处于 PCD 的控制之下，每次只允许一个 PICC 通信。

防冲突方案以时间槽的定义为基础，要求 PICC 在时间槽内用最小标识数据进行应答。时间槽数被参数化，范围从 1 到某一整数。在每一个时间槽内，PICC 响应的概率也是可控的。在防冲突序列中，PICC 仅被允许应答一次。从而，即便在 PCD 场中有多个卡，在一个时间槽内也仅有一个卡应答，并且 PCD 在这个时间槽内能捕获标识数据。根据标识数据，PCD 能够与被标识的卡建立一个通信信道。

防冲突序列允许选择一个或多个 PICC 以便在任何时候进行进一步的通信。

B 型的防冲突机制又称为“ALOHA”法，应用的是随机的冲突分析思想。

PCD 是与一个或多个 PICC 通信时的主控方，它通过 REQB（Request Command, Type B）命令来启动 PICC 的通信活动，以便提示 PICC 进行响应。

在防冲突序列期间，可能发生两个或两个以上的 PICC 同时响应。PCD 通过重复给 PICC 发送命令来进行防冲突过程，直到最后将所有的 PICC 分离来通信。

防冲突方案以时间槽（SLOT）的定义为基础，要求 PICC 在时间槽内用最小表示数据进行应答，以便增加通信容量。

时间槽在 REQB 命令以及 WUPB 命令中被参数化，范围从 1 到某个整数。

PICC 在每个时间槽内的概率是可以控制的。从而，即便在 PCD 场中有多个 PICC，在一个时间槽内只有一个 PICC 响应的情况也是可能的，此时 PCD 就可以得到这个 PICC 的识别信息。在这个识别的基础上，PCD 可以建立与这个已识别 PICC 的通信通路。

B 型的防冲突规则是：如果 $N=1$，则 PICC 将发出一个 ATQB 响应并且进入 READY-DECLARED 状态；如果 $N>1$ 并且 PICC 不支持 SLOT-MARKER 命令时，返回 IDLE 状态；如果 $N>1$ 并且 PICC 支持 SLOT-MARKER 命令时，PICC 将等待直到收到一个 SLOT-MARKER 命令，这个 SLOT-MARKER 的时间槽号 R 如果与自己的时间槽号相匹配，则发送 ATQB 响应并进入 READY-DECLARED 状态。

(3) A 型的相关命令与状态转换图

REQA——请求（序列号）：此命令发送一序列号作为参数给应答器。应答器把自己的序列号与接收的序列号比较，如果是自己的序列号小于或等于接收的序列号，则此应答器回送序列号给读写器，由此来缩小应答器的冲突范围。

SELECT——选择（序列号）：此命令将某个已经识别出来的序列号作为参数发送给应答器来选择该应答器。具有相同序列号的应答器将以此作为执行上层通信命令的切入开关，即没有相同序列号的应答器将对上层通信命令不予响应。

HLTA——休眠：取消一个事先被选中的应答器，应答器进入“无声”状态。

READ-DATA——读出数据：选中的应答器将存储的数据发送给读写器，此命令属于上层通信命令。

14443A 状态转换图如图 3-11 所示。

(4) B 型的相关命令与状态转换图

REQB/WUPB 命令：由读写器（PCD）发送用来探测区域内的 B 型的 PICC。WUPB 命令还可以用来唤醒处于 HALT 状态的 PICC。时间槽（SLOT）数 N 在这个命令中作为一个参数来优化防冲突机制。

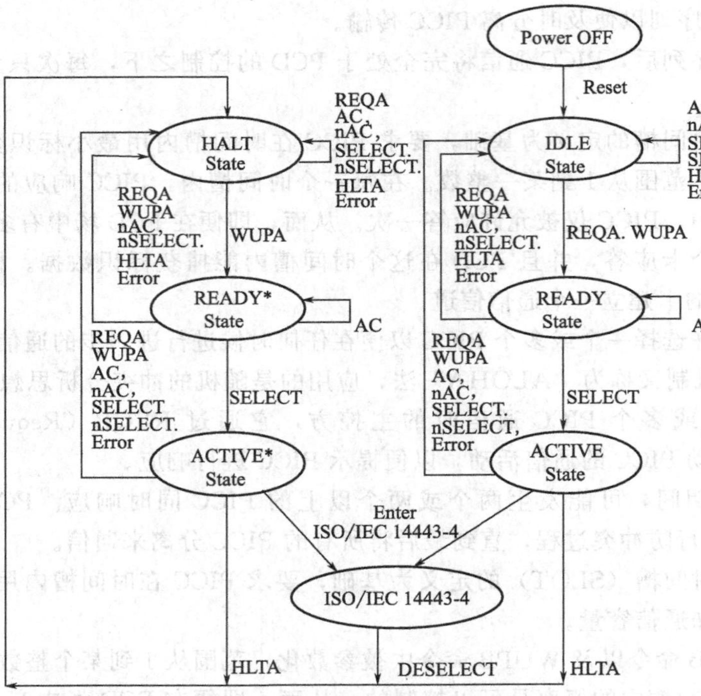

图 3-11　A 型 PICC 状态图

SLOT-MARKER 命令：在 REQB/WUPB 命令之后，PCD 可以发送 $N-1$ 个 SLOT-MARKER 命令来定义每个时间槽的开始，因为 REQB/WUPB 命令一旦发送完，第一个时间槽就已经开始了。

ATQB 响应：PICC 对 REQB/WUPB 命令和 SLOT-MARKER 命令的响应。

ATTRIB 命令：由 PCD 发送，用来选择一个单独的 PICC，一个 PICC 收到带有自已标识的 ATTRIB 命令后就称为被选中，并获得一个专用信道。被选中后，PICC 只响应带有自身标识的 ISO 14443 通信指令。

ATTRIB 响应：PICC 应当响应每个有效的 ATTRIB 命令。

HLTB 命令：用来设置 PICC 到 HALT 状态并停止响应 REQB 命令。在响应这个命令以后，PICC 将忽略除了 WUPB 命令以外的所有命令。

14443B 状态转换如图 3-12 所示。

(5) 建立PCD与PICC (CPU卡) 之间通信的比较

A 型卡需要的基本命令有：REQA 对 A 型卡的请求或 WAKE-UP 唤醒；ANTICOLLISION 防冲突；SELECT 选择命令；RATS 应答响应。

A 型 PICC 激活如图 3-13 所示。

B 型卡需要的基本命令有：REQB 对 B 型卡的请求；ATTRIB PICC 选择命令。

B 型 PICC 激活如图 3-12 所示。

从以上的比较可以看出：B 型卡具有使用更少的命令、更快的响应速度来实现防冲突和选择卡片的能力；A 型卡的防冲突需要卡片上较高和较精确的时序，因此需要在卡和读写器中分别加更多硬件，而 B 型的防冲突更容易实现。

ISO/IEC 14443 规定了邻近卡（PICC）的物理特性；需要供给能量的场的性质与特征，

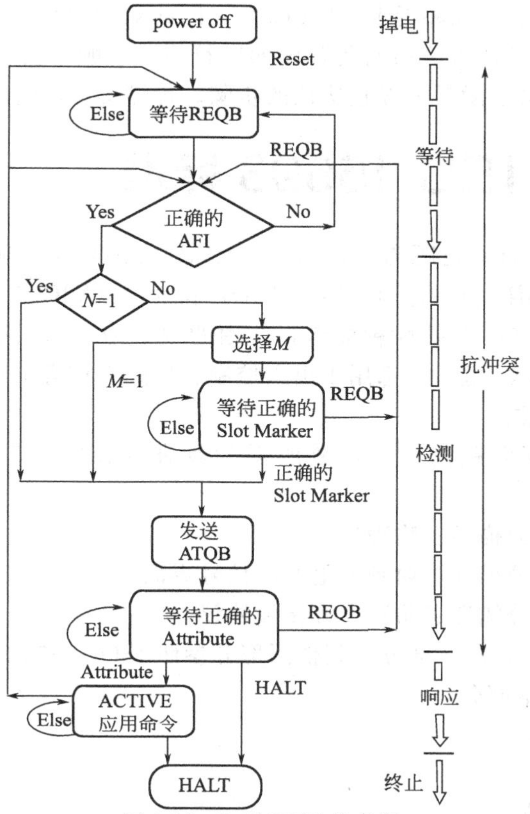

图 3-12　B 型 PICC 状态图

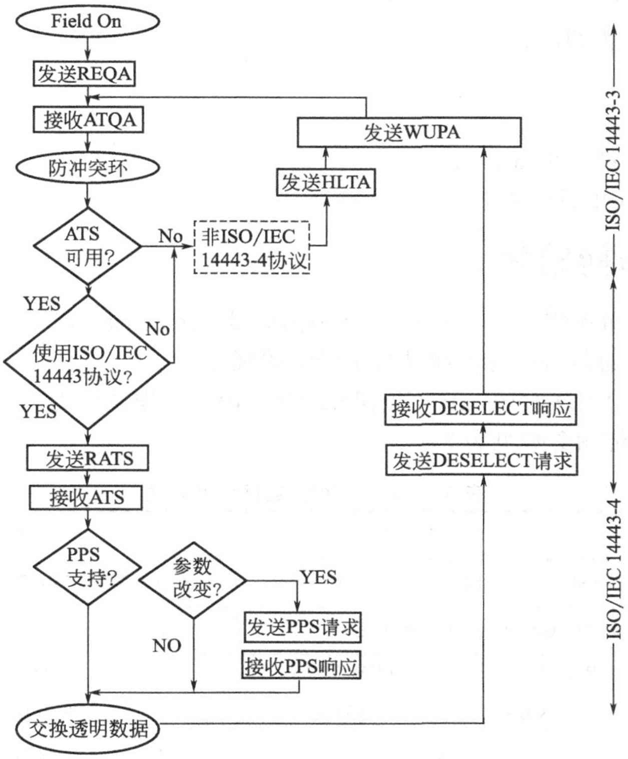

图 3-13　A 型 PICC 激活

以及邻近耦合设备（PCDs）和邻近卡（PICCs）之间的双向通信；卡（PICCs）进入邻近耦合设备（PCDs）时的轮寻，通信初始化阶段的字符格式，帧结构，时序信息；非接触的半双工的块传输协议并定义了激活和停止协议的步骤。传输协议同时适用于 A 型和 B 型。

3.4 ISO/IEC 15693 标准

ISO 15693 是一系列针对近距离（vicinity）RFID 的国际化、独立于厂商的标准。它工作于 13.56MHz，并使用磁场耦合读卡器（VCD）和卡片（VICC）。

读取距离可达 1～1.5m 非接触智能卡，使用的频率为 13.56MHz，设计简单，使生产读卡器的成本比 ISO 14443 低，大都用于出入控制、出勤考核等，现在很多企业使用的门禁卡大都使用这一类的标准。

由于这类卡可以较大距离工作，故所需的场强（1.15～5A/m）小于接近式卡片（1.5～7.5A/m）。

ISO 15693-1：这部分描述了物理层。

ISO 15693-2：这部分描述了射频的电源和信号界面。

ISO 15693-3：这部分描述了防冲突和传输协议。

这里主要介绍 ISO 15693-3 部分，其他两部分参照 ISO 15693-3 的协议。

下列缩略语适用于本部分：

ASK——移幅键控。

EOF——结束帧。

LSB——最低有效位。

MSB——最高有效位。

PPM——脉冲位置调制。

RF——射频。

SOF——起始帧。

VCD——附近式耦合设备。

VICC——附近式集成电路卡。

3.4.1 接口与初始化

ISO/IEC 15693 对遥耦合卡（Vicinity integrated circuit card，VICC）的物理特性、频谱功率、信号接口和通信协议等方面进行了详细的规定。

对应的读写器为 VCD（Vicinity Coupling Device），工作频率为 13.56MHz。

ISO 15693 数据传输参数见表 3-4。

表 3-4 ISO 15693 数据传输参数

项目	VCD → VICC		VICC → VCD		
调制	10%ASK、100%ASK		ASK 负载调制、FSK 负载调制		
位编码	脉冲位置编码(PPM)1/4 和 1/256		Manchester 编码		
波特率	PPM 1/4	PPM 1/256		ASK	FSK
	26.48Kbps	1.65Kbps	高速	26.48Kbps	26.69Kbps
			低速	6.62Kbps	6.67Kbps

(1) 调制

ISO 15693 标准规定的载波频率也为 13.56MHz，VCD 和 VICC 全部都用 ASK 调制原理，调制深度为 10%和 100%，VICC 必须对两种调制深度正确解码。

从 VCD 向 VICC 传送信号时，编码方式为两种：“256 出 1”和“4 出 1”。两者均在固定时间段内以位置编码。这两种编码方式的选择与调制深度无关。当“256 出 1”编码时，10%的 ASK 调制优先在长距离模式中使用，在这种组合中，与载波信号的场强相比，调制波边带较低的场强允许充分利用许可的磁场强度对 IC 卡提供能量。与此相反，读写器的“4 出 1”编码可和 100%的 ASK 调制的组合在作用距离变短或在读写器的附近被屏蔽时使用。

从 VICC 向 VCD 传送信号时，用负载调制副载波。电阻或电容调制阻抗在副载波频率的时钟中接通和断开。而副载波本身在 Manchester 编码数据流的时钟中进行调制，使用 ASK 或 FSK 调制。调制方法的选择由读写器发送的传输协议中 FLAG 字节的标记位来标明，因此 VICC 总是支持两种方法：ASK（副载波频率为 424kHz）和 FSK（副载波频率为 424kHz/484kHz）。数据传输速率的选择同样由 FLAG 中的位来表明，而且必须两种速率都支持：高速和低速。这两种速率根据采用的副载波速率不同而略有不同，采用单副载波时低速为 6.62Kbps，高速为 26.48Kbps；采用双副载波时则分别为 6.67Kbps 和 26.69Kbps。

采用 ASK 的调制原理，在 VCD 和 VICC 之间产生通信。使用两个调制指数：10%和 100%。VICC 应对两者都能够解码。VCD 决定使用何种调制指数。

根据 VCD 选定的某种调制指数，产生一个如图 3-14 和图 3-15 所示的“暂停（pause）”状态。

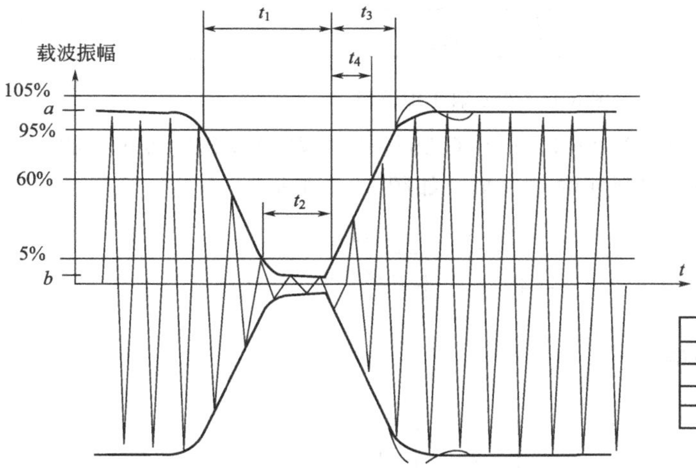

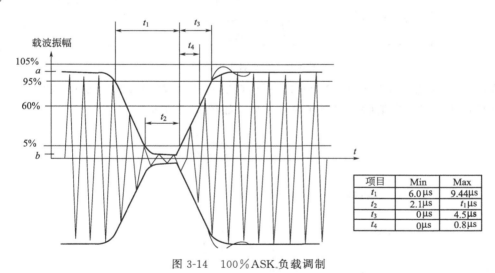

项目	Min	Max
t_1	6.0μs	9.44μs
t_2	2.1μs	t_1μs
t_3	0μs	4.5μs
t_4	0μs	0.8μs

图 3-14　100%ASK 负载调制

在 t_4 max 时间后，应执行时钟恢复。

在 10%和 30%之间的任何调制值时 VICC 应进行操作。

(2) 数据速率和数据编码

数据编码采用脉冲位置调制。VICC 应能够支持两种数据编码模式。VCD 决定选择哪一种模式，并在帧起始（SOF）时给予 VICC 指示。

① 数据编码模式：256 取 1　一个单字节的值可以由一个暂停的位置表示。在 $256/f_c$（约 18.88μs）的连续时间内 256 取 1 的暂停决定了字节的值。传输一个字节需要 4.833ms，

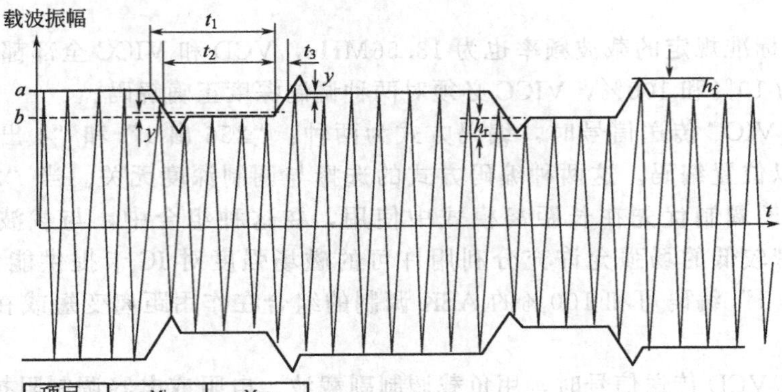

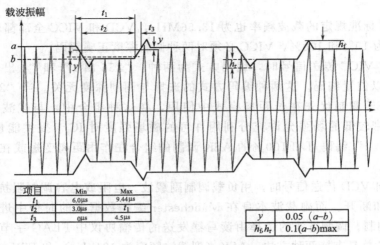

项目	Min	Max
t_1	6.0μs	9.44μs
t_2	3.0μs	t_1
t_3	0μs	4.5μs

y	0.05 $(a-b)$
h_f, h_r	0.1$(a-b)$max

图 3-15　10%ASK 负载调制

数据速率是 1.54kbps（f_c/8192）。最后一帧字节应在 VCD 发出 EOF 前被完整传送。

图 3-16 示出了该脉冲位置调制技术。

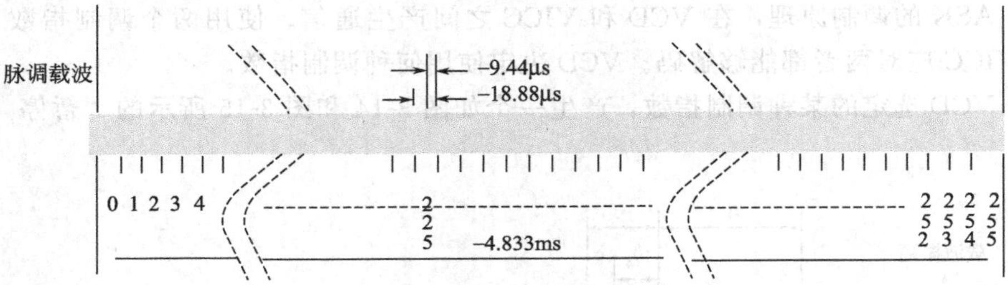

图 3-16　256 取 1 编码模式

在图 3-16 中数据'E1'＝（11100001）b＝（225）是由 VCD 发送给 VICC 的。

暂停产生在已决定值的时间周期的后一半，如图 3-17 所示。

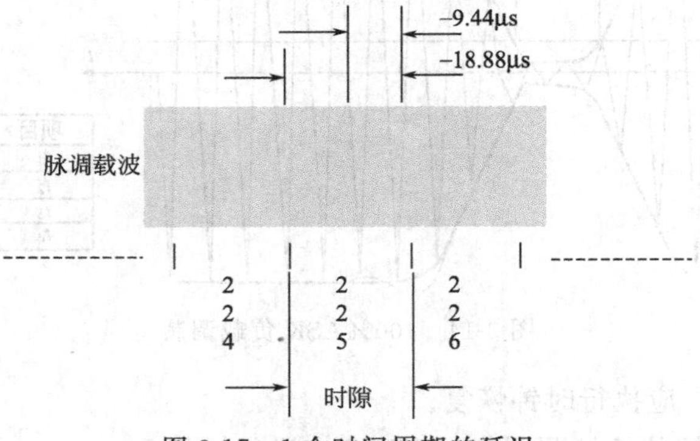

图 3-17　1 个时间周期的延迟

② 数据编码模式：4 取 1　使用 4 取 1 脉冲位置调制模式，这种位置一次决定 2 个位。4 个连续的位对构成 1 个字节，首先传送最低的位对。

数据速率为 26.48 Kbps（f_c/512）。

图 3-18 示出了 4 取 1 脉冲位置技术和编码。

例如，图 3-19 示出了 VCD 传送'E1'＝（11100001）b＝225。

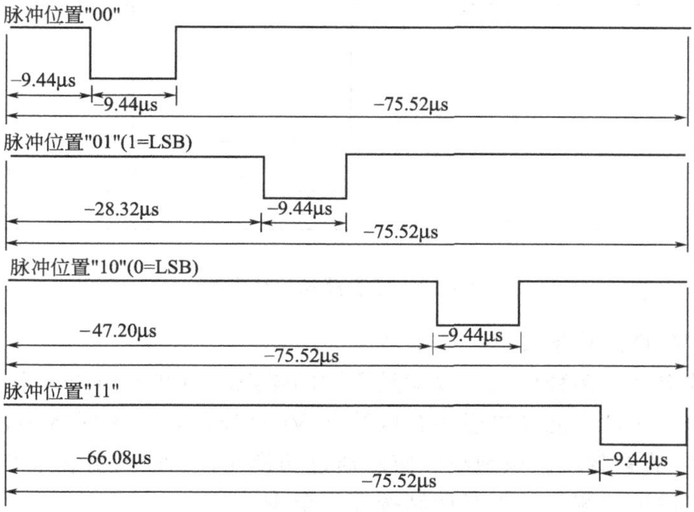

图 3-18　4 取 1 编码模式

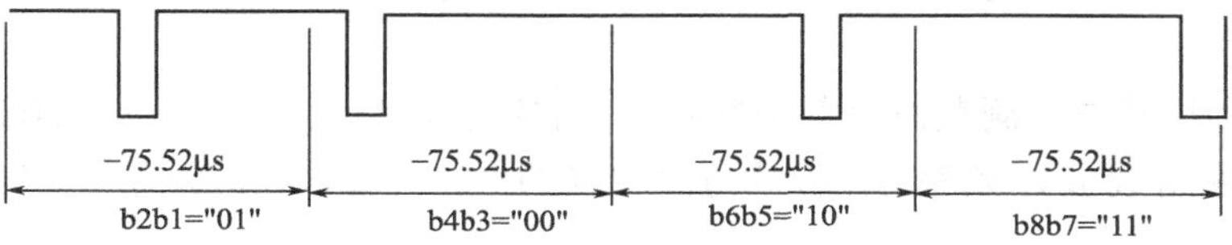

图 3-19　4 取 1 编码示例

(3) VCD 到 VICC 帧

选择帧为了容易同步和不依赖协议。帧由帧起始（SOF）和帧结束（EOF）来分隔，使用编码违例来实现此功能。ISO/IEC 保留未使用项以备将来使用。

在发送一帧数据给 VCD 后，VICC 应准备在 300μs 内接收来自 VCD 的一帧数据。

VICC 应准备在能量场激活的情况下，在 1ms 内接收一帧数据。

① SOF 选择 256 取 1 编码　图 3-20 示出了 SOF 序列选择 256 取 1 的数据编码模式。

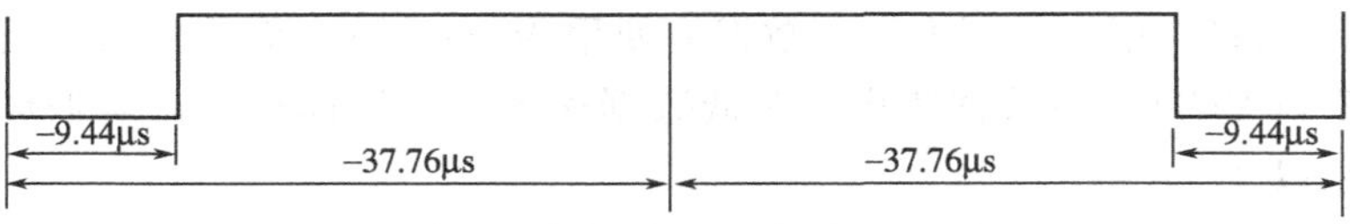

图 3-20　256 取 1 模式的开始帧

② SOF 选择 4 取 1 编码　图 3-21 示出了 SOF 序列选择 4 取 1 的数据编码模式。

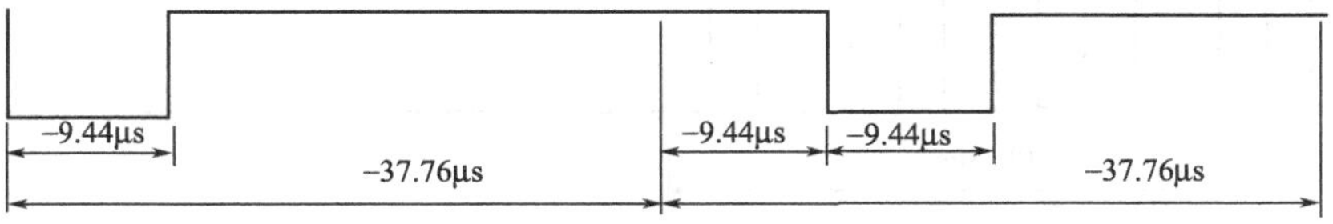

图 3-21　4 取 1 模式的开始帧

③ EOF 满足两者中任意一种数据编码模式　图 3-22 示出了 EOF 序列选择任意一种数据编码模式。

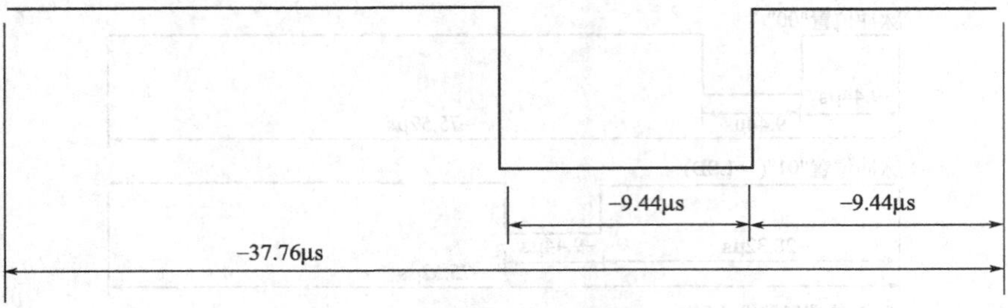

图 3-22 任意模式的结束帧

(4) VICC 到 VCD 通信接口

对于一些参数定义了多种模式，以满足不同的噪声环境和不同的应用需求。

① 负载调制　VICC 应能经电感耦合区域与 VCD 通信，在该区域中，所加载的载波频率能产生频率为 f_s 的副载波。该副载波应能通过切换 VICC 中的负载来产生。

按测试方法描述进行测量，负载调制振幅应至少 10mV。

VICC 负载调制的测试方法在国际标准 ISO/IEC 10373-7 中定义。

② 副载波　由 VCD 通信协议报头的第一位选择使用一种或两种副载波，VICC 应支持两种模式。

当使用一种副载波，副载波负载调制频率 f_{s1} 应为 $f_c/32$（约 423.75kHz）。

当使用两种副载波，频率 f_{s1} 应为 $f_c/32$（约 423.75kHz），频率 f_{s2} 应为 $f_c/28$（约 484.28kHz）。

若两种副载波都出现，它们之间应有连续的相位关系。

③ 数据速率　使用低或高数据速率。由 VCD 通信协议报头的第二位选择使用何种速率，VICC 应支持表 3-5 示出的数据速率。

表 3-5　数据速率

数据速率	单副载波	双副载波
低	6.62Kbps(f_c/2048)	6.67Kbps(f_c/2032)
高	26.48Kbps(f_c/512)	26.69Kbps(f_c/508)

④ 位表示和编码　根据以下方案，数据应使用 Manchester 编码方式进行编码。所有时间参考了 VICC 到 VCD 的高数据速率。对低数据速率，使用同样的副载波频率，因此，脉冲数和时间应乘以 4。

a. 使用一个副载波时的位编码　逻辑 0 以频率为 $f_c/32$（约 423.75kHz）的 8 个脉冲开始，接着是非调制时间 $256/f_c$（约 18.88μs），见图 3-23。

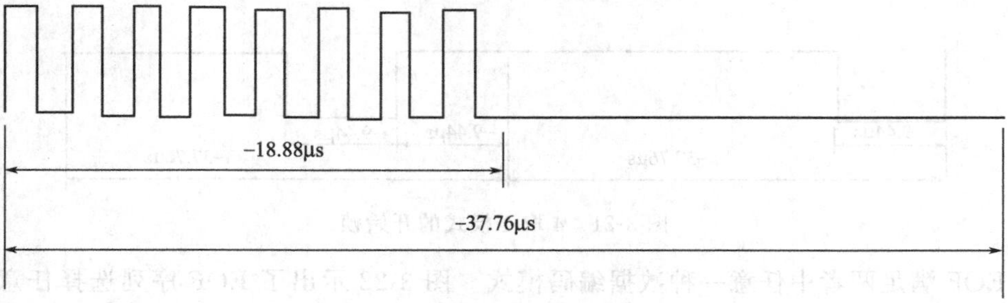

图 3-23　逻辑 0

逻辑 1 以非调制时间 $256/f_c$（约 18.88μs）开始，接着是频率为 $f_c/32$（约 423.75kHz）的 8 个脉冲，见图 3-24。

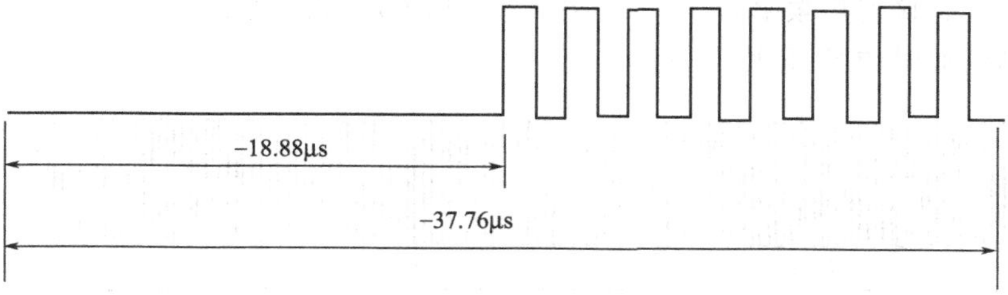

图 3-24 逻辑 1

b. 使用两个副载波时的位编码 逻辑 0 以频率为 $f_c/32$（约 423.75kHz）的 8 个脉冲开始，接着是频率为 $f_c/28$（约 484.28kHz）的 9 个脉冲，见图 3-25。

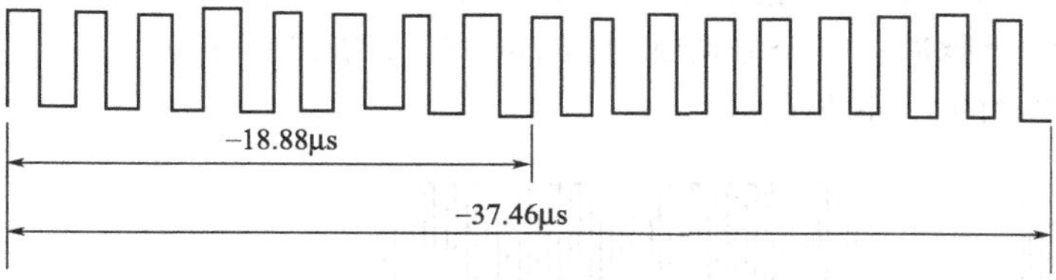

图 3-25 逻辑 0

逻辑 1 以频率为 $f_c/28$（约 484.28kHz）的 9 个脉冲开始，接着是频率为 $f_c/32$（约 423.75kHz）的 8 个脉冲，见图 3-26。

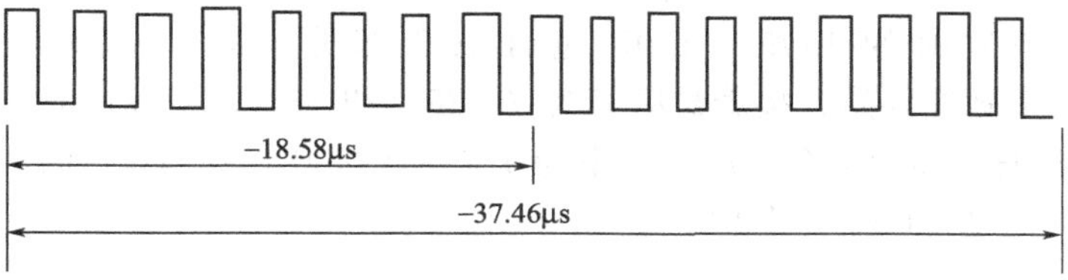

图 3-26 逻辑 1

⑤ VICC 到 VCD 帧 选择帧为了容易同步和不依赖协议。

帧由帧起始（SOF）和帧结束（EOF）来分隔，使用编码违例来实现此功能。ISO/IEC 保留未使用项以备将来使用。

所有时间参考了 VICC 到 VCD 的高数据速率。

对低数据速率，使用同样的副载波频率或频率，因此，脉冲数和时间应乘以 4。

在发送一帧数据给 VCD 后，VICC 应准备在 300μs 内接收来自 VCD 的一帧数据。

a. 使用单副载波时的 SOF SOF 包含三个部分：一个非调制时间 $768/f_c$（56.64μs）；频率为 $f_c/32$（423.75kHz）的 24 个脉冲；逻辑 1 以非调制时间 $256/f_c$（18.88μs）开始，接着是频率为 $f_c/32$（423.75kHz）的 8 个脉冲。

使用单副载波时的 SOF 见图 3-27。

图 3-27 使用单负载波时的 SOF

b. 使用双副载波时的 SOF　SOF 包含三个部分：频率为 $f_c/28$（约 484.28kHz）的脉冲；频率为 $f_c/32$（约 423.75kHz）的 24 个脉冲；逻辑 1 以频率为 $f_c/28$（约 484.28kHz）的 9 个脉冲开始，接着是频率为 $f_c/32$（约 423.75kHz）的 8 个脉冲。

使用双副载波时的 SOF 见图 3-28。

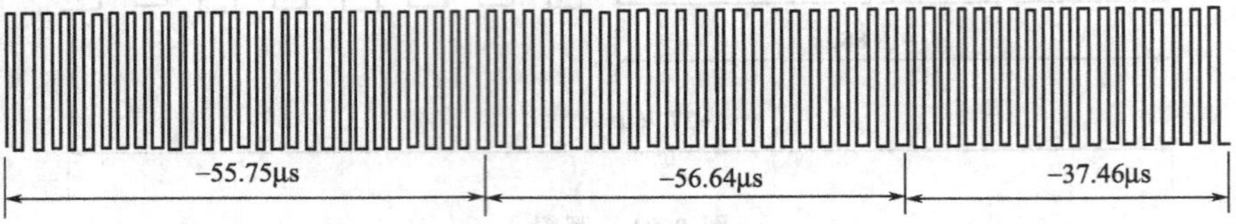

图 3-28　使用双副载波时的 SOF

c. 使用单副载波时的 EOF　EOF 包含三个部分：逻辑 0 以频率为 $f_c/32$（约 423.75kHz）的 8 个脉冲开始，接着是非调制时间 $256/f_c$（约 18.88μs）；频率为 $f_c/32$（约 423.75kHz）的 24 个脉冲；一个非调制时间 $768/f_c$（约 56.64μs）。

使用单副载波时的 EOF 见图 3-29。

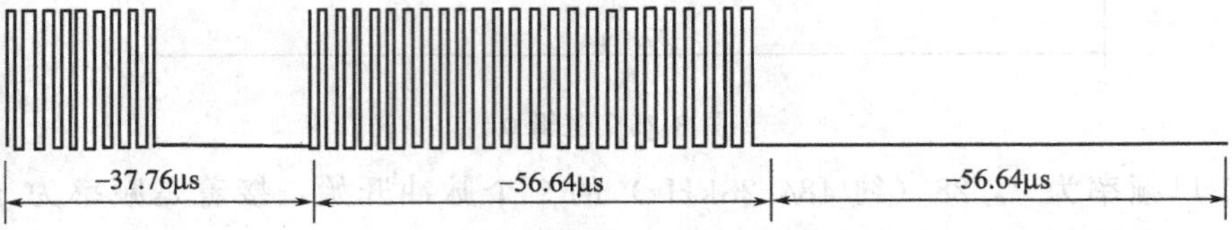

图 3-29　使用单副载波时的 EOF

d. 使用双副载波时的 EOF　EOF 包含三个部分：逻辑 0 以频率为 $f_c/32$（约 423.75kHz）的 8 个脉冲开始，接着是频率为 $f_c/28$（约 484.28kHz）的 9 个脉冲；频率为 $f_c/32$（约 423.75kHz）的 24 个脉冲；频率为 $f_c/28$（约 484.28kHz）的 27 个脉冲。

使用双副载波时的 EOF 见图 3-30。

图 3-30　使用双副载波时的 EOF

(5) VICC 内存结构

标准中规定的命令假定物理内存以固定大小的块（或页）出现。

① 达到 256 个块可被寻址。

② 块大小可至 256 位（bits）。

③ 这可导致最大的内存容量达到 8KBytes（64bits）。

注意，该结构允许未来扩展至最大内存容量。

标准中规定的命令集允许按块操作（读和写）。关于其他操作方式，没有暗示或明示的限制（例如在未来标准的修订版或客户定制命令集中，由字节或逻辑对象决定）。

(6) 块安全状态

根据条款 10（例如读单个块）的规定，在响应一次 VCD 请求时，块安全状态作为参数由 VICC 返回。块安全状态编码成一个字节。

块安全状态是协议的一个元素。在 VICC 的物理内存结构中的 8 位（bits）是否执行，这里没有暗示或明示的规定。

块安全状态见表 3-6。

表 3-6　块安全状态

位(bit)	标志名称	值	描述
b1	Lock_flag	0	非锁定
		1	锁定
b2～b8	RFU	0	

3.4.2　传输协议

(1) 协议概念

传输协议定义了 VCD 和 VICC 之间指令和数据双向交换的机制。它基于"VCD"首先说的概念。这意味着除非收到并正确地解码一个 VCD 发送来的指令，任何 VICC 将不会开始传输（即根据 ISO/IEC 15693-2 进行调制）。

① 协议基于一个交换

a. 从 VCD 到 VICC 的一次请求。

b. 从 VICC（s）到 VCD 的一次响应。

VICC 发送一次响应的条件在条款 10 中有定义。

② 每一次请求和每一次响应包含在一帧内。帧分隔符（SOF，EOF）在 ISO/IEC 15693-2 中有规定。

③ 每次请求包括以下的域：标志；命令编码；强制和可选的参数域，取决于命令；应用数据域；CRC。

④ 每次响应包括以下的域：标志；强制和可选的参数域，取决于命令；应用数据域；CRC。

⑤ 协议是双向的。一帧中传输的位的个数是 8 的倍数，即整数个字节。

⑥ 一个单字节域在通信中首先传输最低有效位（LSBit）。

⑦ 一个多字节域在通信中首先传输最低有效字节（LSByte），每字节首先传输最低有效位（LSBit）。

⑧ 标志的设置表明可选域的存在。当标志设置为 1，这个域存在。当标志设置为 0，这个域不存在。

⑨ RFU 标志应设置为 0。

(2) 模式

条件模式参考了在一次请求中，VICC 应回答请求的设置所规定的机制。

① 寻址模式　当寻址标志设置为 1（寻址模式），请求应包含编址的 VICC 的唯一 ID（UID）。

任何 VICC 在收到寻址标志为 1 的请求，应将收到的唯一 ID（地址）和自身 ID 相比较。

假如匹配，VICC 将执行它（假如可能），并根据命令描述的规定返回一个响应给 VCD。

假如不匹配，VICC 将保持沉默。

② 非寻址模式　当寻址标志设置为 0（非寻址模式），请求将不包含唯一的 ID。

任何 VICC 在收到寻址标志为 0 的请求，VICC 将执行它（假如可能），并根据命令描述的规定返回一个响应给 VCD。

③ 选择模式　当选择标志设置为 1（选择模式），请求将不包含 VICC 唯一 ID。

处于选择状态的 VICC 在收到选择标志为 1 的请求时，VICC 将执行它（假如可能），并根据命令描述的规定返回一个响应给 VCD。

VICC 只有处于选择状态，才会响应选择标志为 1 的请求。

(3) 请求格式

请求包含以下域：标志；命令编码（见条款 10）；参数和数据域；CRC。

通用请求格式：

SOF　标志　命令编码　参数　数据　CRC　EOF

请求标志：在一次请求中，域“标志”规定了 VICC 完成的动作及响应域是否出现或没有出现。它包含 8 位（bits）（表 3-7～表 3-9）。

表 3-7　请求标志 1～4 的规定

位(bit)	标志名称	值	描述
b1	副载波标志	0	VICC 应使用一个副载波
		1	VICC 应使用两个副载波
b2	数据速率标志	0	使用低数据速率
		1	使用高数据速率
b3	目录标志	0	标志 5～8 的意思根据表 3-8
		1	标志 5～8 的意思根据表 3-9
b4	协议扩展标志	0	无协议格式扩展
		1	协议格式已扩展，保留供以后使用

注：1. 副载波标志参考 ISO/IEC 15693-2 中规定的 VICC-to-VCD 通信。
2. 数据速率标志参考 ISO/IEC 15693-2 中规定的 VICC-to-VCD 通信。

表 3-8　当目录标志没有设置时请求标志 5～8 的规定

位(bit)	标志名称	值	描述
b5	选择标志	0	根据寻址标志设置，请求将由任何 VICC 执行
		1	请求只由处于选择状态的 VICC 执行 寻址标志应设置为 0，UID 域应不包含在请求中
b6	寻址标志	0	请求没有寻址，不包括 UID 域。可以由任何 VICC 执行
		1	请求有寻址，包括 UID 域。仅由那些自身 UID 与请求中规定的 UID 匹配的 VICC 才能执行
b7	选择权标志	0	含义由命令描述定义，如果没有被命令定义，它应设置为 0
		1	含义由命令描述定义
b8	RFU	0	

表 3-9　当目录标志设置时请求标志 5～8 的规定

位(bit)	标志名称	值	描述
b5	AFI 标志	0	AFI 域没有出现
		1	AFI 域有出现

续表

位(bit)	标志名称	值	描述
b6	Nb_slots 标志	0	16slots
		1	1slot
b7	选择权标志	0	含义由命令描述定义,如果没有被命令定义,它应设置为 0
		1	含义由命令描述定义
b8	RFU	0	

(4) 响应格式

响应应包含以下域：标志；一个或多个参数域；数据；CRC。

通用响应格式：

SOF	标志	参数	数据	CRC	EOF

① 响应标志　在一次响应中，响应标志指出 VICC 是怎样完成动作的，并且相应域是否出现。

响应标志由 8bits 组成（表 3-10）。

表 3-10　响应标志 1～8 定义

位(bit)	标志名称	值	描述
b1	出错标志	0	没有错误
		1	检测到错误,错误码在“错误”域
b2	RFU	0	
b3	RFU	0	
b4	扩展标志	0	无协议格式扩展
		1	协议格式被扩展,保留供以后使用
b5～b8	RFU	0	

② 响应错误码　当错误标志被 VICC 置位，将包含错误域，并提供出现的错误信息。错误码在表 3-11 中定义。假如 VICC 不支持表 3-11 中列出的规定错误码，VICC 将以错误码′0F′应答（“不给出错误信息”）。

表 3-11　响应错误码定义

错误码	意义
′01′	不支持命令,即请求码不能被识别
′02′	命令不能被识别,例如发生一次格式错误
′03′	不支持命令选项
′0F′	无错误信息或规定的错误码不支持该错误
′10′	规定块不可用(不存在)
′11′	规定块被锁,因此不能被再锁
′12′	规定块被锁,其内容不能改变
′13′	规定块没有被成功编程
′14′	规定块没有被成功锁定
′A0′～′DF′	客户定制命令错误码
其他	RFU

(5) VICC 状态

一个 VICC 可能处于以下四种状态中的一种：断电；准备；静默；选择。

这些状态间的转换在图 3-31 中有规定。断电、准备和安静状态的支持是强制性的。选择状态的支持是可选的。

① 断电状态　当 VICC 不能被 VCD 激活时，它处于断电状态。

② 准备状态　当 VICC 被 VCD 激活时，它处于准备状态。选择标志没有置位时，它将处理任何请求。

③ 静默状态　当 VICC 处于静默状态，目录标志没有设置且寻址标志已设置的情况下，VICC 将处理任何请求。

④ 选择状态　只有处于选择状态的 VICC 才会处理选择标志已设置的请求。

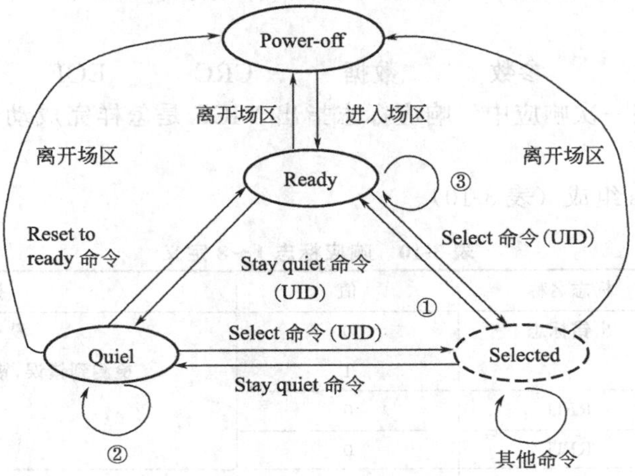

① Select_flag标志有效的Reset to ready命令
或者UID号和标签UID不同的Select命令
② Address_flag标志有效和inven tory_flag标志无效的其他命令
③ Select_flag标志无效的其他命令

图 3-31　VICC 状态转换图

3.4.3　防冲突

(1) ISO/IEC 15693 防冲突原则

① 1VICC 对 Inventory 指令的响应原则

a. 如果没有 VICC 能够匹配上 Inventory 请求中的参数，那么 VCD 将接收不到任何信息。

b. 如果只有一个 VICC 匹配上，那么该 VICC 发出自己的应答信息，应答信息中包含自己的 UID，因此，VCD 就会成功识别这个 VICC。

c. 如果两个或两个以上的 VICC 同时匹配上，那么结果就是多个 VICC 同时响应，此时就会产生冲突。为了避免这种冲突，VCD 就要调整 Mask length 以及 Mask value 并重新发送 Inventory，直到只有一个应答器匹配上为止。

② 防冲突过程中 Mask 参数的调整规则

a. 初始时 Mask length＝4，Mask value 在［0～16］中取值，忽略除 Mask length 以外的高位 UID。

b. 若在 VCD 的读写范围内存在多个 VICC，会产生冲突，即会有多个 VICC 同时匹配上拥有 Mask length 长度的 Mask value，此时将发生冲突的 Mask value 记录为 Mask value-CLS，调整 Mask length 为 8，调整后的 Mask value 可以覆盖 Mask value-CLS 的地址区域，即又可以覆盖整个 UID 地址范围。

c. 这样一直匹配下去，总可以将发生冲突的 VICC 隔离成一个一个的 VICC，同时也不会遗漏某个 VICC

(2) ISO/IEC 15693 防冲突机制及分析

ISO/IEC 15693 协议的防冲突机制又称为“地址匹配”法，在协议中有一个非常关键的指令，就是 Inventory 指令：

SOF	标志	库存	选择AFI	Mask长度	Mask值	CRC16	EOF
	1字节	1字节	1字节	1字节	0～64字节	2字节	

如果在同一时间段内有多于一个的 VICC 或 PICC 同时响应，则说明发生冲撞。RFID 的核心是防冲撞技术，这也是和接触式 IC 卡的主要区别。ISO 14443-3 规定了 A 型和 B 型的防冲撞机制。两者防冲撞机制的原理不同：前者是基于位冲撞检测协议，而后者通过系列命令序列完成防冲撞。ISO 15693 采用轮寻机制、分时查询的方式完成防冲撞机制，在标准的第三部分有详细规定。

防冲撞机制使同时处于读写区内的多张卡的正确操作成为可能，只用算法编程，读头即可自动选取其中一张卡进行读写操作。这样既方便了操作，也提高了操作的速度。

如果与硬件配合，可用一些算法快速实现多卡识别，比如 TI 公司的 R6C 接口芯片有一个解码出错指示引脚，利用它可以快速识别多卡：当冲撞产生时引脚电平发生变化，此时记录下用来查询的低 UID 位，然后在此低位基础上增加查询位数，直到没有冲撞发生，这样就可以识别出所有卡片。

防冲突序列的目的，是在 VCD 工作域中产生由 VICC 的唯一 ID（UID）决定的 VICCs 目录。

VCD 在与一个或多个 VICCs 通信中处于主导地位。它通过发布目录请求初始化卡通信。

根据防冲突的运算法则，在终止或不响应的间隙，VICC 将发送其响应。

① 请求参数　在发布目录命令时，VCD 将 Nb _ slots _ 标志设置为期望值，然后在命令域后加入 Mask 长度和 Mask 值。

Mask 长度指出 Mask 值的高位数目。当使用 16slots 时请求参数可以是 0～60 之间的任何值，当使用 1slot 时请求参数可以是 0～64 之间的任何值。首先传输低位（LSB）。

Mask 值以整数个字节的数目存在。首先传输最低有效字节（LSB）。

假如 Mask 长度不是 8（bits）的倍数，Mask 值的最高有效位（MSB）将补 0，使 Mask 值是整数个字节。

下一个域以下一个字节的分界开始。

目录请求格式：

SOF	标志	命令	Mask 长度	Mask 值	CRC16	EOF
	8 位	8 位	8 位	0～8 字节	16 位	

Mask 补齐的例子：

MSB		LSB
0000	0100 1100 1111	
Pad	Mask 值	

在上面的例子中，Mask 长度是 12bits。Mask 值高位（MSB）补了 4 个 0。

假如 AFI 标志已设置，将出现 AFI 域。

根据 EOF 在 ISO/IEC 15693-2 中的定义，将产生脉冲。

在收到请求 EOF 后，第一个 slot 马上开始启动。

接通至下一 slot，VCD 发送一个 EOF。规则、限制和时限在条款 9 中有规定。

② VICC 处理请求　收到一次有效的请求，VICC 将通过执行以下文本规定的操作流程处理请求。

```
NbS is the total number of slots (1 or 16)
SN is the current slot number (0 to 15)
SN _ length is set to 0 when 1 slot is used and set to 4 when 16 slots are used
LSB (value, n) function returns the n less significant bits of value
"&" is the concatenation operator
Slot _ Frame is either a SOF or an EOF
  SN = 0
  If Nb _ slots _ flag then
  NbS = 1 SN _ length = 0
  else  NbS = 16  SN _ length = 4
endif
Label1: if LSB (UID, SN _ length + Mask _ length) = LSB (SN, SN _ length)
&LSB (Mask, Mask _ length) then transmit response to inventory request
     endif
     wait (Slot _ Frame)
      if Slot _ Frame = SOF then
    Stop anticollision and decode/process request
      Exit
      endif
      if SN<NbS-1 then
    SN = SN + 1
    Goto label1
      Exit
endif
      exit
```

③ 防冲突过程的解释　图 3-32 在 slots 是 16 的情况下，在一次典型的防冲突序列中，总结了可能发生的主要案例。

不同的步骤为：

a. VCD 发送一次目录请求，在一帧内，由 EOF 结束。slots 的数量是 16。

b. VICC 1 在 slot0 发送其响应。它是唯一发送响应的 VICC，因此不会发生冲突，VCD 收到它的 UID 并为其注册。

c. VCD 发送一个 EOF，意思是接通到下一 slot。

d. 在 slot 1，两个 VICCs2 和 3 传输它们的响应，产生一次冲突。

e. VCD 发送一个 EOF，意思是接通至下一个 slot。

f. 在 slot 2，没有 VICC 传输响应。因此 VCD 不检测一个 VICC SOF，而是通过发送一个 EOF 接通至下一个 slot。

g. 在 slot 3，来自 VICC 4 和 5 的响应会引起另一次冲突。

h. VCD 决定发送一个寻址请求（例如一个读块请求）给 VICC 1，其 UID 已被正确接收。

i. 所有的 VICCs 检测到 SOF，将退出防冲突序列。它们处理这个请求，因为请求地址是配给 VICC 1 的，只有 VICC 1 可传输其响应。

j. 所有的 VICC 准备接收下一个请求。假如它是一个目录命令，slot 编写序列号方式从 0 开始。

注释：中断防冲突序列的决定权在 VCD。它可以持续发送 EOF，直到遍历至 slot 15，然后发送请求给 VICC 1。

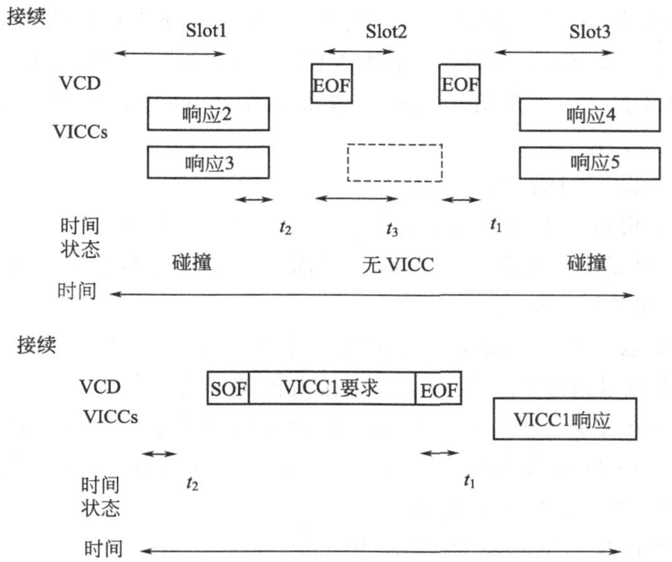

图 3-32 一次可能的防冲突序列的描述

3.4.4 时间规范

VCD 和 VICC 应遵循以下的时间规范。

① 在收到来自 VCD 的一个 EOF 后，VICC 传送响应前的等待时间。

当某一 VICC 检测到一个有效 VCD 请求的 EOF，或者这个 EOF 存在于一个有效 VCD 请求的普通序列中，在开始传输响应给 VCD 请求以前，或处理目录过程转换到下一个 slot 以前，它将等待一个时间 t_1。

t_1 开始于检测到 VCD（ISO/IEC 15693-2：2000）发送的 EOF 的上升沿。

为确保 VICC 响应的同步要求，VCD-to-VICC EOF 上升沿同步是必需的。

t_1 的最小值是 $t_{1min}=4320/f_c$（318.6μs）。

t_1 的名义值是 $t_{1nom}=4352/f_c$（320.9μs）。

t_1 的最大值是 $t_{1max}=4384/f_c$（323.3μs）。

t_{1max}不使用于写类似请求。写类似请求的时间条件定义在命令描述中。

假如 VICC 在这个 t_1 时间内检测到一个载波调制，在开始传输响应给 VCD 请求以前，或当处于一个目录处理过程转换到下一个 slot 以前，它将复位其 t_1 计时器，并等待超过 t_1 更长的时间。

② 在收到来自 VCD 的一个 EOF 后，VICC 调制空闲时间。

当某一 VICC 检测到一个有效 VCD 请求的 EOF，或者这个 EOF 存在于一个有效 VCD 请求的普通序列中，它将不理睬任何在 t_{mit} 时间内接收到的 10%调制。

t_{mit} 开始于检测到 VCD（ISO/IEC 15693-2：2000）发送的 EOF 的上升沿。

t_{mit} 的最小值是 $t_{mitmin}=4384/f_c$（323.3μs）$+t_{nrt}$，此时 t_{nrt} 是一个 VICC 的名义响应时间。

t_{nrt} 依赖于 VICC-to-VCD 数据速率和副载波调制模式（ISO/IEC 15693-2：2000）。

为确保 VICC 响应的同步要求，VCD-to-VICC EOF 上升沿同步是必需的。

③ VCD 在发送后续请求前的等待时间。

a. 当 VCD 收到来自 VICC 的响应，响应是针对不同于目录和 Quiet 的前一个请求，在发送一个后续请求以前，VCD 将等待一个时间 t_2。t_2 开始于 VICC 收到 EOF。

b. 当 VCD 发送一个 Quiet 请求（导致 VICC 没有响应），在发送一个后续请求以前，VCD 将等待一个时间 t_2。t_2 开始于 Quiet 请求的结束 EOF（EOF 上升沿 +9.44μs，见 ISO/IEC15693-2：2000）。

t_2 的最小值是 $t_{2min}=4192/f_c$（309.2μs）。

这保证了 VICC 可以准备接收这个后续请求（ISO/IEC15693-2：2000）。

VCD 在激活电源场后，发送第一个请求以前，将等待至少 1ms，保证 VICC 可以准备接收它（ISO/IEC15693-2：2000）。

c. 当 VCD 已发送一个目录请求，它就处于目录过程。

④ VCD 在一次目录过程中，接通下一个位置前的等待时间。

当 VCD 发送一个目录请求，一个目录过程就开始启动了。等待规定的一段时间后，为了接通至下一 slot，VCD 会发送出一个 10%或者 100%的调制 EOF，这个 EOF 不依赖于 VCD 用于传输其请求给 VICC 的调制索引。

a. 当 VCD 开始接收一个或多个 VICC 响应。

在一个目录过程中，当 VCD 开始接收一个或多个 VICC 响应（即它已检测到一个 VICC SOF 和/或一次冲突），它将等待对 VICC 响应的完整接收（即当一个 VICC EOF 已被接收，或当 VICC 名义响应时间 t_{nrt} 已超过），等待一个额外时间 t_2 然后发送一个 10%或者 100%的调制 EOF，接通至下一 slot 时间 t_2 开始于已收到来自 VICC 的 EOF（ISO/IEC 15693-2：2000）。

t_2 的最小值是 $t_{2min}=4192/f_c$（309.2μs）。

t_{nrt} 依赖于 VICC-to-VCD 的数据速率和副载波调制模式（ISO/IEC 15693-2：2000）。

b. 当 VCD 已接收到无 VICC 响应。

在一个目录过程中，当 VCD 已接收到无 VICC 响应，在发送一个后续 EOF 接通至下一 slot 前，它将等待一个时间 t_3。

时间 t_3 开始于 VCD 已产生最后发送的 EOF 的上升沿。

ⅰ. 假如 VCD 发送一个 100%调制 EOF，t_3 的最小值是 $t_{3min}=4384/f_c$（323.3μs）$+t_{sof}$。

ⅱ. 假如 VCD 发送一个 10%调制 EOF，t_3 的最小值是 $t_{3min}=4384/f_c$（323.3μs）$+t_{nrt}$。

此处 t_{sof} 是 VICC 传输一个 SOF 给 VCD 的持续时间，t_{nrt} 是一个 VICC 的名义响应时间。

t_{sof} 和 t_{nrt} 依赖于 VICC-to-VCD 的数据速率和副载波调制模式（ISO/IEC 15693-2：2000）。

3.4.5 命令

(1) 命令类型

定义了四种命令：强制的、可选的、定制的、私有的。

① 强制的　命令码范围从'01'到'1F'。

所有 VICCs 都支持强制命令码。

② 可选的　命令码范围从'20'到'9F'。

VICCs 可以有选择地支持可选的命令码。假如支持，请求和响应格式都将遵循该标准给出的定义。

假如某个 VICC 不支持一个可选的命令，并且寻址标志或选择标志已设置，它可能会返回一个错误码（“不支持”）或保持静默。假如既没有设置寻址标志，也没有设置选择标志，VICC 将保持静默。

假如一个命令有不同的可选性解释，它们应该由 VICC 支持，否则返回一个错误码。

③ 定制的　命令码范围从'A0'到'DF'。

VICCs 支持定制命令，在它们的可选范围内，执行由制造商规定的功能。标志的功能（包括保留位）将不会被修改，除非是选择标志。可以被定制的域仅限于参数和数据域。

任何定制命令都会把 IC 制造商编码包含在参数的首要位置。这允许 IC 制造商在执行定制命令时不需冒命令编码重复的险，当然也就不会有误译了。

假如某个 VICC 不支持一个定制的命令，并且寻址标志或选择标志已设置，它可能会返回一个错误码（“不支持”）或保持静默。假如既没有设置寻址标志，也没有设置选择标志，VICC 将保持静默。

假如一个命令有不同的可选性解释，它们应该由 VICC 支持，否则返回一个错误码。

④ 私有的　命令码范围从'E0'到'FF'。

这个命令方便 IC 和 VICC 制造商用于各种目的的应用，如测试、系统信息编程等。它们在该标准中没有作规定。IC 制造商根据其选择对私有命令做记录或不做记录。在 IC 和/或 VICC被制造完成后，这些命令被允许关闭掉。

(2) 命令编码

命令编码见表 3-12。

表 3-12　命令编码

命令编码	类型	功能
'01'	强制的	目录
'02'	强制的	保持静默
'03'～'1F'	强制的	RFU
'20'	可选的	读单个块
'21'	可选的	写单个块
'22'	可选的	锁定块
'23'	可选的	读多个块
'24'	可选的	写多个块
'25'	可选的	选择
'26'	可选的	复位准备

续表

命令编码	类型	功能
'27'	可选的	写 AFI
'28'	可选的	锁定 AFI
'29'	可选的	写 DSFID
'2A'	可选的	锁定 DSFID
'2B'	可选的	获取系统信息
'2C'	可选的	获取多个块安全状态
'2D'～'9F'	可选的	RFU
'A0'～'DF'	定制的	IC Mfg 决定
'E0'～'FF'	私有的	IC Mfg 决定

(3) 命令集

① 目录

命令编码＝'01'

当收到目录请求命令，VICC 将完成防冲突序列。

请求包含：标志；目录命令编码；AFI，假如 AFI 标志已设置；Mask 长度；Mask 值；CRC。

目录标志被设置为 1。

标志 5～8 根据表 3-9 定义。

目录请求格式：

SOF	标志	目录	可选择的 AFI	Mask 长度	Mask 值	CRC16	EOF
	8 位	8 位	8 位	8 位	0～64 位	16 位	

响应包括：DSFID；唯一的 ID。

如果 VICC 发现一个错误，它将保持静默。

目录响应格式：

SOF	标志	DSFID	UID	CRC16	EOF
	8 位	8 位	64 位	16 位	

② 保持静默

命令编码＝'02'

当收到保持静默命令，VICC 将进入保持静默状态并且不返回响应。保持静默状态没有响应。

当保持静默时：当目录标志被设置，VICC 不会处理任何请求；VICC 将处理任何可定位的请求。

在以下情况，VICC 将跳出静默状态：重新设置（断电）；收到选择请求，如果支持将进入选择状态，如果不支持将返回；收到重置或者准备请求，将进入准备状态。

保持静默请求格式：

SOF	标志	保持静默	UID	CRC16	EOF
	8 位	8 位	64 位	16 位	

③ 读单个块

命令编码＝'20'

当收到读单个块命令，VICC 将读请求块，并且在应答中返回它的值。

假如在请求中选择标志已设置，VICC 将返回块安全状态，接着是块值。

假如在请求中选择标志没有设置，VICC 将只返回块值。

读单个块请求格式：

SOF	标志	读单个块	UID	块数量	CRC16	EOF
	8位	8位	64位	8位	16位	

④ 写单个块

命令编码='21'

当收到写单个块命令，VICC 将包含在请求中的数据写入请求块，并且在应答中报告操作成功与否。

假如可选择标志没有设置，当它已完成写操作启动后，VICC 将返回其响应：t_{1nom} [$4352/f_c$ (320.9μs)] +$4096/f_c$ (302μs) 的倍数，总误差±$32/f_c$，并且最近一次检测到 VCD 请求的 EOF 的上升沿以后 20ms。

假如可选择标志已设置，VICC 将等待收到来自 VCD 的 EOF，然后基于该接收信息将返回其响应。

写单个块请求格式：

SOF	标志	写单个块	UID	块数量	数据	CRC16	EOF
	8位	8位	64位	8位	块长度	16位	

⑤ 锁定块

命令编码='22'

当收到块锁定命令，VICC 将永久锁定请求块。

假如可选择标志没有设置，当它已完成锁定操作启动后，VICC 将返回其响应：t_{1nom} [$4352/f_c$ (320.9μs)] +$4096/f_c$ (302μs) 的倍数，总误差±$32/f_c$，并且最近一次检测到 VCD 请求的 EOF 的上升沿以后 20ms。

假如可选择标志已设置，VICC 将等待收到来自 VCD 的 EOF，然后基于该接收信息将返回其响应。

锁定单个块请求格式：

SOF	标志	锁定块	UID	块数量	CRC16	EOF
	8位	8位	64位	8位	16位	

⑥ 读多个块

命令编码='23'

当收到读多个块命令，VICC 将读请求块，并且在响应中发送回它们的值。

假如选择标志在请求中有设置，VICC 将返回块安全状态，接着返回一个接一个的块值。

假如选择标志没有在请求中有设置，VICC 将只返回块值。

块编号从'00'到'FF'（0～255）。

请求中块的数目是一个，比 VICC 在其响应中应返回的块数目要少。

举例："块数量"域中的值'06'，请求读 7 个块，值'00'请求读单个块。

读多个块请求格式：

SOF	标志	读多个块	UID	首个块序号	块数量	CRC16	EOF
	8位	8位	64位	8位	8位	16位	

⑦ 写多个块

命令编码='24'

当收到写多个块命令，VICC将包含在请求中的数据写入请求块，并且在响应中报告操作成功与否。

假如可选择标志没有设置，当它已完成写操作启动后，VICC将返回其响应：t_{1nom} [4352/f_c（320.9μs)] +4096/f_c（302μs）的倍数，总误差±32/f_c，并且最近一次检测到VCD请求的EOF的上升沿以后20ms。

假如可选择标志已设置，VICC将等待收到来自VCD的EOF，然后基于该接收信息将返回其响应。

写多个块请求格式：

SOF	标志	写多个块	UID	首个块序号	块数量	数据	CRC16	EOF
	8位	8位	64位	8位	8位	块长度	16位	

⑧ 选择

命令编码='25'

当接收到选择命令：假如UID等于其自身的UID，VICC将进入选择状态，并将发送一个响应；假如不一样，VICC将回到准备状态，并将不发送响应。选择命令在寻址模式下将总是被执行（选择标志设置为0，寻址标志设置为1)。

选择请求格式：

SOF	标志	选择	UID	CRC16	EOF
	8位	8位	64位	16位	

⑨ 复位准备

命令编码='26'

当收到复位准备命令，VICC将返回至准备状态。

复位请求格式：

SOF	标志	复位准备	UID	CRC16	EOF
	8位	8位	64位	16位	

⑩ 写AFI

命令编码='27'

当收到写AFI请求，VICC将AFI值写入其内存中。

假如可选择标志没有设置，当它已完成写操作启动后，VICC将返回其响应：t_{1nom} [4352/f_c（320.9μs)] +4096/f_c（302μs）的倍数，总误差±32/f_c，并且最近一次检测到VCD请求的EOF的上升沿以后20ms。

假如可选择标志已设置，VICC将等待收到来自VCD的EOF，然后基于该接收信息将返回其响应。

写AFI请求格式：

SOF	标志	写AFI	UID	AFI	CRC16	EOF
	8位	8位	64位	8位	16位	

⑪ 锁定AFI

命令编码='28'

当收到锁定AFI请求，VICC将AFI值永久地锁定在其内存中。

假如可选择标志没有设置，当它已完成写操作启动后，VICC将返回其响应：t_{1nom}

[4352/f_c（320.9μs)］+4096/f_c（302μs）的倍数，总误差±32/f_c，并且最近一次检测到VCD请求的EOF的上升沿以后20ms。

假如可选择标志已设置，VICC将等待收到来自VCD的EOF，然后基于该接收信息将返回其应答。

锁定AFI请求格式：

SOF	标志	锁定AFI	UID	CRC16	EOF
	8位	8位	64位	16位	

⑫ 写DSFID命令

命令编码='29'

当收到写DSFID请求，VICC将DSFID值写入其内存中。

假如可选择标志没有设置，当它已完成写操作启动后，VICC将返回其响应：t_{1nom}[4352/f_c（320.9μs)］+4096/f_c（302μs）的倍数，总误差±32/f_c，并且最近一次检测到VCD请求的EOF的上升沿以后20ms。

假如可选择标志已设置，VICC将等待收到来自VCD的EOF，然后基于该接收信息将返回其应答。

写DSFID请求格式：

SOF	标志	写DSFID	UID	DSFID	CRC16	EOF
	8位	8位	64位	8位	16位	

⑬ 锁定DSFID

命令编码='2A'

当收到锁定DSFID请求，VICC将DSFID值永久地锁定在其内存中。

假如可选择标志没有设置，当它已完成写操作启动后，VICC将返回其响应：t_{1nom}[4352/f_c（320.9μs)］+4096/f_c（302μs）的倍数，总误差±32/f_c，并且最近一次检测到VCD请求的EOF的上升沿以后20ms。

假如可选择标志已设置，VICC将等待收到来自VCD的EOF，然后基于该接收信息将返回其响应。

锁定DSFID请求格式：

SOF	标志	锁定DSFID	UID	CRC16	EOF
	8位	8位	64位	16位	

⑭ 获取系统信息

命令编码='2B'

这个命令允许从VICC重新得到系统信息值。

获取系统信息请求格式：

SOF	标志	获取系统信息	UID	CRC16	EOF
	8位	8位	64位	16位	

信息标志定义见表3-13。

表3-13　信息标志定义

位	标志名称	值	描述
b1	DSFID	0	不支持DSFID,DSFID域不出现
		1	支持DSFID,DSFID域出现

续表

位	标志名称	值	描述
b2	AFI	0	不支持 AFI,AFI 域不出现
		1	支持 AFI,AFI 域出现
b3	VICC 内存容量	0	不支持信息的 VICC 内存容量,内存容量域不出现
		1	支持信息的 VICC 内存容量,内存容量域出现
b4	IC 参考	0	不支持信息的 IC 参考,IC 参考域不出现
		1	支持信息的 IC 参考,IC 参考域出现
b5	RFU	0	
b6	RFU	0	
b7	RFU	0	
b8	RFU	0	

VICC 内存容量信息见表 3-14。

表 3-14 VICC 内存容量信息

MSB		LSB
16　　14	13　　9	8　　1
RFU	块容量的字节数	块数目

块容量以 5bits 的字节数量表达出来，允许定制到 32 字节，即 256bits。它比实际的字节数目要少 1。

举例：值'1F'表示 32 字节，值'00'表示 1 字节。

块数目基于 8bits，允许定制到 256 个块。它比实际的字节数目要少 1。

举例：值'FF'表示 256 个块，值'00'表示 1 个块。

最高位的 3bits 保留，未来使用，可以设置为 0。

IC 参考基于 8bits，它的意义由 IC 制造商定义。

⑮ 获取多个块安全状态

命令编码＝'2C'

当收到获取多个块安全状态的命令，VICC 将发送回块的安全状态。

块的编码从'00'～'FF'（0～255）。

请求中块的数量比块安全状态的数量少 1，VICC 将在其响应中返回块安全状态。

举例：在“块数量”域中，值'06'要求返回 7 个块安全状态。在“块数量”域中，值'00'要求返回单个块安全状态。

获取多个安全块状态的请求格式：

SOF	标志	获取多个块安全状态	UID	首个块序号	块的数量	CRC16	EOF
	8 位	8 位	64 位	8 位	16 位	16 位	

(4) 定制命令集

定制命令格式是普通的，允许 VICC 制造商发布明确的定制命令编码。

定制命令编码是一个定制命令编码和一个 VICC 制造商编码之间的结合。

定制请求参数定义是 VICC 制造商的职责。

定制请求格式：

SOF	标志	定制	IC制造商编码	定制请求参数	CRC16	EOF
	8位	8位	64位	客户定义	16位	

(5) 私有命令

这类命令格式在ISO/IEC 15693的该部分没有定义。

可见，ISO 15693应用更加灵活，操作距离又远，更重要的是它与ISO 18000-3兼容，了解ISO 15693标准对将来了解我国的国家标准是有益的，因为我国的国家标准肯定会与ISO 18000大部分兼容。

3.5 ISO/IEC 18000标准

在ISO的标准体系中，ISO/IEC 18000系列标准起到最核心的作用。ISO/IEC 18000系列标准定义了RFID标签和读写器之间的信号形式、编解码规范、多标签碰撞协议，以及命令格式等内容，为所有RFID设备的空中接口通信提供了全面的指导。该标准具有广泛的通用性，覆盖了RFID应用的常用频段，如125～134.2kHz、13.56MHz、433MHz、860～960MHz、2.45GHz、5.8GHz等，主要由以下几部分组成：

ISO/IEC 18000-1信息技术—基于单品管理的射频识别—参考结构和标准化的参数定义。它规范了空中接口通信协议中共同遵守的读写器与标签的通信参数表、知识产权基本规则等内容。这样每一个频段对应的标准不需要对相同内容进行重复规定。

ISO/IEC 18000-2信息技术—基于单品管理的射频识别—适用于中频125～134.2kHz，规定了在标签和读写器之间通信的物理接口，读写器应具有与A型（FDX）和B型（HDX）标签通信的能力；规定了协议和指令以及多标签通信的防碰撞方法。

ISO/IEC18000-3信息技术—基于单品管理的射频识别—适用于高频段13.56MHz，规定了读写器与标签之间的物理接口、协议和命令以及防碰撞方法。关于防碰撞协议可以分为两种模式，而模式1又分为基本型与两种扩展型协议（无时隙无终止多应答器协议和时隙终止自适应轮询多应答器读取协议）。模式2采用时频复用FTDMA协议，共有8个信道，适用于标签数量较多的情形。

ISO/IEC 18000-4信息技术—基于单品管理的射频识别—适用于微波段2.45GHz，规定了读写器与标签之间的物理接口、协议和命令以及防碰撞方法。该标准包括两种模式，模式1是无源标签，工作方式是读写器先讲；模式2是有源标签，工作方式是标签先讲。

ISO/IEC 18000-6信息技术—基于单品管理的射频识别—适用于超高频段860～960MHz，规定了读写器与标签之间的物理接口、协议和命令以及防碰撞方法。它包含A型、B型和C型三种无源标签的接口协议，通信距离最远可以达到10m。其中C型是由EPCglobal起草的，并于2006年7月获得批准，它在识别速度、读写速度、数据容量、防碰撞、信息安全、频段适应能力、抗干扰等方面有较大提高。2006年递交了V4.0草案，它针对带辅助电源和传感器电子标签的特点进行了扩展，包括标签数据存储方式和交互命令。带电池的主动式标签可以提供较大范围的读取能力和更强的通信可靠性，不过其尺寸较大，价格也更贵一些。

ISO/IEC 18000-7适用于超高频段433.92MHz，属于有源电子标签。规定了读写器与标签之间的物理接口、协议和命令以及防碰撞方法。有源标签识读范围大，适用于大型固定资产的跟踪。

3.5.1 ISO 18000-2 标准协议

这里介绍 ISO 18000-2 标准协议，ISO/IEC 18000-2 定义了 125～134.2kHz 的空中接口通信协议参数，规定了时序参数、信号特性、标签与读写器之间通信的物理层架构、协议和指令，以及多标签读取时的防碰撞方法。

(1) 调制

标签和读写器之间采用 ASK 调制方式，调制深度为 100%，如图 3-33 所示。

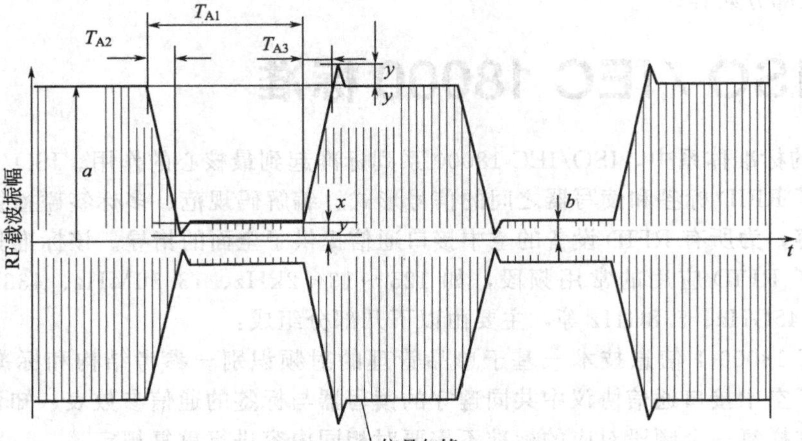

图 3-33 125kHz ASK 调制波形

图 3-34 中的时间参数见表 3-15。

表 3-15 调制时间参数

参数	Min	Max
$m=(a-b)/(a+b)$	90%	100%
T_{A1}	$4T_{Ac}$	$10T_{Ac}$
T_{A2}	0	$0.5T_{A1}$
T_{A3}	0	$0.5T_{Ad0}$
x	0	$0.15a$
y	0	$0.05a$

注：$T_{Ac}=1/f_{Ac}\approx 8\mu s$。

(2) 读写器到标签

① 数据编码　读写器到标签的数据编码包括数据“0”、数据“1”、“Code violation”和“Stop condition”，如图 3-34 所示。

图 3-35 中的时间参数见表 3-16。

表 3-16 数据编码时间参数

含义	符号	min	max
“Carrier off”time	T_{Ap}	$4T_{Ac}$	$10T_{Ac}$
Data“0”time	T_{Ad0}	$18T_{Ac}$	$22T_{Ac}$
Data“1”time	T_{Ad1}	$26T_{Ac}$	$30T_{Ac}$
“Code violation”time	T_{Acv}	$34T_{Ac}$	$38T_{Ac}$
“Stop condition”time	T_{Asc}	$\geqslant 42T_{Ac}$	n/a

注：$T_{Ac}=1/f_{Ac}\approx 8\mu s$。

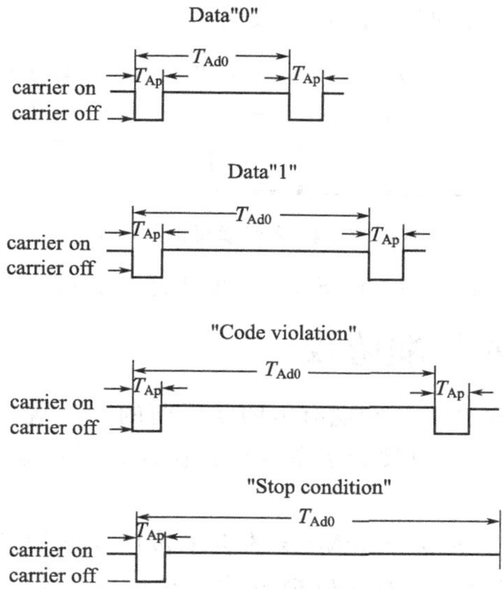

图 3-34　读写器到标签的数据编码

② SOF　读写器到标签的 SOF 起同步作用，由一个数据 “0” 和一个 “Code violation” 组成，如图 3-35 所示。

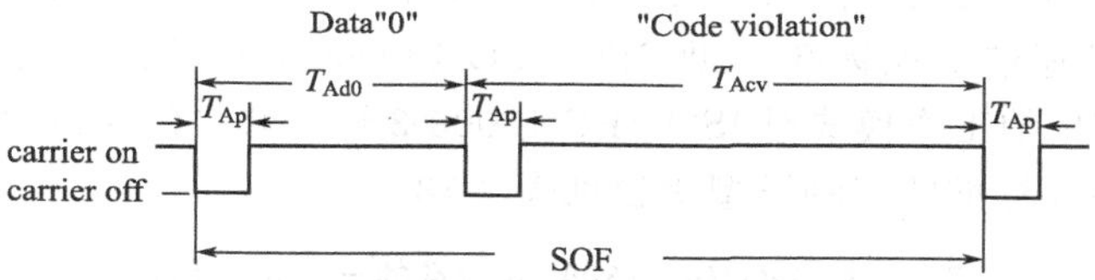

图 3-35　读写器到标签的 SOF

③ EOF　EOF 由 “Stop condition” 组成，如图 3-36 所示。

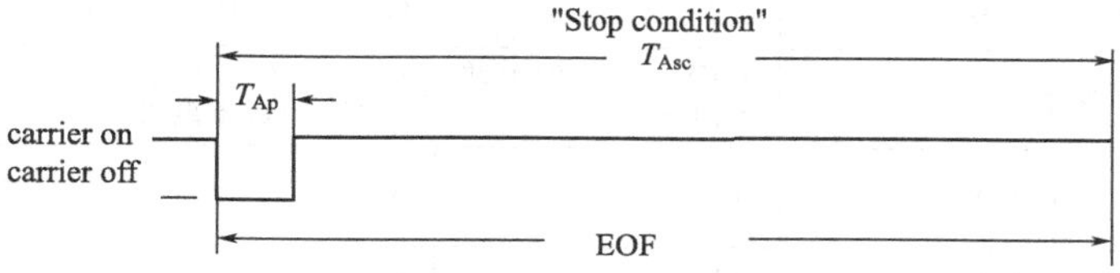

图 3-36　读写器到标签的 EOF

(3) 标签到读写器

① 数据编码　标签到读写器的数据编码有两种速率：4KBIT/S 和 2KBIT/S，其中 4KBIT/S 速率用在 International Standard command，2KBIT/S 速率用在 Inventory command（表 3-17）。

表 3-17　标签到读写器的数据编码

数据元素	国际标准命令	库存命令
Data“0”	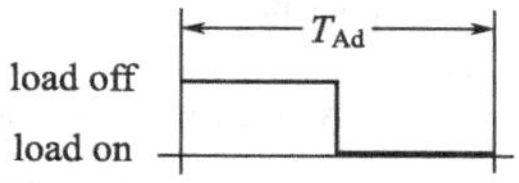	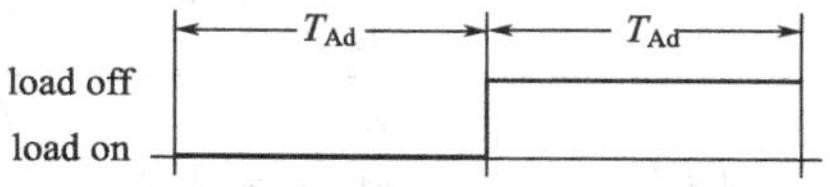
Data“1”	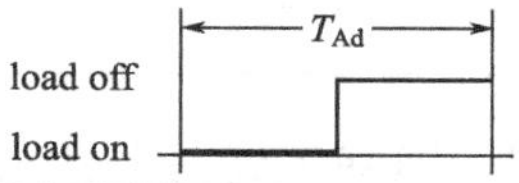	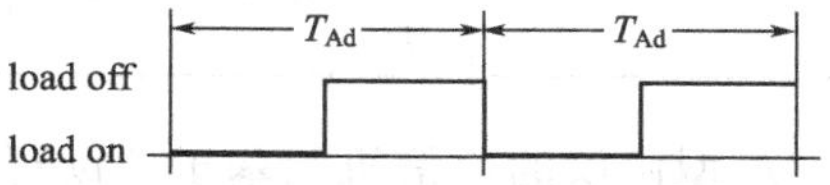

② SOF　标签到读写器的 SOF 由 3bits 数据“110”组成，如图 3-37 所示。

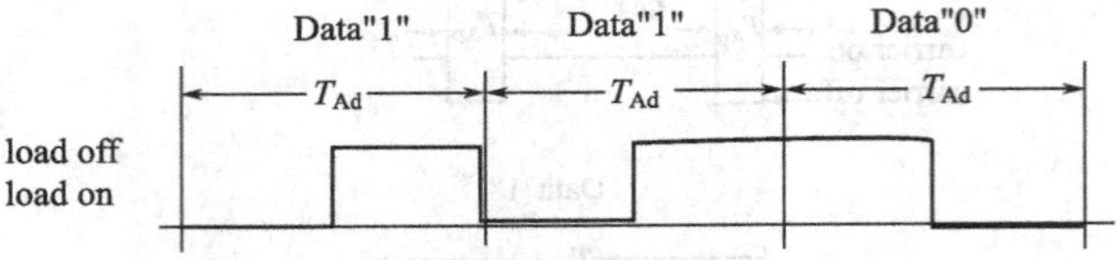

图 3-37　标签到读写器的 SOF

③ EOF　标签到读写器的 EOF 在 ISO 18000-2 标准协议里没有定义。

3.5.2　ISO 18000-6 标准协议

ISO 18000-6 基本上是整合了一些现有 RFID 厂商的产品规格和 EAN-UCC 所提出的标签架构要求而制定出的规范。它只规定了空气接口协议，对数据内容和数据结构无限制，因此可用于 EPC。

ISO/IEC 18000-6 定义了 860～960MHz 的空中接口通信协议参数，规定了读写器与标签之间的物理接口、协议和命令以及防碰撞方法。它包含 A 型、B 型和 C 型三种无源标签的接口协议，通信距离最远可以达到 10m。

在技术性能和指标上 ISO/IEC 18000-6C 比 ISO/IEC 18000-6A 和 ISO/IEC 18000-6B 更加完善和先进，已为美国国防部和国际上大的物流厂商（如沃尔玛）所认可。值得注意的是，ISO/IEC 的联合工作组又对 ISO/IEC 18000-6C 标准进行延伸，在其基础上制定了带传感器的半无源标签的通信协议标准（即 ISO/IEC 18000-6D)。同时，联合工作组又提出了按 ISO/IEC 18000-6C 的工作模式对 ISO/IEC 18000-3 进行修订的建议稿。

ISO/IEC 18000-6 标准的三种类型比较见表 3-18。

表 3-18　ISO/IEC 18000-6 标准的三种类型比较

技术特征		A 型(CD)	B 型(CD)	C 型
读写器到标签	工作频段	860～960MHz	860～960MHz	860～960MHz
	速率	33Kbps 由无线电政策限制	10Kbps 或 40Kbps，由无线电政策限制	26.7～128Kbps
	调制方式	ASK	ASK	DSB-ASK、SSB-ASK 或 PR-ASK
	编码方式	PIE	Manchester	PIE
标签到读写器	副载波频率	未用	未用	40～640kHz
	速率	40Kbps	40Kbps	FM0:40～640Kbps 子载频调制:5～320Kbps
	调制方式	ASK	ASK	由标签选择 ASK 和(或)PSK
	编码方式	FM0	FM0	FM0 或者 Miller 调制子载频，由查询器选择
	唯一识别符长度	64 位	64 位	可变，最小 16 位，最大 496 位
防碰撞	算法	ALOHA	Adaptive binary tree	时隙随机反碰撞
	类型（概率或确定型）	概率	概率	概率

A 型协议的通信机制基于“读写器先发言”，即基于读写器的命令与应答器的回答之间

交替发送的机制。整个通信中的数据信号定义为以下四种："0"，"1"，"SOF" 和 "EOF"。

通信中的数据信号的编码和调制方法定义为：

① 读写器到应答器之间的通信传输读写器发送的数据采用 ASK（调制载波幅度）进行调制，调制深度是 30%（误差不超过 3%）；数据编码采用脉冲宽度编码（PIE）来编码数据。即通过定义下降沿之间的不同宽度来表示不同数据信号。

② 应答器到读写器之间的传输连接应答器通过反向散射给读写器来传输信息；数据编码采用 FMO 编码，数据速率是 40Kbps。

③ 防冲突采用时隙 ALOHA 算法。

B 型协议和 A 型协议在很多领域都是相似的：

① 读写器到应答器之间的通信采用的调制方式也是 ASK，而调制深度为 30.5%或者 100%；编码方式为 FM0。

② 应答器到读写器之间的传输采用反向散射的方式将调制的信息回传给读写器，调制方式为 ASK；编码方式为 FM0。

③ 防冲突采用自适应二进制树算法。

关于 A 型和 B 型协议的指令帧格式及状态转换参见 ISO/IEC 18000-6 标准文档。

C 型协议的通信机制也是基于"读写器先发言"，即基于读写器的命令与应答器的回答之间交替发送的机制。下面将就射频通信格式、指令帧格式、状态图、防冲突机制和指令集及其分类四个方面进行详细的讨论。

ISO 18000-6 标准采用物理层（Signaling）和标签标识层两层分层结构，其中物理层主要涉及 RFID 频率、数据编码方式、调制格式、RF 包络形状及数据速率等问题，标签标识层主要处理读写器读写标签的各种指令。

电子标签从读写器发出的电磁波中获取能量，读写器通过调制发送的载波给标签发送信息，并且给标签发送无调制的载波并通过接收标签的后向散射获取标签返回的信息。由此可见，读写器和电子标签之间的通信是半双工的，标签在后向散射时不获取读写器的指令。由于是短距无线通信，为了使标签解调方便，读写器到标签之间的通信方式主要是幅度调制，而电子标签的后向散射是通过调制读写器的无调制载波来返回信息，主要的调制方式是幅度调制或者是相位调制。

(1) 数字调制方法简介

在实际的通信系统中，很多信道都不能直接传送基带信号，必须用基带信号对载波波形的某些参量进行控制，使载波的这些参量随基带信号的变化而变化。由于正弦信号形式简单，便于产生及接收，大多数数字通信系统中都采用正弦信号作为载波，即正弦载波调制。数字调制技术是用载波信号的某些离散状态来表示所传送的信息，在接收端也只要对载波信号的离散调制参量进行检测。数字调制信号，在二进制时有振幅键控（ASK）、移频键控（FSK）和移相键控（PSK）三种基本信号形式。

(2) 读写器到射频卡端通信

① 射频载波调制　采用 DSB-ASK、SSB-ASK 或 PR-ASK 调制方式进行通信。

② 基带编码格式　ISO/IEC 18000-6C 协议的基带数据发送采用 PIE 编码格式。Tari 为询问机对标签发信的基准时间间隔，是数据的持续时间。高位值代表所发送的 CW，低位值代表减弱的 CW。所有参数的公差应为±1%。

(3) 射频卡到读写器端通信

① 射频载波调制　采用反向散射调制（Back Scatter Modulation）。从传统意义的定义

上来说，无源的电子标签（Tag）并不能称为发射机。这样，整个系统只存在一个发射机，却完成了双向的数据通信。反向散射调制技术是指无源RFID电子标签将数据发送回读写器所采用的通信方式。根据要发送的数据的不同，通过控制电子标签的天线阻抗，使反射的载波幅度产生微小变化，这样反射的回波的幅度就携带了所需传送的数据。这和ASK调制有些类似。控制电子标签天线阻抗的方法有多种，都是基于一种称为“阻抗开关”的方法，即通过数据变化来控制负载电阻的接通和断开，那么这些数据就能够从标签传输到读写器。

另外，反向散射调制之所以可以实现的一个条件是读写器和射频标签之间的通信是基于“一问一答”，读写器先发言的方式，这种通信方式为：只有当读写器发送完命令后，标签才作出响应，另外当读写器发送完命令后仍然发送载波，反向负载调制正是对该载波信号进行调制。

② 基带编码格式　射频卡到读写器端通信过程中基带编码采用FM0编码或者Miller副载波调制，FM0编码又称双相间隔码编码（Bi-phase space），是在一个位窗内采用电平变化来表示逻辑，如果电平从位窗的起始处翻转则表示逻辑“1”；如果电平除了在位窗的起始处翻转，还在位窗的中间翻转则表示为逻辑“0”。

复习题

3-1　简述ISO RFID标准体系。

3-2　简述EPCglobal制定的射频识别标准体系。

3-3　射频识别标准的具体作用有哪几点？

3-4　简述射频识别工作频率及应用范围。

3-5　IS0/IEC的RFID标准适用什么范围？

3-6　简述ISO/IEC 15693防冲突原则。

第4章

125 kHz RFID 技术及应用

根据工作频率不同，RFID系统可分为低频、中频、高频系统。低频系统一般工作在100～500kHz，中频系统工作在10～15MHz，它们主要适用于短距离、低成本识别。高频系统工作在850～950MHz以及2.4～5GHz的微波段，适用于距离长、读写数据率高的场合。这里介绍的e5551 RFID系统属于低频系统，工作频率范围为100～500kHz，最大识别距离约为20cm。

4.1 应答器芯片

125kHz RFID系统采用电感耦合方式工作，由于应答器成本低、非金属材料和水对该频率的射频具有较低的吸收率，所以125kHz RFID系统在动物识别、工业和民用水表等领域获得广泛应用。

4.1.1 应答器芯片的性能和电路组成

(1) e5551应答器芯片主要技术性能

e5551芯片是Atmel公司生产的非接触式、无源、可读写、具有防碰撞能力的RFID器件，中心工作频率为125kHz。具有以下主要特性：

工作频率为125 kHz；

低功耗、低工作电压；

非接触能量供给和读写数据；

工作频率范围为100～150kHz；

EEPROM存储器容量为264位，分为8块，每块33位；

具有7块用户数据，每块32位，共224位；

具有块写保护；

采用请求应答（Answer On Request，AOR）实现防碰撞；

完成块写和校验的时间小于50ms；

可编程选择传输速率（比特率）、编码调制方式；

可工作于密码（口令）方式。

(2) 内部电路组成

e5551芯片的内部电路组成框图如图4-1所示，该图给出了e5551芯片和读写器之间的耦合方式。读写器向 e5551 芯片传送射频能量和读写命令，同时接收 e5551 芯片以负载调制方式送来的数据信号。

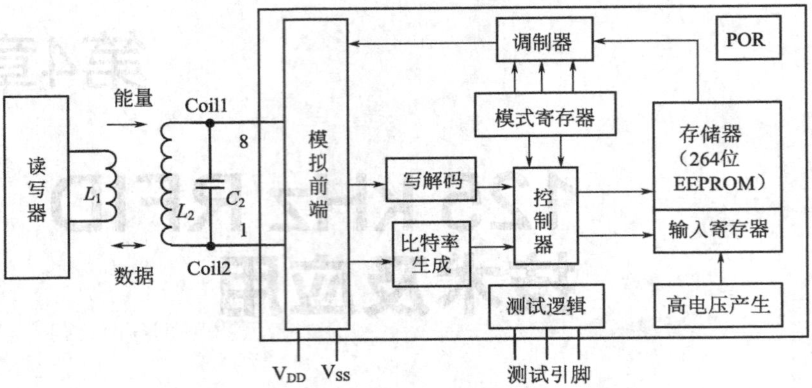

图 4-1　应答器芯片的电路组成框图

e5551 芯片由模拟前端、写解码、比特率产生器、调制器、模式寄存器、控制器、测试逻辑、存储器、编程用高压产生器等部分构成。

e5551 芯片在射频工作时，仅使用 Coil1（引脚 8）和 Coil2（引脚 1），外接电感 L_2 和电容器 C_2，构成谐振回路。在测试模式时，V_{DD}和 V_{SS}引脚为外加电压正端和地，通过测试引脚实现测试功能。

① 模拟前端（射频前端）　模拟前端（Analog Front End，AFE）电路主要完成芯片对模拟信号的处理和变换，包括电源产生、时钟提取、载波中断的检测、负载调制等部分。

② 控制器　主要完成四种功能：

a. 在上电有效后及读期间，用配置存储器数据装载模式寄存器，以保证芯片设置方式工作；

b. 控制对存储器的访问；

c. 处理写命令和数据写入；

d. 在密码模式中，将接收操作码后的 32 位值与存储的密码进行比较和判别。

③ 比特率生成与写解码　比特率生成电路可产生射频的 8、16、32、40、50、64、100、128 分频后的数据比特率。

写解码电路在写操作期间解读有关写操作码，并对写数据流进行检验。

④ 高压（HV）产生器　它在写入时产生对 EEPROM 编程时所需的高电压。

⑤ 模式寄存器　存储来自 EEPROM 块 0 的模式数据，它在每块开始时被不断刷新。

⑥ 调制器　由数据编码器和调制方式两级电路组成，如图 4-2 所示。其输入为来自存储器的二进制 NRZ 码，输出用于对载波的负载调制。

a. 编码

- 曼彻斯特码：逻辑 1 为倍频率 NRZ 码的 10，逻辑 0 为倍频率 NRZ 码的 01。
- Biphase：每个位的开始电平跳变，数位 0 时位中间附加一跳变。

b. 调制方式　PSK 调制的脉冲频率为 RF/2、RF/4 或 RF/8，RF 为载波频率 f_c。它的相位变化情况有以下三种。

- PSK1：数位从 1 变为 0 或从 0 变为 1 时，相位改变 180°。

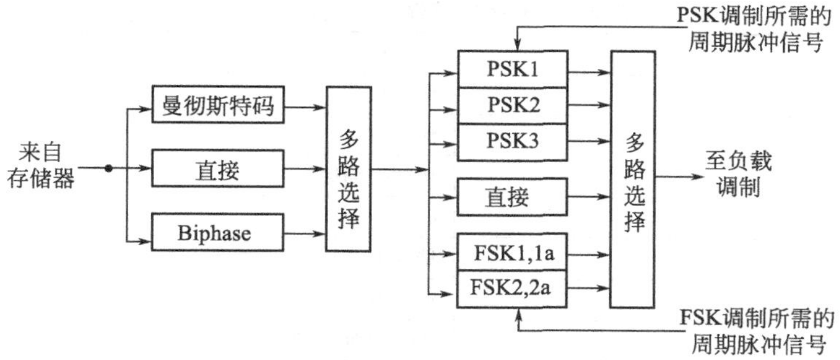

图 4-2　调制器电路组成框图

• PSK2：每当数位 1 结束时，相位改变 180°。

• PSK3：数位从 0 变为 1（上升沿）时，相位改变 180°。

FSK 调制有以下四种。

• FSK1：数位 1 和 0 的脉冲频率为 RF/8 和 RF/5。

• FSK1a：数位 1 和 0 的脉冲频率为 RF/5 和 RF/8。

• FSK2：数位 1 和 0 的脉冲频率为 RF/8 和 RF/10。

• FSK2a：数位 1 和 0 的脉冲频率为 RF/10 和 RF/8。

c. 注意问题　下面的组合不可使用：

• 当编码为曼彻斯特码或 Biphase 码时，调制为 PSK2 或比特率为 RF/8 且脉冲频率为 RF/8 的 PSK 调制。

• 比特率为 RF/50 或者 RF/100 的 PSK 调制，PSK 的脉冲频率不为比特率的整数倍。

⑦ 存储器　EEPROM 的结构见表 4-1，它由 8 块构成，每块 33 位，第 0 位为锁存位，共 264 位。所有 33 位都可被编程，编程所需电压来自片内。但若某块的锁存位被置 1，则该块被锁存，不能通过射频再次编程。

表 4-1　存储器 EEPROM 的结构

0	1～32	块
L	用户数据或密码(口令)	7
L	用户数据	6
L	用户数据	5
L	用户数据	4
L	用户数据	3
L	用户数据	2
L	用户数据	1
L	配置数据	0

块 0 为芯片工作的模式数据，它不能作为通常数据被传送，块 1～6 为用户数据；块 7 为用户口令，若不需要口令保护，则块 7 也可作为用户数据存储区。

存储器的数据以串行方式送出，从块 1 的位 1 开始到最大块（MAXBLK）的位 32，MAXBLK 为用户设置的最大块号参数值。各块的锁存位 L 不能被传送。

配置存储器：EEPROM 的块 0 用于存放配置数据。其各位的编码含义见表 4-2。

表 4-2　配置存储器的配置数据编码

位数	功能描述
L	锁存位
1～11	保留
12～14	比特率编码
15	0
16～17	编码方式
18～20	调制方式
21～22	PSK 脉冲频率
23	AOR
24	0
25～27	MAXBLK
28	PWD
29	序列终止符 ST
30	块终止符 BT
31	STOP
32	保留

比特率编码：

000　RF/8
001　RF/16
010　RF/32
011　RF/40
100　RF/50
101　RF/64
110　RF/100
111　RF/128

编码方式：

00　直接
01　曼彻斯特
10　Biphase
11　保留

调制方式：

000　直接
001　PSK1
010　PSK2
011　PSK3
100　FSK1
101　FSK2
110　FSK1a
111　FSK2a

PSK 脉冲频率：

00　RF/2

01　RF/4

10　RF/8

11　保留

MAXBLK：

000　0

001　1

010　2

011　3

100　4

101　5

110　6

111　7

初始化：电源上电后，e5551 芯片按配置数据进行初始化（需 256 个载波时钟周期，约 2ms），采用所选用的编码调制方式工作。

4.1.2　应答器的读、写模式

(1) e5551 芯片的读工作模式

① 读模式　是电源上电后的默认工作模式，图 4-3 为 e5551 芯片上电后进入读模式的情况，所示电压波形是 e5551 芯片所接谐振回路（即引脚 Coil1 和 Coil2）两端的电压波形。

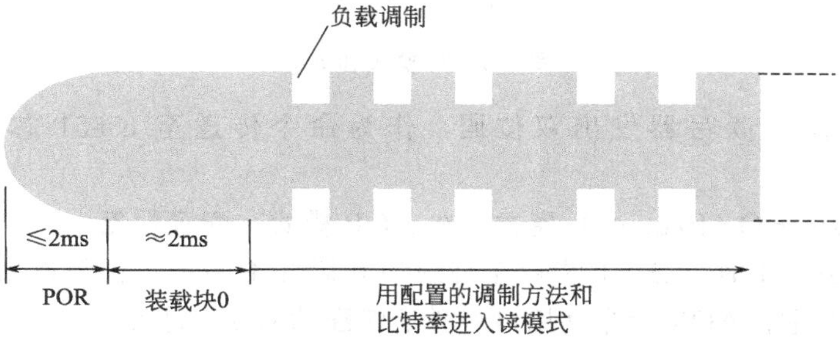

图 4-3　读模式

a. 读模式时的传送数据序列　读模式时，传送数据序列从块 1 的第 1 位开始至最后一块的第 32 位，并循环传送。最后一块的块号由配置存储器的参数 MAXBLK 确定。

当工作于该模式时，在传送循环数据序列之前，发送的第 1 位为逻辑 0，即 e5551 芯片传送的是逻辑 0＋循环数据序列。

b. 块终止符 BT 和序列终止符 ST　终止符有两种：块终止符 BT 和序列终止符 ST，它由配置存储器第 30 位和第 29 位分别设置。BT 出现于每一个块前，而 ST 出现于传送数据每一个循环序列前。当既用 BT 也用 ST 时，块 1 前不用 BT 而仅用 ST，如图 4-4 所示。当 MAXBLK＝0 时，没有序列终止符 ST。

② 直接访问的块读模式　当在直接访问命令下工作时，可以读一个单独的块。所用命令码

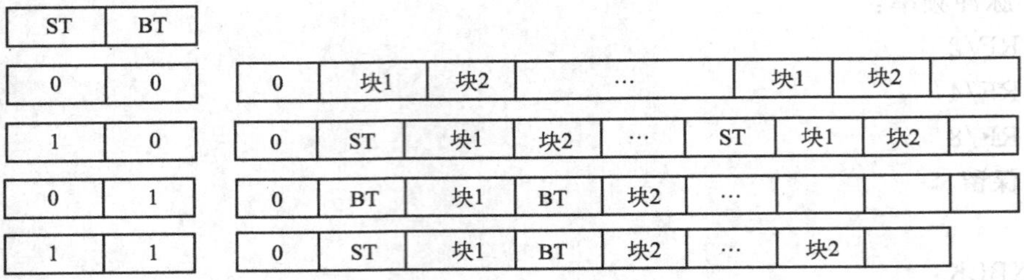

图 4-4　块终止符 BT 和序列终止符 ST

为 10 后跟锁存位和地址（3 位块号），但配置存储器（块 0）的 PWD（使用口令）位必须为 0。

(2) e5551 芯片的写模式

① 写模式和 gap　读写器发出的命令和写数据可由中断载波形成空隙（gap）的方法来实现，并以两个 gap 之间的持续时间来编码 0 和 1。当 gap 时间为 50～150μs 时，两 gap 之间的 $24T_c$（T_c 为载波周期）时间长为 0，$56T_c$ 时间长为 1，当大于 $64T_c$ 时间长而无 gap 再出现时，e5551 芯片退出写模式。若在写过程中出现错误，则 e5551 芯片进入读模式，从块 1 的位开始传输数据。

序列中的第一个 gap 称为起始 gap。为了便于 e5551 芯片的检测，在一般情况下，起始 gap 应长于其后的 gap，如图 4-5 所示。

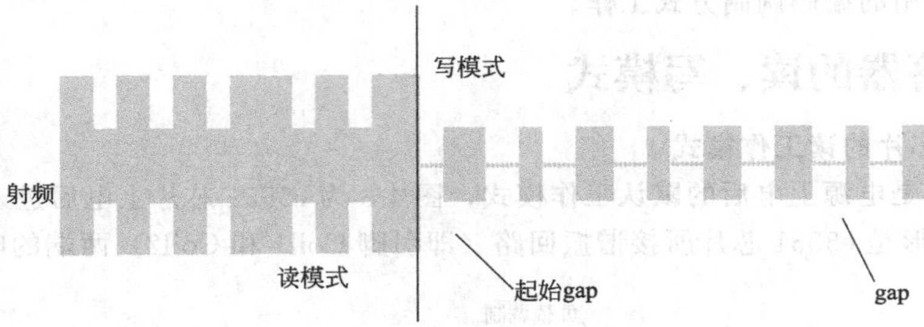

图 4-5　写模式和 gap

② 写数据过程　读写器发出双位码，作为命令传送至 e5551 芯片，命令的构成见表 4-3。

a. AOR（Answer On Request）模式　在 AOR 模式，配置数据中 PWD＝1，AOR＝1，STOP＝0。当 AOR＝1 时，e5551 芯片在装载块 0 后并不调制，将等待来自读写器的有效 AOR 命令，以备唤醒。AOR 命令利用口令激活匹配的 e5551 芯片，该命令用于防碰撞，以选择所要的 e5551 芯片，完成读写操作。

表 4-3　命令的构成

命令	命令码	后续位构成
标准写	10	锁存位 L＋32 位数据位＋3 位块地址号
口令模式	10	32 位口令＋锁存位 L＋32 位数据位＋3 位块地址号
AOR 唤醒模式	10	32 位口令
直接访问	10	锁存位 L＋3 位块地址号
停止 STOP	11	

b. 编程写入（标准写）模式　当所有写信息被 e5551 芯片正确接收时，可编程写入。在写序列传送结束和编程之间有一段延迟，在此期间检测编程电压 V_{PP}。在编程过程中对

V_{PP}不断监测，不论何时 V_{PP}过低都会使 e5551 芯片进入读模式。

编程写入时间为 16ms。编程写入成功后，e5551 芯片进入读模式，并传送刚编程写入的块。一个完整的写序列成功的过程如图 4-6 所示。

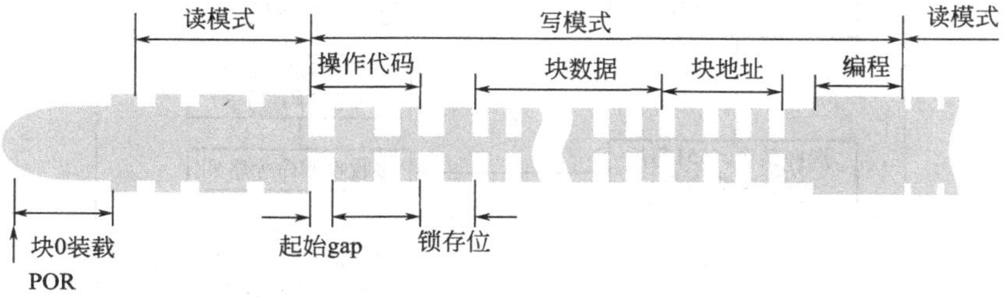

图 4-6　标准写成功的过程

c. 口令模式　当块 0 的 PWD=1 时，为口令模式。此时，命令码后面是 32 位的口令，它与存放在块 7 的口令从位 1 开始逐位比较。如果不匹配，则不能对存储器编程，在写序列完成后 e5551 芯片进入读模式（从块 1 开始）。

当块 0 的 PWD=0 时，e5551 芯片接收到一个写序列，它对应 32 位口令的位置，此时 e5551 芯片进入编程模式。在口令模式，MAXBLK 值应小于 7，以防止口令被传送。

e5551 芯片写模式与 EEPROM 块 0 的 PWD、AOR、STOP 位的关系见表 4-4。

表 4-4　e5551 芯片写模式的位关系

PWD	AOR	STOP	在 Rest/POR 后 e5551 芯片的工作模式
1	1	0	防碰撞模式
1	0	0	口令模式
0	1	0	AOR 模式
0	0	0	标准写和直接访问模式

4.1.3　应答器的防碰撞技术

(1) e5551 芯片的防碰撞技术

STOP 命令用于停止芯片的调制，使其进入休眠状态，不再向外发送数据，直至 POR 出现。防碰撞工作流程如图 4-7 所示。

e5551 芯片可检测出若干错误的出现，以保证只能是有效位才能写入 EEPROM。错误的种类有两种：一种是写序列进入期间出现的错误；另一种是编程时出现的错误。

① 写序列进入期间出现的错误

a. 在两个 gap 之间的时间长度错误。

b. 命令码既不是 10 也不是 11（当检测到上面任何一个错误时，e5551 芯片在离开写模式后立即进入读模式，从块 1 开始传送）。

c. 口令模式有效，但口令不匹配。

d. 接收到的位数不正确。

正确的位数应该是：

标准写	38 位	口令模式	70 位
AOR 唤醒命令	34 位	STOP 命令	2 位

② 编程期间出现的错误

a. 寻址块的锁存位为 1。

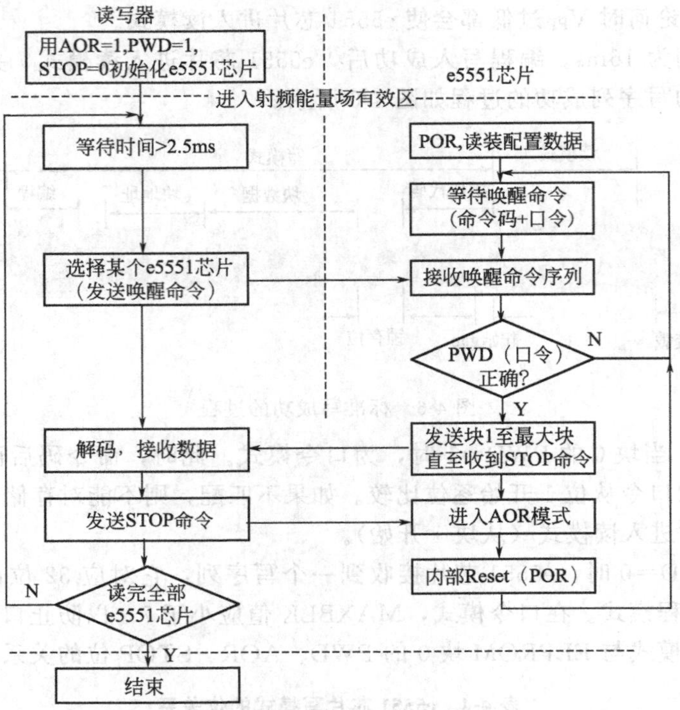

图 4-7 防碰撞工作流程

b. 编程电压 V_{PP} 过低。

如果写序列正确但出现上述错误，则 e5551 芯片立即停止编程并转至读模块，送出数据从被寻址的数据块开始。

(2) e5551 芯片的工作过程

e5551 芯片的工作过程如图 4-8 所示，它给出了芯片处理各类错误的流程。

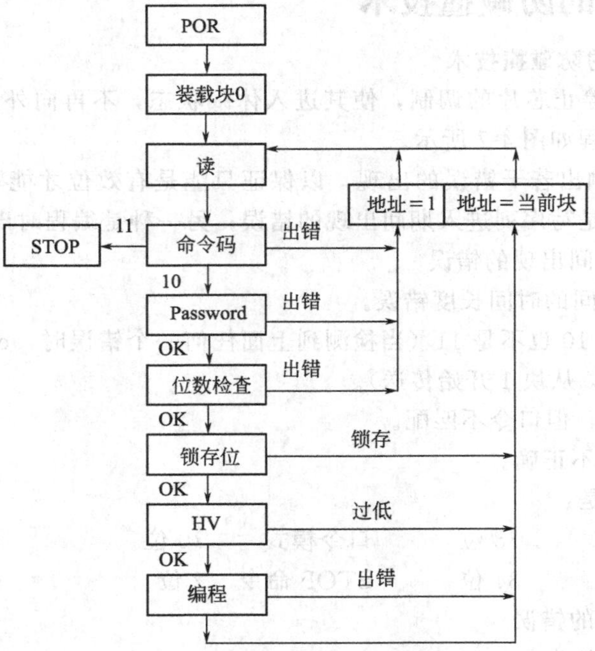

图 4-8 e5551 芯片的工作过程

4.2 读写器芯片

U2270B是工作于125kHz的用于读写器的集成芯片，它是应答器和微控制器之间的接口。它可以实现向应答器传输能量、对应答器进行读写操作，可与e5551系列等应答器芯片配套使用。它与微控制器的关系是，在微控制器的控制下，实现收发转换并将接收到的应答器的数据传送给微控制器。

4.2.1 读写器芯片的性能和电路组成

(1) U2270B芯片主要技术性能

产生载波的频率范围为100～150kHz；

在125kHz载波频率下，典型的数据传输速率为5Kbps；

适用于采用曼彻斯特码及Biphase码调制的应答器；

电源可采用汽车蓄电池或5V直流稳压电源；

具有可调谐的能力；

便于和微控制器接口；

可工作于低功耗模式（Standby模式）。

(2) U2270B芯片内部电路结构

U2270B芯片的内部电路结构组成如图4-9所示，它主要由电源、振荡器、频率调节电路、驱动器、低通滤波器、放大器、施密特触发器等组成。芯片的引脚及其功能见表4-5。

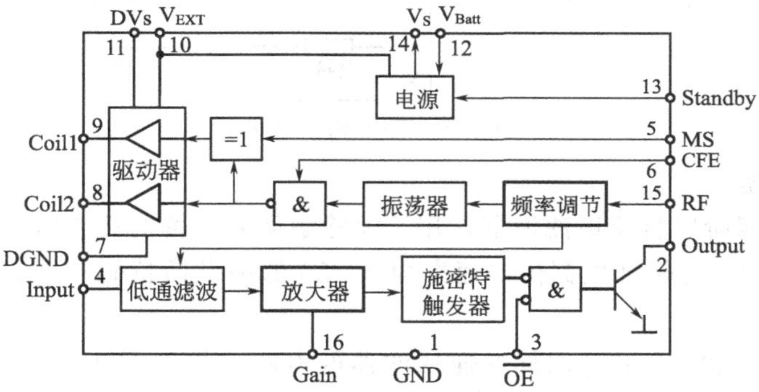

图4-9　U2270B芯片内部电路结构

表4-5　U2270B芯片的引脚及其功能

引脚号	名称	功能	引脚号	名称	功能
1	GND	地	9	Coil1	驱动器1
2	Output	数据输出	10	V_{EXT}	外部电源
3	$\overline{OE}$	使能	11	DV_S	驱动器电源
4	Input	信号输入	12	V_{Batt}	电池电压接入
5	MS	模式选择	13	Standby	低功耗控制
6	CFE	载波使能	14	V_S	内部电源
7	DGND	驱动器地	15	RF	载波频率调节
8	Coil2	驱动器2	16	Gain	调节放大器增益带宽

4.2.2 读写器芯片的工作原理和外围电路设计

(1) 供电方式

芯片有四个电源引脚（即 V_S、V_{EXT}、DV_S、V_{Batt}），可构成三种供电方式，以支持不同场合的灵活运用。

① 单电源工作方式　在单电源工作方式，所有内部电路均由外接 5V 稳压直流电源供电，四个电源引脚都连在一起接至 5V 电源。

② 双电源方式　在采用双电源方式时，DV_S和 V_{EXT}引脚加入＋7～＋8V 电源电压，以得到较高的驱动器输出幅度，获得较强的磁场强度。这种工作方式可用于扩展通信距离的情况。

③ 采用蓄电池供电　该供电方式特别适宜于汽车中采用蓄电池的工作环境。蓄电池正端接 U2270B 芯片的引脚，通过芯片内部的稳压电路可产生 V_S、DV_S和 V_{EXT}电压，V_{EXT}可为外部电路提供电源。

(2) 振荡器

片内振荡器的频率可由馈入 RF 引脚的电流控制，频率调节电路如图 4-10 所示，通过改变电阻 R_f 的大小，可以对振荡器频率进行调节。由振荡频率 f_0，可用下式计算出电阻 R_f。当振荡频率 f_0 为 125kHz 时，电阻 R_f 的阻值为 110kΩ。

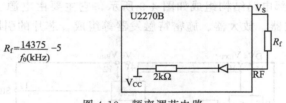

$$R_f=\frac{14375}{f_0(\text{kHz})}-5$$

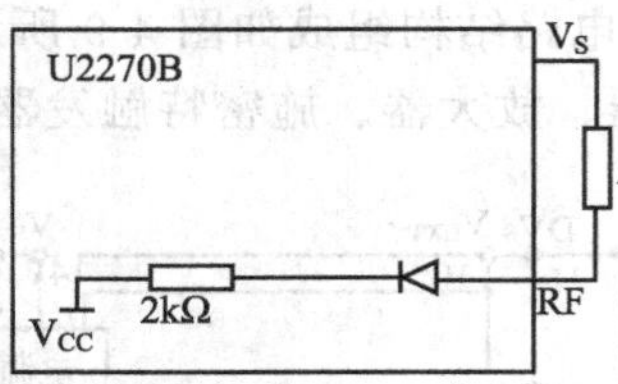

图 4-10　频率调节电路

(3) 低通滤波器

低通滤波器为四阶巴特沃斯滤波器，用于滤除解调后残留的载波信号和高频分量。其高频截止频率为 $f_0/18$，可保证数据传输速率为 $f_0/25$ 的曼彻斯特码和 Biphase 码的信号频谱宽度。

外部解调器和 U2270B 芯片内部低通滤波器的电路连接如图 4-11 所示，解调器采用包络检波解调。

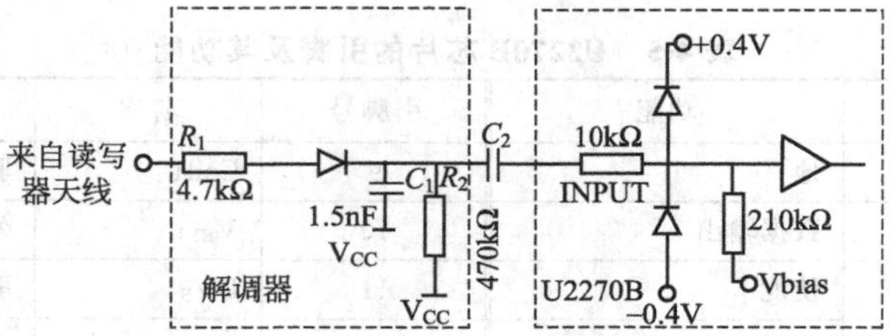

图 4-11　U2270B 芯片内部与外部连接

(4) 放大器

放大器电路如图 4-12 所示，放大器的最大增益为 30，放大器的增益 G 和低频截止频率 f_{cut}可由 Gain 引脚外接电阻 R_{Gain} 调节，计算式为

$$G=30\times\frac{R_i}{R_i+R_{Gain}}$$

$$f_{out}=\frac{1}{2\pi C_{Gain}(R_i+R_{Gain})}$$

式中，R_i 为 2.5kΩ。一般为获得大的放大倍数，取 $R_{Gain}=0$。C_{Gain} 值和数据传输速率有关，见表 4-6

表 4-6 C_{Gain} 与传输速率的关系

数据传输速率(f_0=125kHz)	C_{Gain}	C_2 的值
$f_0/32$=3.9Kbps	100nF	680nF
$f_0/64$=1.95Kbps	1.2nF	220nF

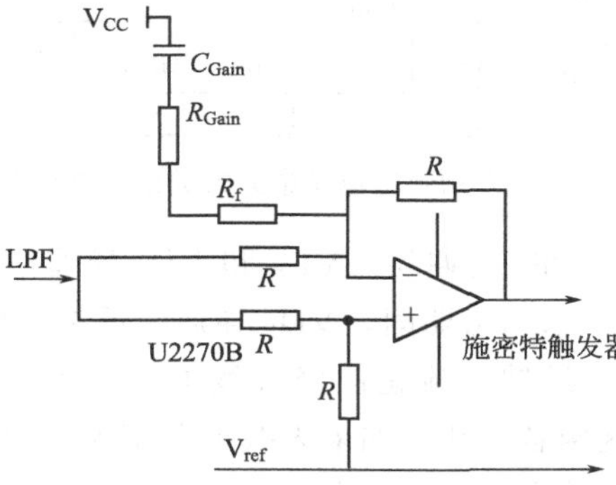

图 4-12 放大器电路

(5) 施密特触发器

它用于对信号整形，以抑制噪声。当 $\overline{OE}$ 引脚为低时，可以使能开路集电极输出电路。

(6) 驱动电路

U2270B 驱动电路由两个独立的输出组成，这两个输出受引脚 MS 和 CFE 电平控制。

4.3 读写器电路分析

图 4-13 为基于 U2270B 芯片的读写器典型电路。该电路采用蓄电池电源供电，U2270B 芯片的 V_{EXT} 引脚输出电压可供微控制器作电源，V_{EXT} 还接至晶体管 BC639 的基极，控制 DV_S 的产生 Standby 引脚电平由微控制器控制，可以方便地进入 Standby 模式，以节省蓄电池的能耗。

(1) 振荡器控制环路

①基本工作原理 振荡器频率 f_{osc} 和读写器天线电路的谐振频率 f_{res} 应尽可能保持一致。如果不能保持在一定的容限内，多应答器的使用及产品的批量化都会遇到很多困难。此外，失谐时振荡器的调频噪声会转换为解调电路能检测到的调幅噪声，从而降低了有效工作距离。因而，需要采用一些调节手段来调节振荡器的频率 f_{osc}，使其和天线电路的谐振频率 f_{res} 能保持在一个误差允许范围内。这样，天线电路的设计也就变得更为容易实现。

② 环路调节原理 振荡器控制环路采用相位控制方法，振荡频率 f_{osc} 的调节通过流经 VD_1 和 VD_2 的反馈电流控制，以保证振荡器的驱动输出和天线电路电压之间具有 90°相移，从而使读写器的天线电路被激励在它的谐振频率上。

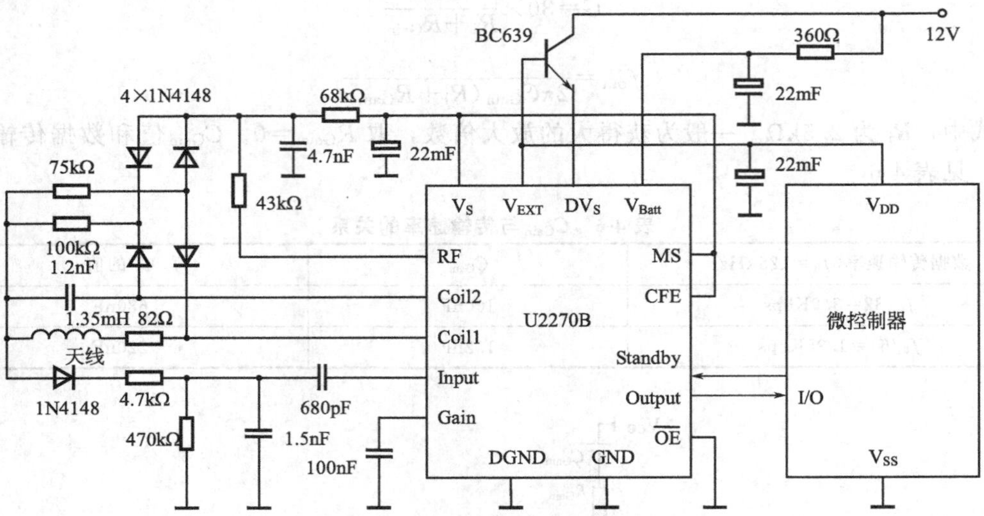

图 4-13　采用蓄电池供电方式的读写器电路

如图 4-14 和图 4-15 所示，在 T_1 期间，VD_3 和 VD_4 导通，而 VD_1 和 VD_2 被反偏，因此没有反馈电流通过电容 C_1。在 T_{2a} 期间，VD_1 导通，反馈电流负向流经天线电路至 R_2、VD_1 和 C_1；在整个 T_{2b} 期间，反馈电流正向经天线电路、R_1、VD_2 流入电容 C_1；在整个 T_2 期间，电容 C_1 的电流是这两者的和。如果天线电路谐振频率 f_{res} 高于振荡频率 f_{osc}，那么两电压信号存在相移，相应的变换是 T_{2a} 减小，T_{2b} 增加，因此控制电流是正向从 A 点流入，经 RF 引脚进入 U2270B 芯片的电流使振荡频率升高，直至 $f_{ose}=f_{res}$。当 $f_{osc}>f_{res}$ 时，振荡控制环路的调节作用使 f_{osc} 降低。这样，振荡器控制环路实现了对 f_{osc} 的调节，以保持和 f_{res} 一致。

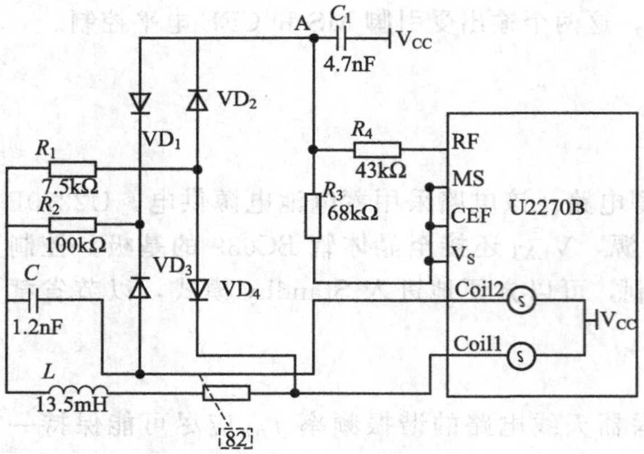

图 4-14　振荡器控制环路

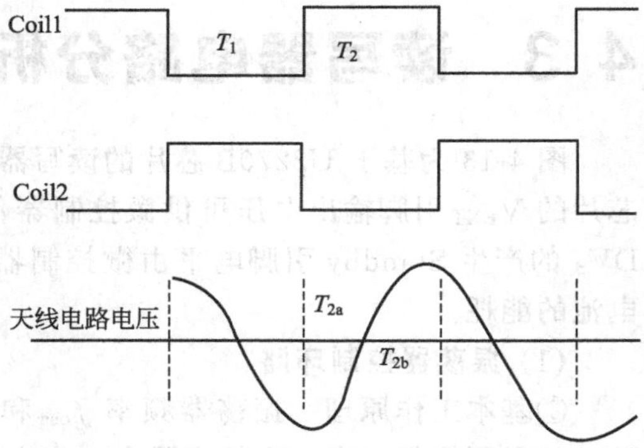

图 4-15　驱动输出与天线电路电压

(2) Biphase 的软件解码

① 基本时序关系　U2270B 芯片接收通道处理后输出的 Biphase 码基带信号，经 Output 引脚输出至微控制器的 I/O 端口，微控制器通过软件程序实现对数据的读入。

② Biphase 码的解码关系　Biphase 码的波形情况如图 4-16 所示。Biphase 码的解码可根据图 4-16 给出的时序关系进行。当检测下一个采样跳变时，应在前一位确定后延时 T_{next}

进行，T_{next}可取值为T_{S2}。

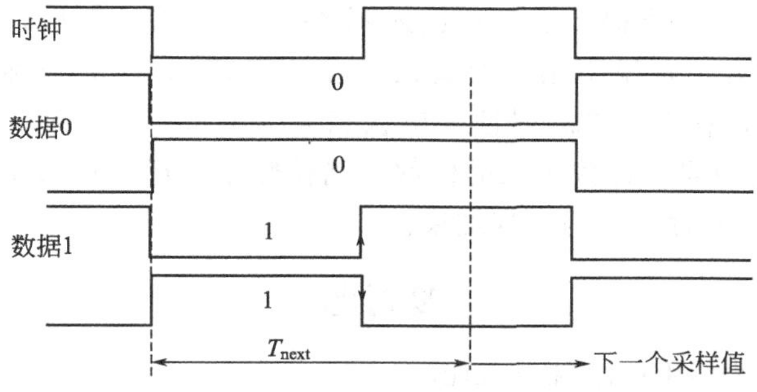

图 4-16　Biphase 码的波形

③ 同步的获取　在解码中，微控制器的时钟应和数据时钟同步才能获得正确的解码。软件时钟同步的获取可参照图 4-17 是流程实现。

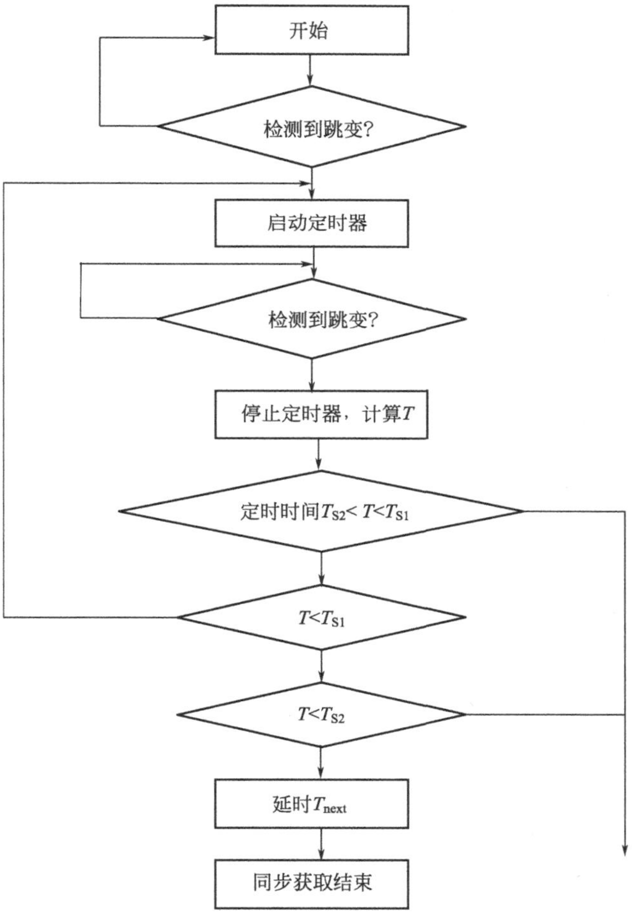

图 4-17　软件时钟同步

微控制器检测到跳变后，启动定时器，检测到下一个跳变时，停止定时器，并计算定时时间 T。若 $T<T_{S1}$则出现位错误，若 $T>T_{S1}$则判断是否小于 T_{S2}。如果 $T_{S2}>T>T_{S1}$，则说明检测到半位时钟周期的跳变，应继续启动定时器，再检测下一跳变。如果检测到下一个跳变时 $T_{L1}<T<T_{L2}$，则说明获得了同步，在图 4-17 的 T_{next}时间，进入正确的判决位值的

时间。如果 $T<T_{L1}$ 和 $T>T_{L2}$，则说明出现了位错误。

④ Biphase 码的解码　流程如下：在进入图 4-17 的采用位置后，启动定时器并检测跳变，若定时时间 $T>T_{S1}$，则说明出现位错误。在 $T<T_{S1}$ 时检测到跳变，程序读入口状态 1，然后再启动定时器，在 $T>T_{next}$ 时读入口状态 2。由图 4-17 可知，位值为状态 1 异或状态 2，将此位值存入缓冲器并计数读入的位数。当位数小于已知的数据位长度时，进入读下一位；当位数达到预定值时，解码过程结束。

复习题

4-1　简述 e5551 应答器芯片的主要技术性能。

4-2　简述 e5551 芯片的读工作模式。

4-3　分析 e5551 芯片的防碰撞技术。

4-4　简述 U2270B 芯片的主要技术性能。

4-5　说明 U2270B 芯片的内部电路结构组成，并阐述各部分的作用。

第5章

RFID读写器开发关键技术

5.1 RFID 读写器系统开发基础

5.1.1 RFID 读写器系统结构及功能

(1) RFID 读写器系统结构

RFID 读写器/读写模块的核心部分包括一个控制用微处理器和一个 RFID 基站芯片。它能独立完成对符合 ISO 15693 标准卡片的所有操作，它还具有与用户主系统的串行通信能力，可根据用户系统的命令完成对 RFID 卡的读写操作，并将所得数据返回给用户系统，这个用户系统可以是一个主控板或 PC 机。

RFID 读写模块提供多种通信方式与用户系统进行通信，极大地方便了用户的连接。

RFID 读写器/读写模块硬件主要由中央微处理器（89C52)、RFID 基站芯片、高频电路、模块天线、RS-232 通信电路、复位电路、LED 状态显示和喇叭驱动电路等组成。

其硬件结构框图如图 5-1 所示。

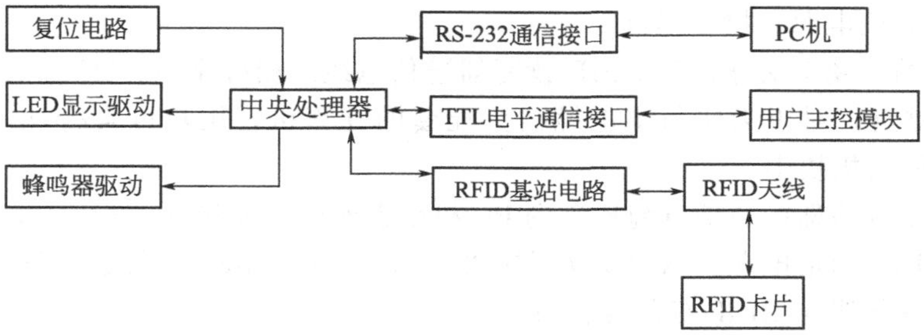

图 5-1　射频识别读写器系统结构框图

(2) RFID 读写器功能

RFID 系列读写器/读写模块可以完成对符合 ISO 15693 标准的卡片的所有读写操作，其操作由连接的主控系统发出的读写命令控制完成，具体可以完成如下功能。

① 模块操作：连接模块，读取模块号。

② 卡片呼叫：防冲突处理，读取卡片序列号。

③ 卡片静止：使卡片处于静止状态。

④ 读取卡片系统信息。

⑤ 选择卡片。

⑥ 复位卡片。

⑦ 读取卡片数据。

⑧ 写卡片数据。

⑨ 锁定卡片数据。

⑩ 写卡片的 AFI。

⑪ 锁定卡片的 AFI。

⑫ 写卡片的 DSFID。

⑬ 锁定卡片的 DSFID。

⑭ 读取卡片的“写锁定”位信息。

⑮ PHILIPS 公司卡片的专用命令。

⑯ TI 公司卡片的专用命令。

⑰ INFINEON 公司卡片的专用命令。

5.1.2 读写器系统安装

(1) 系统组成

RFID 读写器系统包括如下部分：

① RFID 读写器/读写模块一台；

② RFID 读写天线一块（如为读写器，则封装在读写器之中）；

③ 与 PC 机连接的通信电缆一条；

④ RFID 读写器开发资料及应用程序一册（电子文档，包含在 CD 中）。

(2) 系统安装

RFID 读写器既可以直接连接到用户 PC 机上，作为一个 RFID 卡读写器独立使用，又可以作为用户应用系统的一部分，嵌入到用户系统中。

以下步骤说明 RFID 读写器连接到用户 PC 机上的步骤，用户可以应用本系统提供的测试软件对卡片进行操作，以熟悉对 RFID 卡的使用。

① 关闭计算机电源，拔出键盘。

② 将键盘的电缆接头连接到 RFID 读写器通信电缆的相应座中；RFID 读写器的电源直接取自计算机键盘，对于无法与本电缆插头配套的计算机，用户可自行加入＋5V 电源至 RFID 读写器/读写模块中。

③ 将 RFID 读写器的通信电缆插入到 PC 机键盘座中，连接好 RS-232 串行插口。

④ 连接 RFID 通信电缆和 RFID 读写模块（RFID 读写器的电缆线出厂时已连好）。

⑤ 将 RFID 天线与 RFID 模块连接好。

⑥ 打开 PC 机，将 RFID 系统盘拷贝到计算机中，安装系统软件。

⑦ 运行 RFID 读写器测试程序，执行系统提供的各个测试命令。

5.1.3 用户系统开发步骤

如果是第一次使用本系列的产品，或者第一次应用 RFID 卡片作应用系统，可参照以下描述的流程展开开发工作。

① 依据系统需求，确定符合要求的产品。

若直接与计算机连接，可以采用 RFID 读写器；若需要将模块接入到终端产品，可以采用 RFID 读写模块；若 RFID 读写器/读写模块都不满足要求，可与供应商定制所需产品。

② 依据系统需求，确定符合要求的卡片。

由于各个厂商生产的 RFID 卡的容量及功能各有一些不同，其价格及供货情况也会不一样，故用户在选用某一厂商的卡片时，应综合考虑自己的要求进行选择。目前使用较多的卡片有：PHILIPS 公司生产的 ICODE SL20 系列卡片，TI 公司生产的 TAG-IT 卡片以及 INFINEON 公司生产的卡片。RFID 读写器均支持以上卡片的所有操作，并针对各卡片的特别命令，都有相对应的函数，以方便用户的使用。

阅读卡片技术资料，详细了解卡片的数据存取方式结构、操作方式以及卡片可执行的命令，设计用户数据的存储结构。

③ 选择主机与 RFID 读写器/读写模块之间的通信方式。

RFID 读写器的操作是由主系统发出控制命令来完成的，提供了三种与主系统之间的命令传输方式：标准 RS-232、TTL 电平 RS-232、LD 自定义格式。

建议选择 RS-232 通信方式，这种通信方式数据传输速度快，当模块与主控方的距离超过 1m 时，应选用标准 RS-232。

④ 了解 RFID 模块或读写器与主控方的通信协议。

⑤ 应用系统开发。

用户在开发自己的系统前，应详细阅读所有的资料，并使用已提供的读写器应用程序，了解 RFID 卡片的功能及相关命令的使用。这样会对用户自己系统的开发提供很大的帮助。

系统应提供完整的用户系统开发所需资料，包括 ISO 15693 标准资料、各厂商的 RFID 卡片资料、RFID 读写器/读写模块命令手册、函数动态链接库以及读写器应用程序等相关资料。

5.2 RFID 读写器/模块通信协议

RFID 读写器是采用 RS-232 标准通信方式由 PC 机通信的，RFID 系列读写模块提供了多种与用户系统的通信方式，以方便用户构成自己的系统。

现详细讲述 RFID 读写模块与用户主系统的连接方式，RFID 读写器与 PC 机的通信与 RFID 读写模块的通信相同。

5.2.1 通信接口定义

RFID 系列读写模块有一个与用户系统进行通信的接口 CN1，根据不同的跳线，可以设置与外部单元不同的通信方式。

其接口定义为

PIN 1—— V_{CC}（+5V）

PIN 2——GND

PIN 3——GND

PIN 4——PCTXD　与 PC 机 RS-232 口的 RXD 连接

TXD　TTL 电平通信时，通信数据的发送

SDA　LD 自定义通信方式时，通信数据的发送

PIN 5——PCRXD　与 PC 机 RS-232 口的 TXD 连接

RXD　TTL 电平通信时，通信数据的接收

SCK　LD 自定义通信方式时，数据时钟

PIN 6——NC

5.2.2 通信方式

RFID系列模块可根据用户的需要设置成不同的与主机通信模式，用户在订货时，可向经销商订购自己需要的通信方式，生产厂商可按用户要求，生产相应的模块。否则，用户需要在供应商的指导下，自己完成对模块的跳线，以满足用户通信要求。

RFID读写模块提供的三种通信协议分别是：标准RS-232通信协议；TTL电平RS-232通信协议；LD自定义格式通信协议。

RFID（S）以RS-232形式与外部单元通信；RFID（T）以TTL电平方式与外部单元通信；RFID（I）以LD-FORM自定义通信方式与外部单元通信。

(1) 标准RS-232通信协议

RFID读写模块内含RS-232接口电路，采用的标准RS-232通信协议为：1个起始位，8个数据位，无奇偶校验，1个停止位。

数据传输速率固定为：9600bps，也可根据用户的要求定制波特率为57600bps。

(2) TTL电平RS-232通信协议

RFID系列模块也提供TTL电平的RS-232通信方式，其通信协议与标准RS-232方式相同：1个起始位，8个数据位，无奇偶校验，1个停止位。

数据传输速率固定为9600bps。

(3) LD自定义格式通信协议

LD_FORM自定义格式是二线通信格式，用户可以利用单片机的任意两根I/O线与RFID读写模块进行通信，一条定义为时钟线SCK，另一条定义为数据线SDA。通信过程中，用户设备为主控方。通信空闲时，主控方将SCK、SDA置成高电平；通信开始时，主控方将SDA置低，先发送启始位，接着发送8位数据，最后发送停止位，数据在SCK的下降沿时被发送。RFID模块始终查询SDA的状态，若检测到低电平，则开始接收数据。主控方发送完毕后，将SCK、SDA上拉成高电平，等待接收RFID模块返回的数据，接收过程也从检测到SDA为低电平开始，每个时钟周期内接收一位。在发送起始位时，SCK的低电平宽度55μs，在发送其他位时，时钟低电平宽度16μs，高电平宽度典型值为40μs，主控板发送命令和模块回送数据时的时序如图5-2所示。

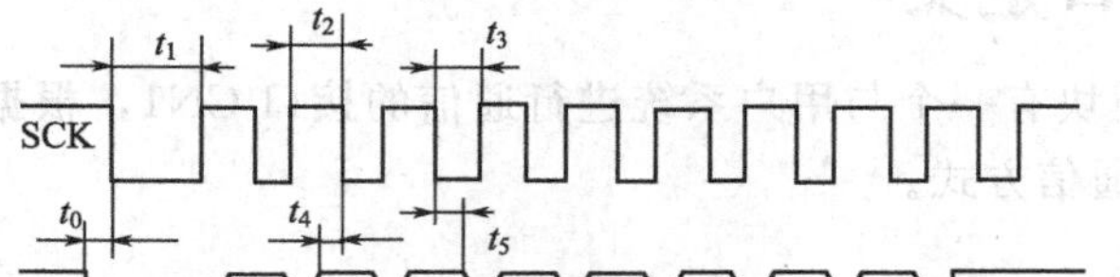

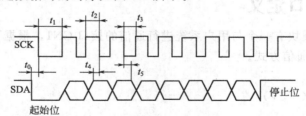

参数	说明	最小值	典型值	最大值
t_0	SDA起始位领先时间	10	16	800
t_1	起始位时SCK低电平时间	40	55	800
t_2	SCK高电平时间	25	40	800
t_3	SCK低电平时间	10	15	800
t_4	SDA建立时间	10	27	800
t_5	SDA保持时间	10	27	800

图5-2 发送命令和模块回送数据时序图

5.2.3 通信命令传输两次握手协议

标准 RS-232 通信和 LD-FORM 通信，均采用两次握手协议（图 5-3）。该协议简单易懂，可靠性高。现表达如图 5-3 所示（A 方表示主控板或者 PC 机，B 方表示 RFID 读写模块，所有通信字符使用 16 进制表示）。

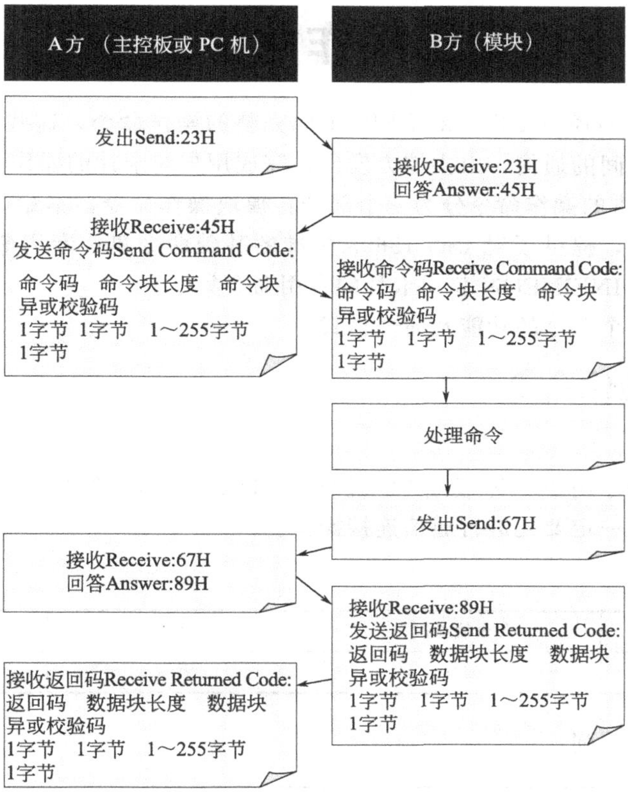

图 5-3　通信命令传输两次握手协议

① 通信时，A 方与 B 方通过握手字符进行连接，A 方与 B 方在发送命令和接收数据时，两次握手，第一次的握手字符是 23H（16 进制的 23，以下同）、45H，即 A 方在发送命令序列前，先发送 23H，B 方接收到 23H 后给 A 方回应 45H，A 方接收到 45H 认为是第一次握手成功，然后给 B 方发送命令序列；第二次的握手字符为 67H、89H，即 B 方接收完 A 方的命令序列并进行相应的处理，将结果数据发送给 A 方前，B 方先发送 67H，A 方接收到 67H 后给 B 方回应的 89H，B 方接收到 89H 认为是第二次握手成功，然后给 A 方发送数据序列。

② A 方发送的命令序列的格式为：

命令码	命令块长度	命令块	异或校验码 A
1 字节	1 字节	若干字节	1 字节

命令块长度等于命令块中字节的个数。

校验码 A 是命令码、命令块长度和命令块中的所有字节进行异或而生成的校验码。

③ B 方发送的数据序列的格式为：

返回码	数据块长度	数据块	异或校验码 B
1 字节	1 字节	若干字节	1 字节

校验码 B 是返回码、数据块长度和数据块中的所有字节进行异或而生成的校验码，数据块长度等于数据块中字节的个数。

5.3 RFID 读写器操作命令

RFID 读写器/读写模块提供了对 RFID 卡的完整的操作命令，这些命令可以通过 RFID 模块与用户主控方之间的通信，由主控方发出，完成用户对卡片的操作。

RFID 读写器提供的操作命令分为三个部分：模块操作命令，本命令集提供对模块本身的操作；基础命令集，提供了对 ISO 15693 标准的基础命令集；专用命令集，提供 PHILIPS 公司、TI 公司、INFINEON 公司卡片的专用命令集。

以下详细描述各个命令的功能及命令格式。

5.3.1 模块操作命令

(1) 模块初始化

功能说明：本命令用于主控板或 PC 机与 RFID 读写器/读写模块建立通信连接。在进行任何读写操作前，一定要先进行通信连接操作。

命令序列：

命令码	命令块长度	命令块	异或校验码 A
00H	00H	无	00H

正确返回的数据序列：

返回码	数据块长度	数据块	异或校验码 B
00H	00H	无	00H

▶ 举例

命令序列：00H，00H，00H

返回数据：00H，00H，00H

(2) 读取模块设备号

功能说明：IC 卡读写模块及读写器内部均有模块的设备号，主控系统可以通过读取该设备号，确认其所连接的模块类型。

命令序列：

命令码	命令块长度	命令块	异或校验码 A
0A1H	00H	无	0A1H

正确返回的数据序列：

返回码	数据块长度	数据块	异或校验码 B
00H	02H	18H,10H	13H

对于 RFID 读写器，其设备号为 18H，00H。

> ▶ 举例
> 命令序列　（A1H，00H，A1H）
> 返回数据　（00H，02H，18H，00H，1AH）

(3) 读取模块控制软件版本号

功能说明：IC 卡读写模块及读写器内部的控制软件均有软件的版本号，主控系统可以通过读取该软件版本号，了解其控制软件的版本。

命令序列：

命令码	命令块长度	命令块	异或校验码 A
22H	00H	无	22H

正确返回的数据序列：

返回码	数据块长度	数据块	异或校验码 B
00H	08H	8 字节版本信息	

> ▶ 举例
> 命令序列：22H，00H，22H
> 返回数据：00H，08H，59H，52H，46H，49H，44H，30H，30H，31H，79H
> 例子说明：该版本号为 YRFID001

(4) 控制模块指示灯及蜂鸣器动作

功能说明：RFID 读写器/读写模块中包含有用于显示系统状态用的 LED 指示灯及蜂鸣器，用户主系统可以通过命令控制这些设备的动作，以显示自己特定的信息。

命令序列：

命令码	命令块长度	命令块				异或校验码 A
7AH	04H	设备号	单次动作时间	动作间隙时间	动作次数	

设备号：字节的 D0、D1、D2 位分别表示红灯、绿灯和蜂鸣器的选择状态，如果相应位为 1，则对应设备被选中。

设备号	01H	02H	03H	04H	05H	06H	07H	其他
红灯	√		√		√		√	无效
绿灯		√	√			√	√	
蜂鸣器				√	√	√	√	

单次动作时间：单位为 10ms，最大值为 2550ms。

动作间隙时间：单位为 10ms，最大值为 2550ms。

动作次数：最大值为 255 次。

正确返回的数据序列：

返回码	数据块长度	数据块	异或校验码 B
00H	00H	无	00H

▶ 举例

命令序列：7AH，04H，01H，0AH，0AH，05H，7AH

返回数据：00H，00H，00H

例子说明：控制红灯先亮 100ms，再灭 100ms，如此动作重复 5 次。

(5) 设置读写器工作模式

功能说明：RFID 读写器可工作于两种模式，分别是标准模式和快速模式。在上电后，读写器自动处于快速模式状态下，用户应根据卡片的要求选择设定读写器的工作模式。

命令序列：

命令码	命令块长度	命令块	异或校验码 A
E0H	01H	模式 MODE	

MODE＝1 为快速模式；MODE＝0 为标准模式。

正确返回的数据序列：

返回码	数据块长度	数据块	异或校验码 B
00H	00H	无	

5.3.2 ISO 15693 标准基础命令集

(1) 呼叫卡片（Inventory）

功能说明：本命令用于呼叫读写器/读写模块天线范围内的卡片。

命令序列：

命令码	命令块长度	命令块	异或校验码 A
0E1H	LEN	命令块数据	

命令块长度 LEN：表示以下的命令块数据的长度。

命令块数据：包括如下内容。

FLAG：命令标志，1 个字节，必需的。

FLAG BIT0：卡片呼叫标志，＝1 表示单张呼叫，＝0 表示多张呼叫。

BIT1：AFI 域存在标志。＝1 表示带 AFI，＝0 表示不带 AFI。

AFI：如带 AFI，该字节为 AFI 值，否则无该字节。

掩码长度：呼叫的掩码长度。如为 0，则表示无掩码字节。

掩码字节：呼叫的掩码数据，为掩码长度/8，如不为整数倍，则在高位补 0。

正确返回的数据序列：

返回码	数据块长度	数据块	异或校验码 B
00H	LEN	返回数据 Readbuff	

其返回数据的定义如下。

LEN：返回的数据总长度。

对于单张卡片的呼叫（SLOTS=1），其返回值定义如下。

Readbuff[0]：为本次返回的有效数据长度 len=10。

Readbuff[1]：返回数据正确标志。=0，为返回正确，其他值为错误。

Readbuff[2]：卡片的 DSFID 值。

Readbuff[2]～Readbuff[9]：卡片序列号。

对于多张卡片的呼叫（SLOTS=16），其返回值定义如下。

Readbuff[0]：为本次返回的有效数据总长度 len。每张卡片返回的数据为 12 个字节，故 len 为 12 的倍数。

每张卡片的返回数据（假定其起始地址为 i）如下。

Readbuff[i]：呼叫该卡片的时隙数（TIMESLOTS），在实际应用中，该值无用。

Readbuff[$i+1$]：该卡片的返回值长度，=10。

Readbuff[$i+2$]：该卡片的返回值有效标志，=0 为正确，=1 为错误。

Readbuff[$i+3$]：该卡片的 DSFID 值。

Readbuff[$i+4$]～Readbuff[$i+11$]：该卡片的序列号。

(2) 卡片静止（Stay quiet）

功能说明：本命令用于使一张卡片处于静止状态。

命令序列：

命令码	命令块长度	命令块	异或校验码 A
E2H	08H	卡片序列号	

卡片序列号：为待操作卡片的卡片序列号。

正确返回的数据序列：

返回码	数据块长度	数据块	异或校验码 B
00H	00H	无	00H

(3) 读单个/多个数据块命令（Read single/multiple blocks）

功能说明：本命令用于读取卡片的数据块内容。

命令序列：

命令码	命令块长度	命令块	异或校验码 A
E3H	LEN	命令块	

LEN：命令块长度。

命令块：该命令块包含如下内容。

FLAG：命令标志，1 个字节，包括如下内容。

FLAG BIT 0：select_flag：读取“被选择状态”卡片标志。=1 为有效，=0 为无效。

FLAG BIT 1：address_flag：卡片序列号有效标志。=1 为有效，=0 为无效。该参数有效时，表明按卡片序列号读取卡片数据。

FLAG BIT 2：Option_flag：附加参数标志。=0 为 option 0 有效，=1 为 option 1 有效。

uid[0]～uid[7]：8 个字节的卡片序列号。如果 address_flag 有效时，有该域。

startadd：起始数据块号，1 个字节，从 1 开始。

Numlength：读取的数据块长度，1 个字节，从 1 开始。

正确返回的数据序列：

返回码	数据块长度	数据块	异或校验码 B
00H	LEN	数据块内容	

LEN：返回数据的总长度。

数据块内容如下。

Readbuff：卡片的返回数据。

Readbuff[0]：本次返回的有效数据总长度。

Readbuff[1]：卡片返回数据有效标志。=0 为有效，其他值为错误。

如果 option 0 有效，则每块数据返回 4 个字节（根据卡片的结构）。为该块的 4 个字节数据。

如果 option 1 有效，则每块数据返回 5 个字节，其中的第一个字节为该数据块的“写锁定”标志。=1 为“写锁定”有效，=0 为无效。其他 4 个字节为该块的数据。

注意：由于模块控制器内存单元的限制，一次最多可读取 60 个字节的数据。如果一次性大于该值，则用户需要将该数据块分成几段来进行。

(4) 写单个/多个数据块命令（Write single/multiple blocks）

功能说明：本命令用于写入数据至卡片中。

命令序列：

命令码	命令块长度	命令块	异或校验码 A
E4H	LEN		

LEN：命令块数据长度。

命令块数据如下。

FLAG：命令标志，1 个字节，包括如下内容。

FLAG BIT 0：select_flag：读取“被选择状态”卡片标志。=1 为有效，=0 为无效。

FLAG BIT 1：address_flag：卡片序列号有效标志。=1 为有效，=0 为无效。该参数有效时，表明按卡片序列号读取卡片数据。

FLAG BIT 2：Option_flag：附加参数标志。=0 为 option 0 有效，=1 为 option 1 有效。

uid[0]～uid[7]：8 个字节的卡片序列号。如果 address_flag 有效时，有该域。

startadd：起始数据块号，1 个字节，从 1 开始。

Numlength：读取的数据块长度，1 个字节，从 1 开始。

Writebuff[]：待写入的卡片数据。

正确返回的数据序列：

返回码	数据块长度	数据块	异或校验码 B
00H	00H	无	00H

(5) 锁定数据块命令 (Lock block)

功能说明：本命令用于对锁定卡片的一个数据块的“写锁定”标志。

命令序列：

命令码	命令块长度	命令块	异或校验码 A
E5H	LEN		

LEN：命令块数据长度。

命令块数据如下。

FLAG：命令标志，1 个字节，包括如下内容。

FLAG BIT 0：select_flag：读取“被选择状态”卡片标志。=1 为有效，=0 为无效。

FLAG BIT 1：address_flag：卡片序列号有效标志。=1 为有效，=0 为无效。该参数有效时，表明按卡片序列号读取卡片数据。

FLAG BIT 2：Option_flag：附加参数标志。=0 为 option 0 有效，=1 为 option 1 有效。

uid[0]～uid[7]：8 个字节的卡片序列号。如果 address_flag 有效时，有该域。

address：起始数据块号，1 个字节，从 1 开始。

正确返回的数据序列：

返回码	数据块长度	数据块	异或校验码 B
00H	00H	无	00H

(6) 卡片选择 (Select)

功能说明：本命令用于使一张卡片处于“被选择状态”。

命令序列：

命令码	命令块长度	命令块	异或校验码 A
E6H	LEN		

LEN：命令块数据长度，=8

UID0[0]～UID[7]：8 个字节，卡片序列号。

正确返回的数据序列：

返回码	数据块长度	数据块	异或校验码 B
00H	00H	无	

(7) **复位卡片**（Reset to ready）

功能说明：本命令使卡片重新处于“READY”状态。

命令序列（对于 M1 卡）

命令码	命令块长度	命令块	异或校验码 A
E7H	LEN		

LEN：命令块数据长度。

命令块内容如下。

FLAG：命令标志，1 个字节，包括如下内容。

FLAG BIT 0：select_flag：读取“被选择状态”卡片标志。=1 为有效，=0 为无效。

FLAG BIT 1：address_flag：卡片序列号有效标志。=1 为有效，=0 为无效。该参数有效时，表明按卡片序列号读取卡片数据。

FLAG BIT 2：Option_flag：附加参数标志。=0 为 option 0 有效，=1 为 option 1 有效。

uid[0]～uid[7]：8 个字节的卡片序列号。如果 address_flag 有效时，有该域。

正确返回的数据序列：

返回码	数据块长度	数据块	异或校验码 B
00H	00H	无	00H

(8) **写AFI 命令**（Write AFI）

功能说明：本命令用于将 AFI 值写入卡片中。

命令序列：

命令码	命令块长度	命令块	异或校验码 A
E8H	LEN		

LEN：命令块数据长度。

命令块数据如下。

FLAG：命令标志，1 个字节，包括如下内容。

FLAG BIT 0：select_flag：读取“被选择状态”卡片标志。=1 为有效，=0 为无效。

FLAG BIT 1：address_flag：卡片序列号有效标志。=1 为有效，=0 为无效。该参数有效时，表明按卡片序列号读取卡片数据。

FLAG BIT 2：Option_flag：附加参数标志。=0 为 option 0 有效，=1 为 option 1 有效。

uid[0]～uid[7]：8 个字节的卡片序列号。如果 address_flag 有效时，有该域。

AFI：AFI 值。

正确返回的数据序列：

返回码	数据块长度	数据块	异或校验码 B
00H	00H	无	00H

(9) **锁定AFI**（Lock AFI）

功能说明：本命令用于锁定卡片的 AFI 写标志。本命令对 M1、ML10 卡均有效。

命令序列：

命令码	命令块长度	命令块	异或校验码 A
E9H	LEN		

LEN：命令块数据长度。

命令块数据内容如下。

FLAG：命令标志，1个字节，包括如下内容。

FLAG BIT 0：select_flag：读取“被选择状态”卡片标志。=1为有效，=0为无效。

FLAG BIT 1：address_flag：卡片序列号有效标志。=1为有效，=0为无效。该参数有效时，表明按卡片序列号读取卡片数据。

FLAG BIT 2：Option_flag：附加参数标志。=0为option 0有效，=1为option 1有效。

uid[0]～uid[7]：8个字节的卡片序列号。如果address_flag有效时，有该域。

select_flag：读取“被选择状态”卡片标志。=1为有效，=0为无效。

正确返回的数据序列：

返回码	数据块长度	数据块	异或校验码 B
00H	00H	无	00H

(10) 写DSFID (Write DSFID)

功能说明：本命令用于将DSFID值写入卡片中。

命令序列：

命令码	命令块长度	命令块	异或校验码 A
EAH	LEN		

LEN：命令块数据长度。

命令块数据内容如下。

FLAG：命令标志，1个字节，包括如下内容。

FLAG BIT 0：select_flag：读取“被选择状态”卡片标志。=1为有效，=0为无效。

FLAG BIT 1：address_flag：卡片序列号有效标志。=1为有效，=0为无效。该参数有效时，表明按卡片序列号读取卡片数据。

FLAG BIT 2：Option_flag：附加参数标志。=0为option 0有效，=1为option 1有效。

uid[0]～uid[7]：8个字节的卡片序列号。如果address_flag有效时，有该域。

DSFID：1个字节，待写入的DSFID值。

正确返回的数据序列：

返回码	数据块长度	数据块	异或校验码 B
00H	00H	无	00H

(11) 锁定DSFID (Lock DSFID)

功能说明：本命令用于锁定DSFID写操作。

命令序列：

命令码	命令块长度	命令块	异或校验码 A
EBH	LEN		

LEN：命令块数据长度。

命令块数据内容如下。

FLAG：命令标志，1 个字节，包括如下内容。

FLAG BIT 0：select_flag：读取“被选择状态”卡片标志。=1 为有效，=0 为无效。

FLAG BIT 1：address_flag：卡片序列号有效标志。=1 为有效，=0 为无效。该参数有效时，表明按卡片序列号读取卡片数据。

FLAG BIT 2：Option_flag：附加参数标志。=0 为 option 0 有效，=1 为 option 1 有效。

uid[0]～uid[7]：8 个字节的卡片序列号。如果 address_flag 有效时，有该域。

正确返回的数据序列：

返回码	数据块长度	数据块	异或校验码 B
00H	00H	无	00H

(12) 读取卡片系统信息 (Get system information)

功能说明：本命令用于读取卡片的系统信息。

命令序列：

命令码	命令块长度	命令块	异或校验码 A
ECH	LEN		

LEN：命令块数据长度。

命令块数据内容如下。

FLAG：命令标志，1 个字节，包括如下内容。

FLAG BIT 0：select_flag：读取“被选择状态”卡片标志。=1 为有效，=0 为无效。

FLAG BIT 1：address_flag：卡片序列号有效标志。=1 为有效，=0 为无效。该参数有效时，表明按卡片序列号读取卡片数据。

FLAG BIT 2：Option_flag：附加参数标志。=0 为 option 0 有效，=1 为 option 1 有效。

uid[0]～uid[7]：8 个字节的卡片序列号。如果 address_flag 有效时，有该域。

正确返回的数据序列：

返回码	数据块长度	数据块	异或校验码 B
00H	LEN	数据块内容	00H

LEN：本次返回的总数据长度。

数据块内容如下。

Readbuff：卡片返回的数据。

Readbuff[0]：卡片返回数据的总长度。

Readbuff[1]：卡片返回数据的有效标志。=0 为数据有效，其他为无效。

Readbuff[1]：卡片信息标志。其中

BIT 0：DSFID 支持标志。=0，不支持 DSFID，以下的 DSFID 域没有。=1，支持 DSFID，以下的 DSFID 域有效。

BIT 1：AFI 支持标志。=0，不支持 AFI，以下的 AFI 域没有。=1，支持 AFI，以下的 AFI 域有效。

BIT 2：卡片存储结构标志。=0 表示无卡片存储结构，以下的卡片存储结构域没有。=1 表示有卡片存储结构域。

BIT 3：卡片厂商代码域标志。=0 表示无卡片厂商代码域。=1 表示有卡片厂商代码域。

Readbuff[2]：DSFID 域，表示卡片的 DSFID 值。如卡片不支持，则无该字节。

Readbuff[3]：AFI 域，表示卡片的 AFI 值。如卡片不支持，则无该字节。

Readbuff[4]、Readbuff[5]：表示卡片的存储结构。

其定义为：

16　　14	13　　9	8　　1
RFU	每个数据块的字节数	卡片的数据块总数

Readbuff[6]：表示卡片厂商的代码。

(13) 读取卡片的多块“写锁定”标志位（Get multiple block security status）

功能说明：本命令用于读取卡片的多块“写锁定”标志位。

命令序列：

命令码	命令块长度	命令块	异或校验码 A
EDH	LEN		

LEN：命令块数据长度。

命令块数据内容如下

FLAG：命令标志，1 个字节，包括如下内容。

FLAG BIT 0：select_flag：读取“被选择状态”卡片标志。=1 为有效，=0 为无效。

FLAG BIT 1：address_flag：卡片序列号有效标志，=1 为有效，=0 为无效。该参数有效时，表明按卡片序列号读取卡片数据。

FLAG BIT 2：Option_flag：附加参数标志。=0 为 option 0 有效，=1 为 option 1 有效。

uid[0]～uid[7]：8 个字节的卡片序列号。如果 address_flag 有效时，有该域。

Startadd：1 个字节，起始数据块地址。

Numlength：数据块长度。

正确返回的数据序列：

返回码	数据块长度	数据块	异或校验码 B
00H	LEN		

LEN：本次返回的数据块长度。

数据块内容如下。

Readbuff：卡片的返回数据。

Readbuff[0]：本次返回的有效数据总长度 len。

Readbuff[1]：卡片返回数据有效标志。=0 为有效，其他值为错误。

Readbuff[2]～Readbuff[len+1]：每个数据块的“写锁定”标志。每块的“写锁定”标志为 1 个字节。=1 为“写锁定”有效。=0 为“写锁定”无效。

5.3.3 PHILIPS ICODE 卡专用命令集

(1) 卡片呼叫+读（INVENTORY READ/FAST INVENTORY READ）

功能说明：本命令用于呼叫卡片并且读取卡片数据区中的数据。

命令序列：

命令码	命令块长度	命令块	异或校验码 A
EEH	LEN		

LEN：命令块数据长度。

命令块数据内容如下。

FLAG：命令码参数，1 个字节。

FLAG BIT0：nb_slot_flag：卡片呼叫方式。=1 为单卡呼叫（slot=1），=0 为多卡呼叫（slot=16）。

FLAG BIT1：带 AFI 呼叫标志。=1 为带 AFI 呼叫，=0 为不带 AFI 呼叫。

FLAG BIT2：option_flag：option 标志。=0 为 option 0 有效，=1 为 option 1 有效。

IC_Mfg_Code：卡片的厂商代码，1 个字节，在此=04。

mode：操作模式标志。1 个字节。=0 为标准模式，=1 为快速模式。

AFI_value：AFI 值，1 个字节。如 AFI FLAG=0，则无该字节。

Mask_length：呼叫掩码的长度。

Mask_value：呼叫掩码的值，最大为 8 个字节。不足一个字节的，前面高位补零。

startadd：读取数据块的起始地址，1 个字节。

numlength：读取数据块的长度，1 个字节。

正确返回的数据序列：

返回码	数据块长度	数据块	异或校验码 B
00H	LEN		

LEN：本次返回数据的总长度。

数据块内容如下。

Readbuff：返回的卡片数据区内容。

对于单张卡片的呼叫（slot=1），其返回值定义为如下。

如果 option 0 有效，则

Readbuff[0]：为本次返回的有效数据长度 len。

Readbuff[1]：返回数据正确标志。=0，为返回正确，其他值为错误。

Readbuff[2]～Readbuff[len]：卡片数据区数据。

如果 option 1 有效，则

Readbuff[0]：为本次返回的有效数据长度 len。

Readbuff[1]：返回数据正确标志。=0，为返回正确，其他值为错误。

Readbuff[2]～Readbuff[n]：为卡片序列号除去掩码的字节。

例如，卡片序列号为：0F A1 BB 00 00 01 04 E0

如果输入的的掩码为：0F，其长度为 8。

则此时返回的字节为：A1 BB 00 00 01 04 E0

Readbuff[n]～Readbuff[len]：卡片数据区数据。

对于多张卡片的呼叫（slot=16），其返回值定义为如下

如果 option 0 有效，则

Readbuff[0]：为本次返回的有效数据总长度 len。

该命令可同时返回多张卡片的数据。对于每张卡片的返回数据为（假定其起始地址为 i）

Readbuff[i]：呼叫该卡片的时隙数（TIMESLOTS），在实际应用中，该值无用。

Readbuff[$i+1$]：该卡片的返回值长度 N，=10。

Readbuff[$i+2$]：该卡片的返回值有效标志。=0 为正确，=1 为错误。

Readbuff[$i+3$]～Readbuff[$i+N$]：该卡片返回的数据内容。

如果 option 1 有效，则

Readbuff[0]：为本次返回的有效数据总长度 len。

该命令可同时返回多张卡片的数据。对于每张卡片的返回数据为（假定其起始地址为 i）

Readbuff[i]：呼叫该卡片的时隙数（TIMESLOTS），在实际应用中，该值无用。

Readbuff[$i+1$]：该卡片的返回值长度 N。

Readbuff[$i+2$]：该卡片的返回值有效标志。=0 为正确，=1 为错误。

Readbuff[$i+3$]～Readbuff[$i+n$]：该卡片序列号除掩码的剩余字节。

例如，卡片序列号为：0F A1 BB 00 00 01 04 E0

如果输入的的掩码为：0F，其长度为 8。

则此时返回的字节为：A1 BB 00 00 01 04 E0

Readbuff[$i+n+1$]～Readbuff[$i+N$]：卡片数据区数据。

(2) 设置卡片的EAS标志（SET EAS）

功能说明：本命令用于设置卡片的 EAS 标志，使该标志为 1。

命令序列：

命令码	命令块长度	命令块	异或校验码 A
EFH	LEN		

LEN：命令块数据长度。

命令块数据内容如下。

FLAG：命令标志，1 个字节，包括如下内容。

FLAG BIT 0：select_flag：读取“被选择状态”卡片标志。=1 为有效，=0 为无效。

FLAG BIT 1：address_flag：卡片序列号有效标志。=1 为有效，=0 为无效。该参数有效时，表明按卡片序列号读取卡片数据。

FLAG BIT 2：Option_flag：附加参数标志。=0 为 option 0 有效，=1 为 option 1

有效。

IC_Mfg_Code：卡片的厂商代码，1个字节，在此＝04。

uid[0]～uid[7]：8个字节的卡片序列号。如果address_flag有效时，有该域。

正确返回的数据序列：

返回码	数据块长度	数据块	异或校验码B
00H	00H	无	

(3) 清除卡片的EAS标志（RESET EAS）

功能说明：本命令用于涂除卡片的EAS标志，使其值＝0。

命令序列：

命令码	命令块长度	命令块	异或校验码A
F0H	LEN		

LEN：命令块数据长度。

命令块数据内容如下。

FLAG：命令标志，1个字节，包括如下内容。

FLAG BIT 0：select_flag：读取“被选择状态”卡片标志。＝1为有效，＝0为无效。

FLAG BIT 1：address_flag：卡片序列号有效标志。＝1为有效，＝0为无效。该参数有效时，表明按卡片序列号读取卡片数据。

FLAG BIT 2：Option_flag：附加参数标志。＝0为option 0有效，＝1为option 1有效。

IC_Mfg_Code：卡片的厂商代码，1个字节，在此＝04。

uid[0]～uid[7]：8个字节的卡片序列号。如果address_flag有效时，有该域。

正确返回的数据序列：

返回码	数据块长度	数据块	异或校验码B
00H	00H	无	00H

(4) 锁定卡片的EAS标志（LOCK EAS）

功能说明：本命令用于锁定卡片的EAS标志。

命令序列：

命令码	命令块长度	命令块	异或校验码A
F1H	LEN		

LEN：命令块数据长度。

命令块数据内容如下。

FLAG：命令标志，1个字节，包括如下内容。

FLAG BIT 0：select_flag：读取“被选择状态”卡片标志。＝1为有效，＝0为无效。

FLAG BIT 1：address_flag：卡片序列号有效标志。＝1为有效，＝0为无效。该参数有效时，表明按卡片序列号读取卡片数据。

FLAG BIT 2：Option_flag：附加参数标志。＝0为option 0有效，＝1为option 1

有效。

IC_Mfg_Code：卡片的厂商代码，1 个字节，在此=04。

uid[0]～uid[7]：8 个字节的卡片序列号。如果 address_flag 有效时，有该域。

正确返回的数据序列：

返回码	数据块长度	数据块	异或校验码 B
00H	00H	无	00H

(5) 扫描EAS标志（EAS ALARM）

功能说明：本命令用于读取卡片上的 EAS 标志。如有 EAS，则返回一组 32 个字节的 EAS 值。

命令序列（对于 M1 卡）：

命令码	命令块长度	命令块	异或校验码 A
F2H	LEN		

LEN：命令块数据长度。

命令块数据内容如下。

FLAG：命令标志，1 个字节，包括如下内容。

FLAG BIT 0：select_flag：读取“被选择状态”卡片标志。=1 为有效，=0 为无效。

FLAG BIT 1：address_flag：卡片序列号有效标志，=1 为有效，=0 为无效。该参数有效时，表明按卡片序列号读取卡片数据。

FLAG BIT 2：Option_flag：附加参数标志。=0 为 option 0 有效，=1 为 option 1 有效。

IC_Mfg_Code：卡片的厂商代码，1 个字节，在此=04。

uid[0]～uid[7]：8 个字节的卡片序列号。如果 address_flag 有效时，有该域。

正确返回的数据序列：

返回码	数据块长度	数据块	异或校验码 B
00H	LEN		

LEN：本次返回数据的总长度。

返回数据区内容如下。

Readbuff：卡片的返回数据。其具体定义如下。

Readbuff[0]：卡片返回数据的总长度。

Readbuff[1]：卡片返回数据的有效标志。=0 为有效，=1 为错误。

Readbuff[2]～Readbuff[33]：共返回 32 个字节。为 EAS 模板数据。用户根据该数据判定该卡片的 EAS 有效性。其具体值为：

2F B3 62 70 D5 A7 90 7F
E8 B1 80 38 D2 81 49 76
82 DA 9A 86 6F AF 8B B0
F1 9C D1 12 A5 72 37 EF

5.3.4 TI公司Tag-it卡专用命令集

(1) 卡片呼叫+读（INVENTORY READ）

功能说明：本命令用于呼叫卡片并且读取卡片数据区中的数据。

命令序列：

命令码	命令块长度	命令块	异或校验码 A
F3H	LEN		

LEN：命令块数据长度。

命令块数据内容如下。

FLAG：命令码参数，1个字节。

FLAG BIT0：nb_slot_flag：卡片呼叫方式。=1为单卡呼叫（slot=1），=0为多卡呼叫（slot=16）。

FLAG BIT1：带AFI呼叫标志。=1为带AFI呼叫，=0为不带AFI呼叫。

FLAG BIT2：option_flag：option标志。=0为option 0有效，=1为option 1有效。

AFI_value：AFI值，1个字节。如AFI FLAG=0，则无该字节。

Mask_length：呼叫掩码的长度。

Mask_value：呼叫掩码的值，最大为8个字节。不足一个字节的，前面高位补零。

startadd：读取数据块的起始地址，1个字节。从1开始。

numlength：读取数据块的长度，1个字节。从1开始。

正确返回的数据序列：

返回码	数据块长度	数据块	异或校验码 B
00H	LEN		

LEN：本次返回数据的总长度。

数据块内容如下。

Readbuff：返回的卡片数据区内容。

对于单张卡片的呼叫（SLOTS=1），其返回值定义如下。

如果option 0有效，则

Readbuff[0]：为本次返回的有效数据长度len。

Readbuff[1]：返回数据正确标志。=0，为返回正确，其他值为错误。

Readbuff[2]：该卡片的DSFID值。

Readbuff[3]～Readbuff[10]：该卡片的卡片序列号。

Readbuff[11]～Readbuff[len]：卡片数据区数据。每个块4个字节，为该数据块的数据内容。

如果option 1有效，则

Readbuff[0]：为本次返回的有效数据长度len。

Readbuff[1]：返回数据正确标志。=0，为返回正确，其他值为错误。

Readbuff[2]：为卡片的DSFID值。

Readbuff[3]～Readbuff[10]：为该卡片序列号。

Readbuff[11]～Readbuff[len]：卡片数据块数据。每个数据块为 5 个字节，第一个字节为该数据块的“写锁定”标志，后 4 个字节为该数据块的数据内容。

对于多张卡片的呼叫（slot=16），其返回值定义如下。

如果 option 0 有效，则

Readbuff[0]：为本次返回的有效数据总长度 len。

该命令可同时返回多张卡片的数据。对于每张卡片的返回数据为（假定其起始地址为 i，对于第一张卡，$i=1$）

Readbuff[i]：呼叫该卡片的时隙数（TIMESLOTS），在实际应用中，该值无用。

Readbuff[$i+1$]：该卡片的返回值长度 len。

Readbuff[$i+2$]：该卡片的返回值有效标志。=0 为正确，=1 为错误。

Readbuff[$i+3$]：该卡片的 DSFID 值。

Readbuff[$i+4$]～Readbuff[$i+11$]：该卡片的序列号。

Readbuff[$i+12$]～Readbuff[$i+$len]：卡片数据块数据。每个数据块为 4 个字节。

如果 option 1 有效，则

Readbuff[0]：为本次返回的有效数据总长度 len。

该命令可同时返回多张卡片的数据。对于每张卡片的返回数据为（假定其起始地址为 i）

Readbuff[i]：呼叫该卡片的时隙数（TIMESLOTS），在实际应用中，该值无用。

Readbuff[$i+1$]：该卡片的返回值长度 len。

Readbuff[$i+2$]：该卡片的返回值有效标志。=0 为正确，=1 为错误。

Readbuff[$i+3$]：该卡片的 DSFID 值。

Readbuff[$i+4$]～Readbuff[$i+11$]：该卡片的序列号。

Readbuff[$i+12$]～Readbuff[$i+$len]：卡片数据块数据。每个数据块为 5 个字节，其中第一个字节为该块的“写锁定”标志位，后 4 个字节为数据块内容。

(2) 卡片呼叫＋读卡片系统信息（INVENTORY GET SYSTEM INFORMATION）

功能说明：本命令用于呼叫卡片并且读取卡片系统信息。

命令序列：

命令码	命令块长度	命令块	异或校验码 A
F4H	LEN		

LEN：命令块数据长度。

命令块数据内容如下。

FLAG：命令码参数，1 个字节。

FLAG BIT0：nb_slot_flag：卡片呼叫方式。=1 为单卡呼叫（slot=1），=0 为多卡呼叫（slot=16）。

FLAG BIT1：带 AFI 呼叫标志。=1 为带 AFI 呼叫，=0 为不带 AFI 呼叫。

FLAG BIT2：option_flag：option 标志。=0 为 option 0 有效，=1 为 option 1 有效。

AFI_value：AFI 值，1 个字节。如 AFI FLAG=0，则无该字节。

Mask_length：呼叫掩码的长度。

Mask_value：呼叫掩码的值，最大为 8 个字节。不足一个字节的，前面高位补零。

正确返回的数据序列：

返回码	数据块长度	数据块	异或校验码 B
00H	LEN		

LEN：本次返回数据的总长度。

数据块内容如下。

Readbuff：返回的卡片系统信息内容。

对于单张卡片的呼叫（slot=1），其返回值定义如下。

如果 option 0 有效，则

Readbuff[0]：为本次返回的有效数据长度 len。

Readbuff[1]：返回数据正确标志。=0，为返回正确，其他值为错误。

Readbuff[2]：该卡片的 DSFID 值。

Readbuff[3]～Readbuff[10]：该卡片的卡片序列号。

Readbuff[11]：卡片信息标志。其中

BIT 0：DSFID 支持标志。=0，不支持 DSFID，以下的 DSFID 域没有。=1，支持 DSFID，以下的 DSFID 域有效。

BIT 1：AFI 支持标志。=0，不支持 AFI，以下的 AFI 域没有。=1，支持 AFI，以下的 AFI 域有效。

BIT 2：卡片存储结构标志。=0 表示无卡片存储结构，以下的卡片存储结构域没有。=1 表示有卡片存储结构域。

BIT 3：卡片厂商代码域标志。=0 表示无卡片厂商代码域，=1 表示有卡片厂商代码域。

Readbuff[12]：AFI 域，表示卡片的 AFI 值。如卡片不支持，则无该字节。

Readbuff[13]、Readbuff[14]：表示卡片的存储结构。

其定义为：

16 14	13 9	8 1
RFU	每个数据块的字节数	卡片的数据块总数

Readbuff[15]：表示卡片厂商的代码。

如 OPTION 1 有效时，则命令执行错误。

对于多张卡片的呼叫（slot=16），其返回值定义如下。

如果 option 0 有效，则

Readbuff[0]：为本次返回的有效数据总长度 len。

该命令可同时返回多张卡片的数据。对于每张卡片的返回数据为（假定其起始地址为 i，对于第一张卡，$i=1$）

Readbuff[i]：呼叫该卡片的时隙数（TIMESLOTS），在实际应用中，该值无用。

Readbuff[$i+1$]：该卡片返回的数据长度。

Readbuff[$i+2$]：返回数据正确标志。=0，为返回正确，其他值为错误。

Readbuff[$i+3$]：该卡片的 DSFID 值。

Readbuff[$i+4$]～Readbuff[$i+11$]：该卡片的卡片序列号。

Readbuff[$i+12$]：卡片信息标志。其中

BIT 0：DSFID 支持标志。=0，不支持 DSFID，以下的 DSFID 域没有。=1，支持 DSFID，以下的 DSFID 域有效。

BIT 1：AFI 支持标志。=0，不支持 AFI，以下的 AFI 域没有。=1，支持 AFI，以下的 AFI 域有效。

BIT 2：卡片存储结构标志。=0 表示无卡片存储结构，以下的卡片存储结构域没有。=1 表示有卡片存储结构域。

BIT 3：卡片厂商代码域标志。=0 表示无卡片厂商代码域。=1 表示有卡片厂商代码域。

Readbuff[i+13]：AFI 域，表示卡片的 AFI 值。如卡片不支持，则无该字节。

Readbuff[i+14]～Readbuff[i+15]：表示卡片的存储结构。

其定义为：

16 14	13 9	8 1
RFU	每个数据块的字节数	卡片的数据块总数

Readbuff[i+16]：表示卡片厂商的代码。

(3) 卡片呼叫+读卡片“写锁定”标志 (INVENTORY GET SECURITY STATUS)

功能说明：本命令用于呼叫卡片并且读取卡片“写锁定”标志位信息。

命令序列：

命令码	命令块长度	命令块	异或校验码 A
F5H	LEN		

LEN：命令块数据长度。

命令块数据内容如下。

FLAG：命令码参数，1 个字节。

FLAG BIT0：nb_slot_flag：卡片呼叫方式。=1 为单卡呼叫（slot=1），=0 为多卡呼叫（slot=16）。

FLAG BIT1：带 AFI 呼叫标志。=1 为带 AFI 呼叫，=0 为不带 AFI 呼叫。

FLAG BIT2：option_flag：option 标志。=0 为 option 0 有效，=1 为 option 1 有效。

AFI_value：AFI 值，1 个字节。如 AFI FLAG=0，则无该字节。

Mask_length：呼叫掩码的长度。

Mask_value：呼叫掩码的值，最大为 8 个字节。不足一个字节的，前面高位补零。

startadd：1 个字节，为数据块起始地址。

正确返回的数据序列：

返回码	数据块长度	数据块	异或校验码 B
00H	LEN		

LEN：本次返回数据的总长度。

数据块内容如下。

Readbuff：返回的卡片数据块“写锁定”标志内容。

对于单张卡片的呼叫（slot=1），其返回值定义如下。

如果 option 0 有效，则

Readbuff[0]：为本次返回的有效数据长度 len。

Readbuff[1]：返回数据正确标志。=0，为返回正确，其他值为错误。

Readbuff[2]：该卡片的 DSFID 值。

Readbuff[3] ～Readbuff[10]：该卡片的卡片序列号。

Readbuff[11] ～Readbuff[len]：卡片数据块的“写锁定”标志。每个数据块的“写锁定”标志为 1 个字节。

如 OPTION 1 有效时，则命令执行错误。

对于多张卡片的呼叫（slot=16），其返回值定义如下。

如果 option 0 有效，则

Readbuff[0]：为本次返回的有效数据总长度 len。

该命令可同时返回多张卡片的数据。对于每张卡片的返回数据为（假定其起始地址为 i，对于第一张卡，$i=1$）

Readbuff[i]：呼叫该卡片的时隙数（TIMESLOTS），在实际应用中，该值无用。

Readbuff[$i+1$]：该卡片返回的数据长度。

Readbuff[$i+2$]：返回数据正确标志。=0，为返回正确，其他值为错误。

Readbuff[$i+3$]：该卡片的 DSFID 值。

Readbuff[$i+4$]～Readbuff[$i+11$]：该卡片的卡片序列号。

Readbuff[$i+12$]：卡片数据块的“写锁定”标志。每个数据块的“写锁定”标志为 1 个字节。

如 OPTION 1 有效时，则命令执行错误。

(4) 连续写2 个数据块内容（Write 2 blocks）

功能说明：本命令连续写入 2 个数据块内容。

命令序列：

命令码	命令块长度	命令块	异或校验码 A
F6H	LEN		

LEN：命令块数据长度。

命令块数据如下。

FLAG：命令标志，1 个字节，包括如下内容。

FLAG BIT 0：select_flag：读取“被选择状态”卡片标志。=1 为有效，=0 为无效

FLAG BIT 1：address_flag：卡片序列号有效标志。=1 为有效，=0 为无效。该参数有效时，表明按卡片序列号读取卡片数据。

FLAG BIT 2：Option_flag：附加参数标志。=0 为 option 0 有效，=1 为 option 1 有效。

uid[0]～uid[7]：8 个字节的卡片序列号。如果 address_flag 有效时，有该域。

startadd：起始数据块号，1 个字节，从 1 开始，其值为奇数，如1、3、5。

Writebuff[]：待写入的卡片数据。

正确返回的数据序列：

返回码	数据块长度	数据块	异或校验码 B
00H	00H	无	00H

(5) 连续锁定2 个数据块“写锁定”标志 (Lock 2 block)

功能说明：本命令用于连续锁定 2 个数据块“写锁定”标志。

命令序列：

命令码	命令块长度	命令块	异或校验码 A
F7H	LEN		

LEN：命令块数据长度。

命令块数据如下。

FLAG：命令标志，1 个字节，包括如下内容。

FLAG BIT 0：select_flag：读取“被选择状态”卡片标志。=1 为有效，=0 为无效。

FLAG BIT 1：address_flag：卡片序列号有效标志。=1 为有效，=0 为无效。该参数有效时，表明按卡片序列号读取卡片数据。

FLAG BIT 2：Option_flag：附加参数标志。=0 为 option 0 有效，=1 为 option 1 有效。

uid[0]～uid[7]：8 个字节的卡片序列号。如果 address_flag 有效时，有该域。

address：起始数据块号，1 个字节，从 1 开始，为奇数，如 1、3、5 等。

正确返回的数据序列：

返回码	数据块长度	数据块	异或校验码 B
00H	00H	无	00H

5.3.5 Infineon 公司 SRFV02P/SRFV10P 卡专用命令集

(1) 读一页数据

功能说明：本命令用于读取卡片的一页数据。

命令序列：

命令码	命令块长度	命令块	异或校验码 A
F8H	LEN		

LEN：命令块数据长度。

命令块数据内容如下。

FLAG：命令码参数，1 个字节。

FLAG BIT 0：select_flag：读取“被选择状态”卡片标志。=1 为有效，=0 为无效。

FLAG BIT 1：address_flag：卡片序列号有效标志。=1 为有效，=0 为无效。该参数有效时，表明按卡片序列号读取卡片数据。

uid[0]～uid[7]：8 个字节的卡片序列号。如果 address_flag 有效时，有该域。

address：1 个字节，待读取的数据页号。

正确的返回数据：

返回码	数据块长度	数据块	异或校验码 B
00H	LEN		

LEN：本次返回数据的总长度。

数据块内容如下。

Readbuff：返回的卡片数据区内容。

Readbuff[0]：为本次返回的有效数据长度 len。

Readbuff[1]：返回数据正确标志。=0，为返回正确，其他值为错误。

Readbuff[2]～Readbuff[9]：读取的数据，8 个字节。

(2) 写一页数据

功能说明：本命令用于写入一页数据。

命令序列：

命令码	命令块长度	命令块	异或校验码 A
F9H	LEN		

LEN：命令块数据长度。

命令块数据内容如下。

FLAG：命令码参数，1 个字节。

FLAG BIT 0：select_flag：读取“被选择状态”卡片标志。=1 为有效，=0 为无效。

FLAG BIT 1：address_flag：卡片序列号有效标志。=1 为有效，=0 为无效。该参数有效时，表明按卡片序列号读取卡片数据。

uid[0]～uid[7]：8 个字节的卡片序列号。如果 address_flag 有效时，有该域。

address：1 个字节，待写入的数据页号。

Writebuff[0]～Writebuff[7]：待写入的数据。

正确返回的数据序列：

返回码	数据块长度	数据块	异或校验码 B
00H	00	无	00

(3) 写一个字节的数据

功能说明：本命令用于写入一个字节的数据。

命令序列：

命令码	命令块长度	命令块	异或校验码 A
FAH	LEN		

LEN：命令块数据长度。

命令块数据内容如下。

FLAG：命令码参数，1 个字节。

FLAG BIT 0：select_flag：读取“被选择状态”卡片标志。=1 为有效，=0 为无效。

FLAG BIT 1：address_flag：卡片序列号有效标志。=1 为有效，=0 为无效。该参数有效时，表明按卡片序列号读取卡片数据。

uid[0]～uid[7]：8 个字节的卡片序列号。如果 address_flag 有效时，有该域。

page：1 个字节，待写入的数据页号。

Address：1 个字节，待写入的字节所在页的地址。

Pdata：1 个字节，待写入的数据。

正确返回的数据序列：

返回码	数据块长度	数据块	异或校验码 B
00H	00	无	00

(4) 写一个页的数据并且读出该页数据

功能说明：本命令用于写入一个页并且读出该页的数据。

命令序列：

命令码	命令块长度	命令块	异或校验码 A
FAH	LEN		

LEN：命令块数据长度。

命令块数据内容如下。

FLAG：命令码参数，1 个字节。

FLAG BIT 0：select_flag：读取"被选择状态"卡片标志。=1 为有效，=0 为无效。

FLAG BIT 1：address_flag：卡片序列号有效标志。=1 为有效，=0 为无效。该参数有效时，表明按卡片序列号读取卡片数据。

uid[0]～uid[7]：8 个字节的卡片序列号。如果 address_flag 有效时，有该域。

page：1 个字节，待写入的数据页号。

Writebuff[0]～Writebuff[7]：待写入的数据。

正确的返回数据

返回码	数据块长度	数据块	异或校验码 B
00H	LEN		

LEN：本次返回数据的总长度。

数据块内容如下。

Readbuff：返回的卡片数据区内容。

Readbuff[0]：为本次返回的有效数据长度 len。

Readbuff[1]：返回数据正确标志。=0，为返回正确，其他值为错误。

Readbuff[2]～Readbuff[9]：读取的数据，8 个字节。

复 习 题

5-1 RFID 读写器一般应有哪些功能？

5-2 简述射频识别系统的开发步骤。

5-3 RFID 读写模块提供哪三种通信协议？各协议的作用是什么？

5-4 RFID 读写器提供的操作命令分为哪三个部分？各部分的作用是什么？

Chapter 06

第6章

微波RFID技术

6.1 概述

微波射频识别（RFID）是近年来国外应用最广泛的识别技术，能实现信息数据自动识别。对于远距离（可达 10m 以上）、高速移动（100km/h 以上）、无接触物体识别场合尤为适用。其典型工作频率有 915MHz、2.45GHz、5.8GHz 三个频段，广泛应用于车辆自动识别（AVI）、门禁、物流、生产线管理、防伪领域。

无源识别系统应用极广，如图 6-1 所示。

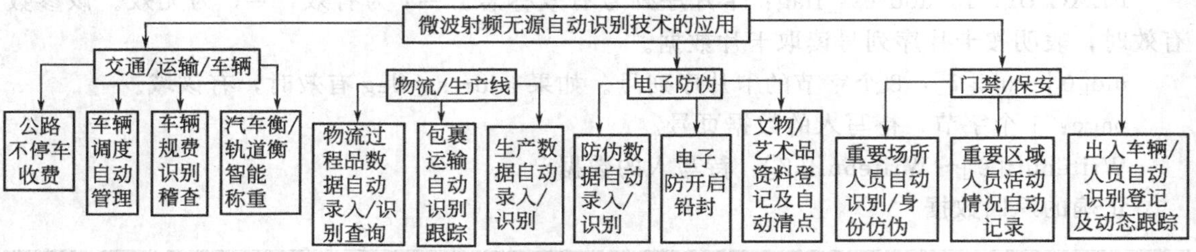

图 6-1　微波射频的应用场景

① 车辆自动识别管理：将每台合法车辆的基础信息存储于安装在该车前挡风玻璃上的电子标签中。当车辆通过基站或车道时，读出卡中相关数据，并叠加上通过时间、车道（或基站）号存入计算机的动态数据库中，传到监控中心的服务器进行比较、判断和处理，并将结果及指令回传给车道计算机，以判定车辆合法与否。该系统广泛用于年审、税费、事故记录、环保检测的查询；路口路段动态交通监控及交通流的统计、黑名单车辆布控；可实现区域性车辆的主动、被动防盗，以及停车场车辆管理和收费等。

② 物流、生产线自动识别管理：能确保公司实时掌握货物所在位置和状态，完成商品从产品制造车间到市场流通全过程的监控，从而提高供应链各个环节的效率和资产利用率。

③ 电子防伪：对于贵重、精密设备的关键零部件、高档商品（如名酒、名烟等），将特制的电子标签嵌入其中，实现从生产到销售的全过程识别跟踪。用该技术制成的电子铅封不仅可防伪、防开启，还可以实现管理的数字化。

④ 人员的识别管理：把个人属性存储于射频卡中，人员在通过识别基站时不用停下检查瞬时完成身份的验证，可以作为出入证、工作证、考勤卡使用。

微波射频自动识别技术成功地解决了在自动识别系统中要求识别准确、互动、高速、防伪、安全、可靠、成本低和联网功能强等的技术难题，必将会在国内得到更广泛的应用。

微波射频识别与条码、磁卡、IC 卡等识别技术的比较见表 6-1。

表 6-1　微波射频识别与条码、磁卡、IC 卡等识别技术的比较

分类	信息载体	信息量	读/写性	读取方式	保密性	智能化	抗干扰能力	寿命	成本
条码	纸、塑料、金属	小	只读	CCD、激光束	差	无	差	较短	最低
磁卡	磁性物质	一般	读/写	电磁转换	一般	无	较差	短	低
IC 卡	EEPROM	大	读/写	电擦除、写入	好	有	好	长	较高
射频	EEPROM	大	读/写	无线通信	最好	有	很好	最长	较高

微波射频识别（RFID）系统由读写器、天线、电子标签、专用短程通信协议 DSRC 及其相关的监控、定位和报警设备等构成，如图 6-2 所示。

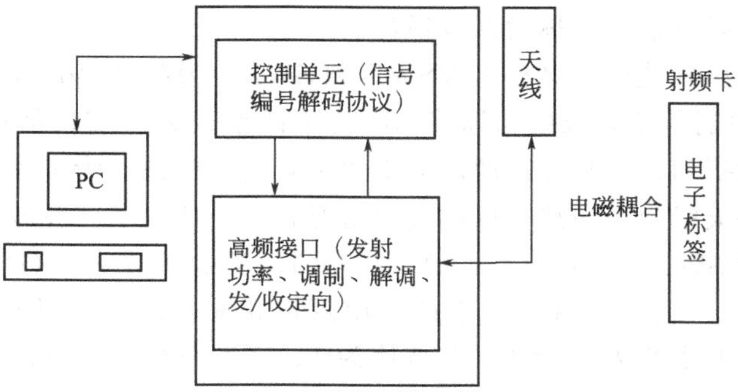

图 6-2　微波射频识别（RFID）系统组成

① 电子标签由低功耗芯片、基片和微带电路组成。按供电方式分为有源和无源电子标签；按应答方式分为主动式和被动式。目前无源卡仅能工作在 915MHz、2.45GHz 两个微波频段。

② 读写器用于启动（激活）电子标签，实现数据传送，并承担防碰撞和身份验证的任务。对无源识别系统，还应提供电子标签足够的微波能量。

③ 微波射频天线用来接收和发射微波功率，具有良好的方向性。

④ DSRC 专用短程通信协议通过空间滤波、极化滤波、频率滤波、信号处理滤波和利用跳频进行频谱扩展等技术提高系统的准确识别率。

6.2　天线技术基础

在移动通信系统中，空间无线信号的发射和接收都是依靠移动天线来实现的。因此，天线对于移动通信网络来说，起着举足轻重的作用，将发送器送来的高频电流变换为无线电波并传送到空间，或将空间传来的无线电波转变为能接收的高频电流；如果天线的选择（类型、位置）不好，或者天线的参数设置不当，都会直接影响整个移动通信网络的运行质量。尤其在基站数量多、站距小、载频数量多的高话务量地区，天线选择及参数设置是否合适，对移动通信网络的干扰，覆盖率、接通率及全网服务质量都有很大影响。不同的地理环境、不同服务要求需要选用不同类型、不同规格的天线。天线调整在移动通信网络优化工作中有很大的作用。一般都是可逆的，即同一副天线既可用作接收天线，也可用作发射天线。

表征天线性能的主要参数有方向图、增益、输入阻抗、极化方式等。

(1) 天线的输入阻抗

天线的输入阻抗是天线馈电端输入电压与输入电流的比值。天线与馈线的连接，最佳情形是天线输入阻抗是纯电阻且等于馈线的特性阻抗，这时馈线终端没有功率反射，馈线上没有驻波，天线的输入阻抗随频率的变化比较平缓。天线的匹配工作就是消除天线输入阻抗中的电抗分量，使电阻分量尽可能地接近馈线的特性阻抗。匹配的优劣一般用四个参数来衡量，即反射系数、行波系数、驻波比和回波损耗，四个参数之间有固定的数值关系，使用哪一个纯出于习惯。在日常维护中，用得较多的是驻波比和回波损耗。一般移动通信天线的输入阻抗为 50Ω。

在不匹配的情况下，馈线上同时存在入射波和反射波。两者叠加，在入射波和反射波相位相同的地方振幅相加最大，形成波腹；而在入射波和反射波相位相反的地方振幅相减为最小，形成波节。其他各点的振幅则介于波腹与波节之间。这种合成波称为驻波。反射波和入射波幅度之比称为反射系数，也称为回波损耗。

驻波比全称为电压驻波比，又称为 VSWR 和 SWR，为英文 Voltage Standing Wave Ratio 的简写。在无线电通信中，天线与馈线的阻抗不匹配或天线与发信机的阻抗不匹配，高频能量就会产生反射折回，并与前进的部分干扰汇合发生驻波。为了表征和测量天线系统中的驻波特性，也就是天线中正向波与反射波的情况，人们建立了“驻波比”这一概念，它是行波系数的倒数，即 $SWR=R/r=(1+K)/(1-K)$。反射系数 $K=(R-r)/(R+r)$（K 为负值时表明相位相反），式中 R 和 r 分别是输出阻抗和输入阻抗。当两个阻抗数值一样时，即达到完全匹配，反射系数 K 等于 0，驻波比为 1。这是一种理想的状况，实际上总存在反射，所以驻波比总是大于 1 的。

驻波比的产生，是由于入射波能量传输到天线输入端 B 未被全部吸收（辐射）、产生反射波，叠加而形成的。驻波比值在 1 到无穷大之间，VSWR 越大，反射越大，匹配越差。驻波比为 1，表示完全匹配；驻波比为无穷大表示全反射，完全失配。在移动通信系统中，一般要求驻波比小于 1.5，但实际应用中 VSWR 应小于 1.2。过大的驻波比会减小基站的覆盖并造成系统内干扰加大，影响基站的服务性能。驻波比用来表述端口的匹配性能，同一性能还可以用回波损耗来表述。

射频中的回波损耗、反射系数、电压驻波比以及 S 这几个参数在射频微波应用中经常会碰到，参数的含义和关系如下。

回波损耗（Return Loss）：入射功率/反射功率，为 dB 数值。

反射系数（Γ）：反射电压/入射电压，为标量。

电压驻波比（Voltage Standing Wave Ration）：波腹电压/波节电压。

S 参数：S_{12} 为反向传输系数，也就是隔离。S_{21} 为正向传输系数，也就是增益。S_{11} 为输入反射系数，也就是输入回波损耗，S_{22} 为输出反射系数，也就是输出回波损耗。

四者的关系如下。

$VSWR=(1+\Gamma)/(1-\Gamma)$

$S_{11}=20\lg(\Gamma)$

$RL=-S_{11}$

$RL=20\lg10[(VSWR+1)/(VSWR-1)]$

以上各参数的定义与测量都有一个前提，就是其他各端口都要匹配。这些参数的共同点：它们都是描述阻抗匹配好坏程度的参数。其中，S_{11} 实际上就是反射系数 Γ，只不过它特指一个网络 1 号端口的反射系数。反射系数描述的是入射电压和反射电压之间的比值，而回波损耗是从功率的角度来看待问题。电压驻波的原始定义与传输线有关，将两个网络连接在一起，虽然能计算出连接之后的电压驻波比的值，但如果这里没有传输线，根本不会存在驻波。实际上可以认为电压驻波比是反射系数的另一种表达方式，至于用哪一个参数来进行描述，取决于怎样方便，以及习惯如何。

(2) 天线的极化方式

天线的极化就是指天线辐射时形成的电场强度方向。当电场强度方向垂直于地面时，此电波就称为垂直极化波；当电场强度方向平行于地面时，此电波就称为水平极化波。由于电波的特性，决定了水平极化传播的信号在贴近地面时会在大地表面产生极化电流，极化电流因受大地阻抗影响产生热能而使电场信号迅速衰减，而垂直极化方式则不易产生极化电流，从而避免了能量的大幅衰减，保证了信号的有效传播。

因此，在移动通信系统中，一般均采用垂直极化的传播方式。另外，随着新技术的发展，最近又出现了一种双极化天线。就其设计思路而言，一般分为垂直与水平极化和±45°极化两种方式，性能上一般后者优于前者，因此目前大部分采用的是±45°极化方式。双极化天线组合了+45°和−45°两副极化方向相互正交的天线，并同时工作在收发双工模式下，大大节省了每个小区的天线数量；同时由于±45°为正交极化，有效保证了分集接收的良好效果（其极化分集增益约为 5dB，比单极化天线提高约 2dB）。

(3) 天线的增益

天线增益是用来衡量天线朝一个特定方向收发信号的能力，它是选择基站天线最重要的参数之一。

一般来说，增益的提高主要依靠减小垂直面上辐射的波瓣宽度，而在水平面上保持全向的辐射性能。天线增益对移动通信系统的运行质量极为重要，因为它决定蜂窝边缘的信号电平。增加增益就可以在一确定方向上增大网络的覆盖范围，或者在确定范围内增大增益余量。任何蜂窝系统都是一个双向过程，增加天线的增益能同时减少双向系统增益预算余量。另外，表征天线增益的参数有 dBd 和 dBi。dBi 是相对于点源天线的增益，在各方向的辐射是均匀的；dBd 是相对于对称阵子天线的增益，dBi＝dBd＋2.15。相同的条件下，增益越高，电波传播的距离越远。一般地，GSM 定向基站的天线增益为 18dBi，全向的为 11dBi。

(4) 天线的波瓣宽度

波瓣宽度是定向天线常用的一个很重要的参数，它是指天线的辐射图中低于峰值 3dB 处所成夹角的宽度（天线的辐射图是度量天线各个方向收发信号能力的一个指标，通常以图形方式表示为功率强度与夹角的关系）。

天线垂直的波瓣宽度一般与该天线所对应方向上的覆盖半径有关。因此，在一定范围内通过对天线垂直度（俯仰角）的调节，可以达到改善小区覆盖质量的目的，这也是在网络优化中经常采用的一种手段。主要涉及两个方面：水平波瓣宽度和垂直平面波瓣宽度。水平平面的半功率角（H-Plane Half Power beamwidth）：（45°、60°、90°等）定义了天线水平平面的波束宽度。角度越大，在扇区交界处的覆盖越好，但当提高天线倾角时，也越容易发生波束畸变，形成越区覆盖。角度越小，在扇区交界处覆盖越差。提高天线倾角可以在移动程度上改善扇区交界处的覆盖，而且相对而言，不容易产生对其他小区的越区覆盖。在市中心基站由于站距小，天线倾角大，应当采用水平平面的半功率角小的天线，郊区选用水平平面的半功率角大的天线。垂直平面的半功率角（V-Plane Half Power beamwidth）：（48°、33°、15°，8°）定义了天线垂直平面的波束宽度。垂直平面的半功率角越小，偏离主波束方向时信号衰减越快，越容易通过调整天线倾角准确控制覆盖范围。

(5) 前后比 (Front-Back Ratio)

前后比表明了天线对后瓣抑制的好坏。选用前后比低的天线，天线的后瓣有可能产生越区覆盖，导致切换关系混乱，产生掉话。一般在25～30dB之间，应优先选用前后比为30的天线。

6.3 RFID系统常用天线

RFID天线在标签和读写器间传递射频信号。在RF装置中，工作频率增加到微波区域时，天线与标签芯片之间的匹配问题变得更加严峻。天线的目标是传输最大的能量进出标签芯片。这需要仔细地设计天线和自由空间以及相连的标签芯片的匹配。可选的RFID天线增益是有限的，增益的大小取决于辐射模式的类型，全向的天线具有峰值增益0～2dBi；方向性的天线的增益可以达到6dBi。增益大小影响天线的作用距离。

6.3.1 对称振子天线

对称振子天线是一种经典的、迄今为止使用最广泛的天线，特别是半波对称振子天线。单个半波对称振子可单独使用或作为抛物面天线的馈源，也可采用多个半波对称振子组成各种天线阵。如图6-3所示，对称振子天线由两根长度均为l的细导线构成。由于中心馈电，所以在振子两臂上的电流是对称的，且呈正弦分布，并在上、下端点趋近于零，振子上的电流分布可表示为$L=l_0\ \sin k(1-|z|)$，式中，$|z|$为z轴坐标的绝对值，l_0为电流幅值，l为振子长度的一半。

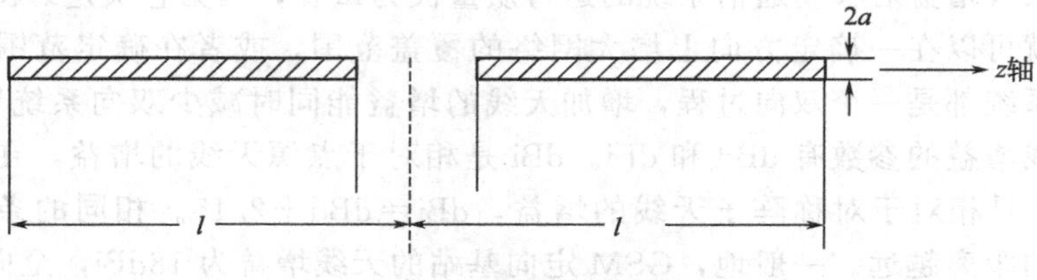

图6-3 对称振子天线

6.3.2 微带天线

微带天线是在有金属接地板的介质基片上沉积或贴附所需形状金属条、片构成的，在一个薄介质基片上，一面附上金属薄层作为接地板，另一面用光刻腐蚀方法制成一定形状的金属贴片，利用微带线或同轴探针对贴片馈电构成的天线。微带天线分两种：贴片形状是一细长带条，则为微带振子天线；贴片是一个面积单元时，则为微带天线。如果把接地板刻出缝隙，而在介质基片的另一面印制出微带线时，缝隙馈电，则构成微带缝隙天线。

按结构特征把微带天线分为两大类，即微带贴片天线和微带缝隙天线；按形状分类，可分为矩形、圆形、环形微带天线等；按工作原理分类，无论哪一种天线都可分成谐振型（驻波型）和非谐振型（行波型）微带天线，前一类天线有特定的谐振尺寸，一般只能工作在谐振频率附近，而后一类天线无谐振尺寸的限制，它的末端要加匹配负载以保证传输行波。

(1) 微带天线的性能

微带天线一般应用在1～50GHz频率范围，特殊的天线也可用于几十兆赫。和常用微波天线相比，有如下优点：

① 体积小，重量轻，低剖面，能与载体（如飞行器）共形。

② 电性能多样化。不同设计的微带元，其最大辐射方向可以从边射到端射范围内调整；易于得到各种极化。

③ 易集成。能和有源器件、电路集成为统一的组件。

(2) 微带贴片形状

贴片形状是多种多样的，如图 6-4 所示。实际应用中由于某些特殊的性能要求和安装条件的限制，必须用到其他形状的微带贴片天线。为使微带天线适用于各种特殊用途，对各种几何形状的微带贴片天线进行分析，就具有相当的重要性。

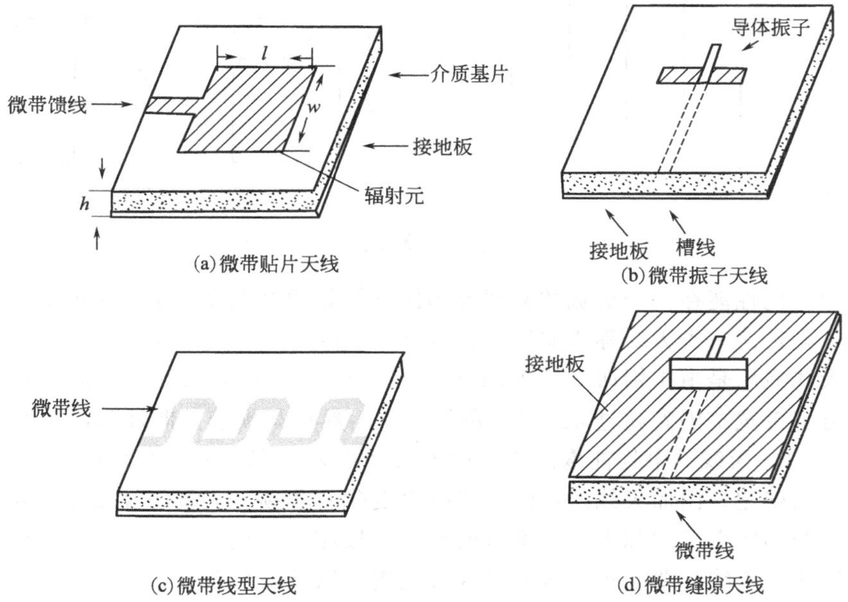

图 6-4 微带贴片形状

6.3.3 天线阵

单个天线的方向图较宽，增益和方向性也有限，为了得到较好的性能，常将多个单元天线组合在一起（图 6-5）。这种由若干个单元天线按一定的方式排列起来的辐射系统称为阵列天线（Antenna Array），构成天线阵的单元称为阵元。阵元可以是半波振子、微带天线、缝隙天线或者其他形式的天线。按照阵元中心连线轨迹，天线阵可以分成直线阵、平面阵、圆环阵、共形阵和立体阵。实际的天线阵多由相似元组成。相似元是指各阵元的类型、尺寸、架设方位等均相同。天线阵的辐射场是各单元天线辐射场的矢量和。只要调整好各单元天线辐射场之间的相位差，就可以得到所需要的、更强的方向性。

6.3.4 非频变天线

研究天线除了要分析、研究天线的方向特性和阻抗特性外，还应考虑它的使用带宽问题。现代通信中，要求天线具有较宽的工作频带特性，以扩频通信为例，扩频信号带宽较之原始信号带宽远远超过 10 倍，再如通信侦察等领域均要求天线具有很宽的带宽。

习惯上，若天线的相对带宽达百分之几十以上，则把这类天线称为宽频带天线。若天线

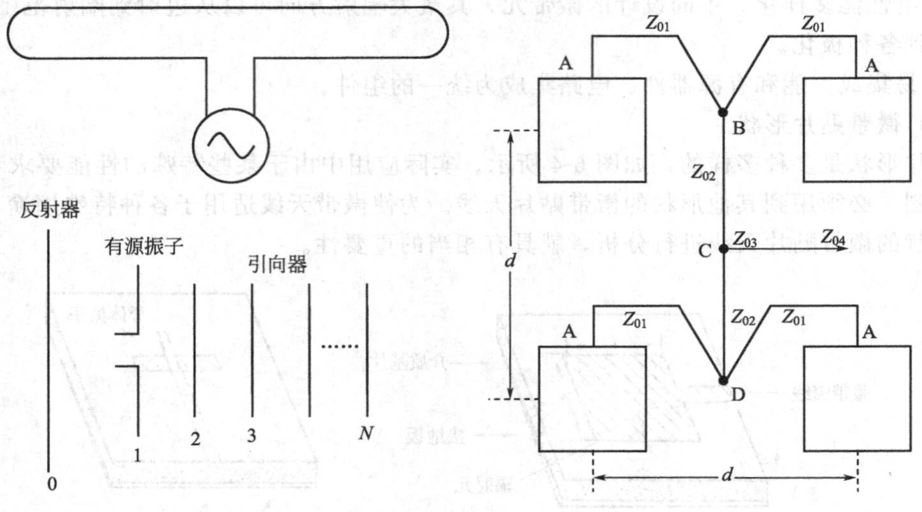

图 6-5　天线阵

的阻抗特性和方向性能在一个更宽的频率范围内（例如频带宽度为 10∶1 或更高）保持不变或稍有变化，则把这一类天线称为非频变天线（Frequency Independent Antenna）。

非频变天线概念是由拉姆西（V. H. Rumsey）于 1957 年提出的，使天线的发展产生了一个突破，可将带宽扩展到超过 40∶1，在此之前，具有宽频带方向性和阻抗特性的天线其带宽不超过 2∶1。天线的电性能取决于它的电尺寸 $1/\lambda$，所以当几何尺寸一定时，频率的变化导致电尺寸的变化，因而天线的性能也将随之变化。非频变天线的导出基于相似原理。相似原理：若天线的所有尺寸和工作频率（或波长）按相同比例变化 $1/\lambda$，则天线的特性保持不变。对于实用的天线，要实现非频变特性必须满足以下两个条件。

① 角度条件：是指天线的几何形状仅仅由角度来确定，而与其他尺寸无关。例如无限长双锥天线就是一个典型的例子，由于锥面上只有行波电流存在，故其阻抗特性和方向特性将与频率无关，仅仅决定于圆锥的张角。要满足“角度条件”，天线结构需从中心点开始一直扩展到无限远。

② 终端效应弱：实际天线的尺寸总是有限的，与无限长天线的区别就在于它有一个终端的限制。若天线上电流衰减得快，则决定天线辐射特性的主要部分是载有较大电流的部分，而其延伸部分的作用很小，若将其截除，对天线的电性能不会造成显著的影响。在这种情况下，有限长天线就具有无限长天线的电性能，这种现象就是终端效应弱的表现，反之则为终端效应强。

由于实际结构不可能是无限长，使实际有限长天线有一工作频率范围，工作频率的下限是截断点处的电流变得可以忽略的频率，而存在频率上限是由于馈电端不能再视为一点，通常约为 1/8 高端截止波长。

非频变天线可以分成两类。一类天线的形状仅由角度来确定，可在连续变化的频率上得到非频变特性，如无限长双锥天线、平面等角螺旋天线以及阿基米德螺旋天线等。

另一类天线的尺寸按某一特定的比例因子 τ 变化，天线在 f 和 τf 两频率上的性能是相同的，当然，在从 f 到 τf 的中间频率上，天线性能是变化的，只要 f 与 τf 的频率间隔不大，在中间频率上，天线的性能变化也不会太大，用这种方法构造的天线是宽频带的。这种结构的一个典型例子是对数周期天线。非频变天线主要应用于10～10000MHz频段的诸如电视、定点通信、反射面和透镜天线的馈源等方面。

6.3.5 口径天线

前面讨论的是线状天线，其特点是天线呈直线、折线或曲线状，且天线的尺寸为波长的几分之一或数个波长。所构成的基本理论称为线天线理论。在实际工作中还将遇到金属导体构成的口径天线和反射面天线，有时统称为口面天线。它们包括喇叭天线、透镜天线、抛物面天线、双反射面的卡塞格伦天线等（图6-6）。它们的尺寸可以是波长的十几到几十倍以上。

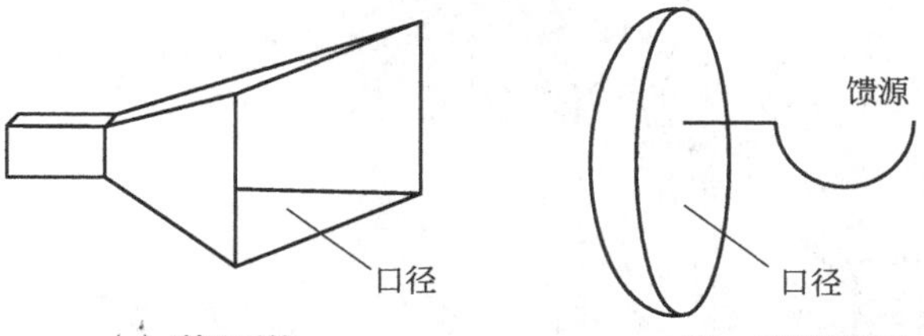

图6-6 常见口径天线

由于喇叭天线结构简单和方向图易于控制，通常用作中等方向性天线，如标准喇叭，最常见的是用作反射面的馈源，用作高增益聚集天线的初级辐射器，为抛物面天线提供有效的照射，对经反射面反射而来的电磁波进行整理，使其极化方向一致，并进行阻抗变换，使馈源中由圆波导传播的电磁波能够变换成调频头中由矩形波导传播的电磁波，从而提高天线效率。

当它用作独立天线时，一般都加上校正相位的反射面或透镜。喇叭-抛物反射面天线具有频带宽、副瓣低和效率高等特性，常用于微波中继通信。而透镜因其重量较重和结构复杂等原因，已很少用作喇叭的相位校正。

透镜天线是一种能够通过电磁波、将点源或线源的球面波或柱面波转换为平面波从而获得笔形、扇形或其他形状波束的天线。透镜天线有介质减速透镜天线和金属加速透镜天线两种。

介质减速透镜天线是用低损耗高频介质制成，中间厚，四周薄。从辐射源发出的球面波经过介质透镜时受到减速。所以球面波在透镜中间部分受到减速的路径长，在四周部分受到减速的路径短。因此，球面波经过透镜后就变成平面波，也就是说，辐射变成定向的。

金属加速透镜天线由许多块长度不同的金属板平行放置而成。金属板垂直于地面，愈靠近中间的金属板愈短。电波在平行金属板中传播时受到加速。从辐射源发出的球面波经过金属透镜时，愈靠近透镜边缘，受到加速的路径愈长，而在中间则受到加速的路径就短。因此，经过金属透镜后的球面波就变成平面波。

由抛物面反射器和位于其焦点处的馈源组成的面状天线称为抛物面天线，如图6-7所示。

抛物面天线结构简单，方向性强，工作频带宽，广泛用于微波、卫星通信。

图 6-7 抛物面天线

6.4 微波应答器

微波应答器的基本电路组成和其他频段的 RFID 应答器相同，它的特点是工作频率高、作用距离远，因而在能量获取和信息传送的方式上有所不同，是基于反向散射原理的反射调制。

6.4.1 微波应答器的工作原理

微波应答器的能量获取方式有三种：一是仅从射频能量获得，应答器不带电池，其信息传输采用基于反向散射原理的反射调制；二是应答器带有附加电池，但仅提供芯片运转能量，通信能量仍通过射频获得；三是所带电池提供芯片运转和通信所需的能量。

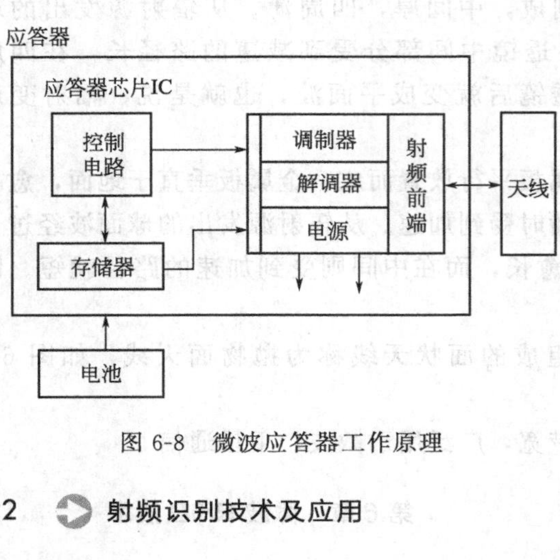

图 6-8 微波应答器工作原理

微波应答器工作原理如图 6-8 所示。利用电池提供通信所需能量的应答器，其信息传输可采用通信技术的多种通信方式主动发送信息。通信能量靠读写器传送来的射频能量的应答器，其信息传输采用基于反向散射原理的反射调制。当电磁波从发送天线向周围空间辐射时，如果遇到目标，到达目标的能量部分被目标吸收，另一部分能量以不同强度散射到各个方向上，其中反向散射到发射天线的一小部分能量被发送天线接收，这种现象称为反向散射。RFID 技术利用反向散射原理将应答器的数据传输到读写器。

6.4.2 无源应答器芯片

应答器分为两大类，即有源应答器和无源应答器。有源应答器自己提供能量，来进行信息的收发；通常意义上所讲的应答器都是指无源应答器，它由耦合组件和微电子芯片组成。在读写器的响应范围外，它处于无源状态；而在读写器的响应范围内，它才处于有源状态，所以称之为无源应答器。而它工作所需要的能量要通过耦合单元的传输。

XRA00-ST（意法半导体）是最常用的无源应答器芯片，具有如下特点：

① 工作在 UHF 的无源 RFID 应答器集成电路芯片。

② 符合 EPCglobal Class 1 规范。

③ 载波频率范围从 860MHz 到 960MHz，覆盖了北美、欧洲以及其他国家和地区的频率使用规范。

④ 接收信号是异步脉宽调制（PWM）的 50%到 100%ASK 调制信号（数据速率为15～70Kbps），应答为 FSK 位编码反射调制信号（数据速率为 30～140Kbps）。

⑤ 内含带锁存的 128 位 EEPROM（包括 96 位的 EPC 编码位）。

⑥ 提供了 KILL 命令，具有自毁功能。

⑦ 典型编程时间为 30ms。

⑧ 可循环擦写 1 万次以上，数据可保存 40 年以上。

XRA00 基本结构框图如图 6-9 所示，其中 AC0 和 AC1 为天线连接点。和天线连接之后，XRA00 便可以从读写器辐射的射频能量中获得工作所需的电源。如果需要，用户可通过 XRA00 中的非易失性存储器为标签编程，XRA00 只有在接收到读写器有效的正确命令之后才会对读写器作出应答。此外，ARX00 内部还有一个针对 RFID 应用的噪声应用环境的快速防冲突协议。

XRA00 工作过程如下：当 ePC 信息写入之后，对 EEPROM 中的锁存位进行编程可保护芯片中的数据。此时 XRA00 即进入用户模式。在用户模式下，ERASEID、PROGRAM2MEID 和 VERIFYID 等命令通常未被激活，XRA00 只对防冲突命令作出响应。此时，XRA00 芯片支持 SCROLLID、SCROLLALLID、PINGID、QUIET、TALK、KILL、ERASEID、PROGRAMMEID 和 VERIFYID 等命令，每个命令的含义见表 6-2。

表 6-2 XRA00 支持的命令含义

SCROLLID	XRA00 匹配数据，返回整个 ID 代码作为应答
SCROLLALLID	XRA00 不进行辨别，返回整个 ID 代码作为应答
PINGID	用于多 XRA00 时防冲突的情况，XRA00 匹配数据并在特定的时间段作出响应
QUIET	XRA00 匹配数据，进入休眠状态，不再响应读写器的命令，直到接收到 TALK 命令或失去电源能量
TALK	XRA00 匹配数据，进入工作状态，响应读写器的命令
KILL	XRA00 永久删除存储器内 ID 代码和所有数据
ERASEID	擦除 XRA00 内部存储器内容
PROGRAMMEID	在没有锁存的状态下对 XRA00 内部存储器编程(一次 16 位)
VERIFYID	校验 XRA00 存储器中的所有数据位，确保正确编程

XRA00 内部的 128 位存储器共分八个块，每块 16 位。XRA00 的内部存储器映射如图 6-10 所示。读取时每一位可以单独读取，写入则可按照每块 16 位的方式写入。其中第一个存储器块用来存储 ePC 规范定义的 CRC（循环冗余校验码），接下来六个块全都用来存储库存序列号中用到的 96 位产品代码，最后一块由 8 位删除代码和 8 个锁存位公用，其中 8 个锁存位用于保护存储器里的数据。

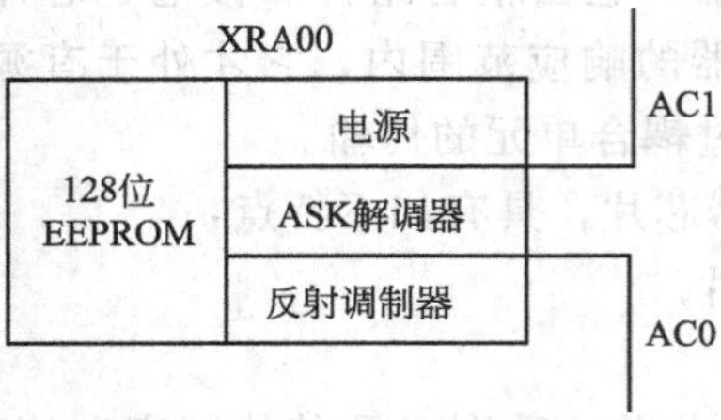

图 6-9　XRA00 芯片的基本结构框图

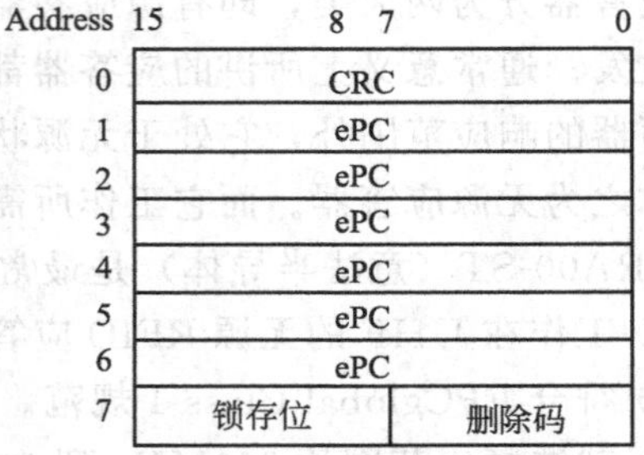

图 6-10　XRA00 存储器分配图

6.4.3 主动式应答器

大多数 RFID 系统采用通过 RF 从读写器获取电源的被动式标签。这样有利于减小标签尺寸和降低成本，但是会限制读取范围和数据存储能力。主动式 RFID 应具有低成本、低功耗、阅读距离长及距离可调、电池供电等特性；但如果价格差别较大，也会成为应用推广中的障碍，所以应尽可能降低标签成本。

选用集成度高的 MCU 和无线数传芯片，尽量减少外围器件的数量，不仅可以降低硬件成本，还避免了生产过程中的统调工作，降低了生产成本。MSP430F2012 单片机，内部 PLL 电路可以节省一般单片机必需的外部晶振；内建电源电压监测/欠压复位模块（BOR）省去了外部复位电路；选用 IA4420 无线数传芯片，是目前同类无线数传芯片中外围元件最少的一种（仅需一个 10MHz 晶振）；差分天线接口可直连设计在 PCB 上的微带天线。分析主动式 RFID 的这些特性要求，形成设计方案如图 6-11 所示。

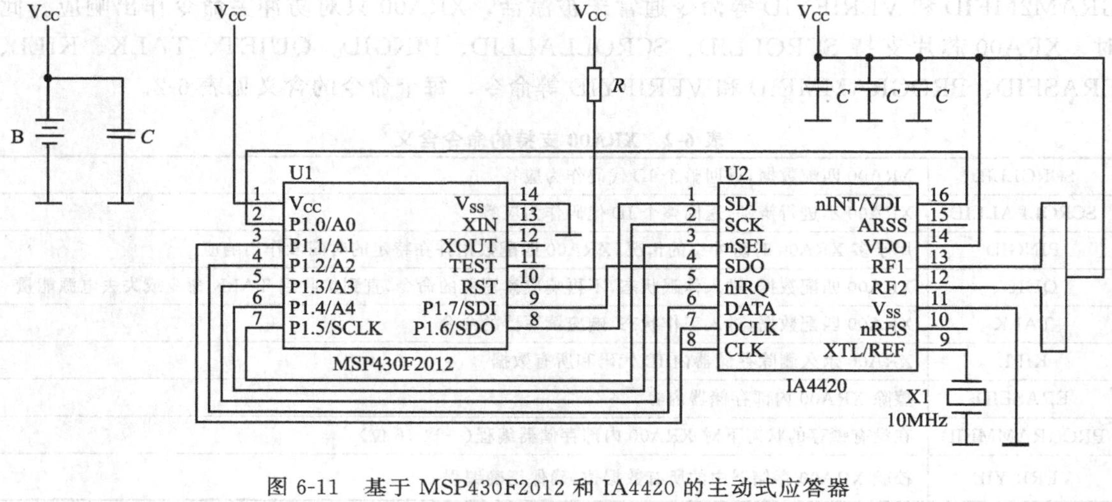

图 6-11　基于 MSP430F2012 和 IA4420 的主动式应答器

6.5 微波 RFID 天线的电参数

微波 RFID 天线的电参数包括方向系数、极化、增益系数、工作频带宽度等指标。

(1) 方向系数

方向系数是天线的一项品质因数。它衡量的是某天线在最大辐射方向上的辐射功率密度和相同辐射功率下无方向性天线的辐射功率密度之比，记为 D。结合坡印廷矢量的公式，可以推导出在最大辐射方向上，通过对坡印廷矢量积分，可得到方向系数的最终计算公式 $D=S_{max}/S_0$。

坡印廷矢量是电磁场中的能流密度矢量。电磁波在空间传播，任一处的能流密度 S 等于该处电场强度 E 和磁场强度 H 的矢积，即 $S=E\times H$。

坡印廷矢量 S 的方向是电磁波传播的方向，即电磁能传递的方向，E、H、S 彼此垂直构成右手螺旋关系；S 代表单位时间流过与之垂直的单位面积的电磁能，单位是 W/m^2。

电磁波中 E、H 都随时间迅速变化，S 是电磁波的瞬时能流密度。它在一个周期内平均值称为平均能流密度，对于简谐波，E_0、H_0 分别是 E、H 的振幅，即电磁波的平均能流密度正比于电场或磁场振幅的平方。

(2) 极化

天线极化是描述天线辐射电磁波矢量空间指向的参数。由于电场与磁场有恒定的关系，故一般都以电场矢量的空间指向作为天线辐射电磁波的极化方向，分为线极化、圆极化和椭圆极化。电场矢量在空间的取向固定不变的电磁波称为线极化。有时以地面为参数，电场矢量方向与地面平行的称为水平极化，与地面垂直的称为垂直极化。电场矢量与传播方向构成的平面称为极化平面。垂直极化波的极化平面与地面垂直；水平极化波的极化平面则垂直于入射线、反射线和入射点地面的法线构成的入射平面。

理论上任何一个频段的通信，其最佳通信效果将在两个基站中同样的极化状态间获得，除非很少存在地形障碍和建筑物反射所造成的极化转移。由电离层产生的长距离通信产生随机极化效应，因此极化匹配不重要（这里指天波传播），这对高频通信来说是幸运的，即使是使用电感加载短鞭天线，除本地外的其他距离（这里指 1000km 外）也能良好地达成双边通信。由于圆极化对所有的平面极化效应相当，因此它可以补偿电路中到达的极化是随机的情况，但是当采用一个任意极化的平面时需要 3dB 的补偿（信号衰减 3dB 进行补偿）。特别提醒：在空间中水平极化和垂直极化没有任何意义，因为不存在作为参考的地球平面（地球平面指理想的地球地面是一个水平的镜面，这个镜面理论上可以良好地反射电磁波，也就是说地球表面理论上是一个良好的信号反射“镜面”）。

电磁波在空间传播时，若电场矢量的方向保持固定或按一定规律旋转，这种电磁波便称为极化波，又称天线极化波，或偏振波。通常可分为平面极化（包括水平极化和垂直极化）、圆极化和椭圆极化。极化电磁波的电场方向称为极化方向。

当无线电波的极化面与大地法线面之间的夹角从 0°～360°周期地变化，即电场大小不变，方向随时间变化，电场矢量末端的轨迹在垂直于传播方向的平面上投影是一个圆时，称为圆极化。在电场的水平分量和垂直分量振幅相等，相位相差 90°或 270°时，可以得到圆极化。若圆极化极化面随时间旋转并与电磁波传播方向成右旋关系，称右圆极化；反之，若成左旋关系，称左圆极化。

若无线电波极化面与大地法线面之间的夹角从 0～2π 周期地改变，且电场矢量末端的轨迹在垂直于传播方向的平面上投影是一个椭圆时，称为椭圆极化。当电场垂直分量和水平分量的振幅和相位具有任意值时（两分量相等时例外），均可得到椭圆极化。

一般为了追求天线的便携性或更加容易制作和考虑到天线架设的便利性（因为短波天线系统通常比较庞大，从 10m 波段到 300m 波段），一般采用水平极化和垂直极化两种方式（这里指短波高频通信）。但是在空间通信中（空间通信指地球站与太空中的卫星站进行通信），因为没有地球平面参考物，一般折中地采用圆极化天线。

另外特别补充一句：对于 1000km 内的高频通信，一般需要采用相同的极化方式，因为主要靠直线波传播信号，对于电离层不参与的信号传播模式，不同的极化方式，其天线效率可以忽略不计（也就是直线波传播的信号，必须采用相同的极化方式，否则难以达到通信目的）。

(3) 增益系数

增益系数平时也简称为天线最大增益或天线增益。在最大场强方向上某点产生相等电场强度的条件下，标准天线（无方向）的总输入功率对定向天线总输入功率的比值，称该天线的最大增益系数。它是比天线方向性系数更全面地反映天线对总的射频功率的有效利用程度，并用分贝数表示。可以用数学推证，天线最大增益系数等于天线方向性系数和天线效率的乘积。天线效率是指天线辐射出去的功率（即有效地转换为电磁波部分的功率）和输入到天线的有功功率之比，是恒小于 1 的数值。若实际的天线增益是 G，G 与 G_0 之比为 g，则 g 称为增益系数，也称为天线的总效率。卡塞格伦型天线的总效率或增益系数应为 $g=\nu\eta_1\eta_2\eta_3\eta_4\eta_5$。

(4) 工作频带宽度

无论是发射天线还是接收天线，它们总是在一定的频率范围（频带宽度）内工作的。天线的频带宽度有两种不同的定义：一种是指在驻波比 SWR≤1.5 条件下，天线的工作频带宽度；另一种是指天线增益下降 3dB 范围内的频带宽度。

在移动通信系统中，通常是按前一种定义的，具体地说，天线的频带宽度就是天线的驻波比 SWR 不超过 1.5 时，天线的工作频率范围。一般来说，在工作频带宽度内的各个频率点上，天线性能是有差异的，但这种差异造成的性能下降是可以接受的。天线的工作频带宽度是实际应用中选择天线的重要指标之一。

复 习 题

6-1 简述微波射频识别系统的组成。

6-2 简述天线的三个基本参数。

6-3 什么是天线的极化方式？

6-4 RFID 系统常用天线有哪几种？

6-5 简述微波应答器的工作原理。

6-6 简述微波 RFID 的应用领域。

6-7 简述微波 RFID 的天线电子性能指标。

6-8 驻波比的定义是什么？取值范围是多少？对于均匀无耗传输线的三种状态，对应的驻波比各是多大？

第7章

RFID技术在交通安全与管理中的应用

近年来，随着我国车辆和驾驶员数量急剧增长，道路交通安全形势十分严峻，交通安全问题已经严重影响我国经济和社会的发展，交通问题成为我国城市发展过程中的瓶颈问题。RFID 系统可以实现对载体的非接触识别和数据信息交换。由于其具有能对高速移动的物体进行识别、多目标识别和非接触识别等优势，被应用于多类复杂环境下的汽车、驾驶员身份信息和运行信息的全样本采集，通过建立交通管理信息化系统，为现代化、信息化车驾管理提供革新性技术手段，为公安各警种涉车业务快速高效作业提供了强有力的支撑。

7.1 基于 RFID 技术的交通监管系统框架体系

在构建基于 RFID 技术的交通监管系统时，应充分适应和体现公安管理体制的特点。另外，中国在不同地区的社会和经济发展水平以及技术发展水平很不平衡，东、西部交通基础设施差距较大，只有与公安管理体制及各地交通基础设施实际情况相适应，研制基于 RFID 技术的可扩展的灵活的交通监管体系架构，才能保证交通监管系统与涉车信息参与者的交互，达到人、车、设施、环境、服务的整体协调运作。

基于 RFID 技术的交通监管系统框架体系的研究首先通过对涉车行业的业务需求分析，明确服务对象，即用户主体。在用户服务问题上，保证与国际接轨并符合中国的实际习惯和管理体制，对政府部门科技主管和交通领域专家进行调研，以调研结果为依据，对服务领域进行重新划分，并对用户服务进行补充。然后分领域提出用户对交通监管系统的需求，按照国内的需求重新定义用户服务和子服务。

基于 RFID 技术的交通监管系统框架体系见表 7-1。用户主体确定为：公共安全部门、交通管理者、道路建设者、运营管理者、道路使用者和规划部门等相关团体。服务主体确定为：公共安全部门、交通管理中心、基础设施管理部门、交通运营商、交通信息服务提供商。系统的服务领域，主要分为政府管理和社会商用。

基于 RFID 技术的交通监管系统分为九个功能域，每个功能域又分为若干子功能。系统的各功能间不是独立的，需要从系统的其他部分获取信息，同时也可能向其他功能提供信息。九个主要功能，包括车驾基础信息管理、基本交通管理、交通法规监管、治安侦防管理、汽车交通信息发布、收费管理、保险管理、泊车管理和营运车辆管理。系统顶层数据流如图 7-1 所示。

表 7-1　用户服务与子服务定义

类　型	服　务	子　服　务
政府管理	汽车、驾驶员基础信息管理	驾驶员基础信息管理、车辆基础信息管理、特种车辆信息保护管理
	基本交通管理	交通信号控制、交通规划支持、交通管理策略实现、基站验放管理、其他交通设施管理、其他需求管理
	交通法规监管	无牌照车辆管理、无驾驶证驾驶管理、违反准驾规定管理、单向逆行管理、超速驾驶管理、车辆逾期年审管理、驾驶员逾期审核管理、交通违章管理、营运路线许可管理、非授权车驾管理
	治安侦防管理	电子篱笆管理、假(套)车牌管理、车辆被盗管理、肇事逃逸管理、黑名单车辆管理、重要部门车辆或装备的门禁管理
	汽车交通信息发布平台	实时信息管理、行车记录管理、交通违章违规信息管理、汽车交通信息管理、市区拥堵区域信息管理、交通设施信息管理、有偿交通信息服务使用收费
社会商用	收费管理	区域型路桥不停车自动收付费管理、车型管理、车辆身份管理、车辆运行管理、其他特定收费服务
	保险管理	交通强制险履保监控管理功能、受保车理赔协查核实功能、按揭交保车监控管理功能
	泊车管理	停车诱导管理、车辆防盗管理、驾驶员管理、非授权车辆管理、停车自动收费管理
	营运车辆管理	营运车辆运行路线管理、营运车辆到站管理、营运车辆出入市区管理、外地营运车辆进出市区管理、营运车辆防盗防抢管理、营运车辆超速管理、营运车辆违章管理、营运驾驶员违章管理、营运司机考勤管理、营运车辆营运许可管理、营运驾驶员管理、营运车辆驾驶员人数管理、营运驾驶员违章管理

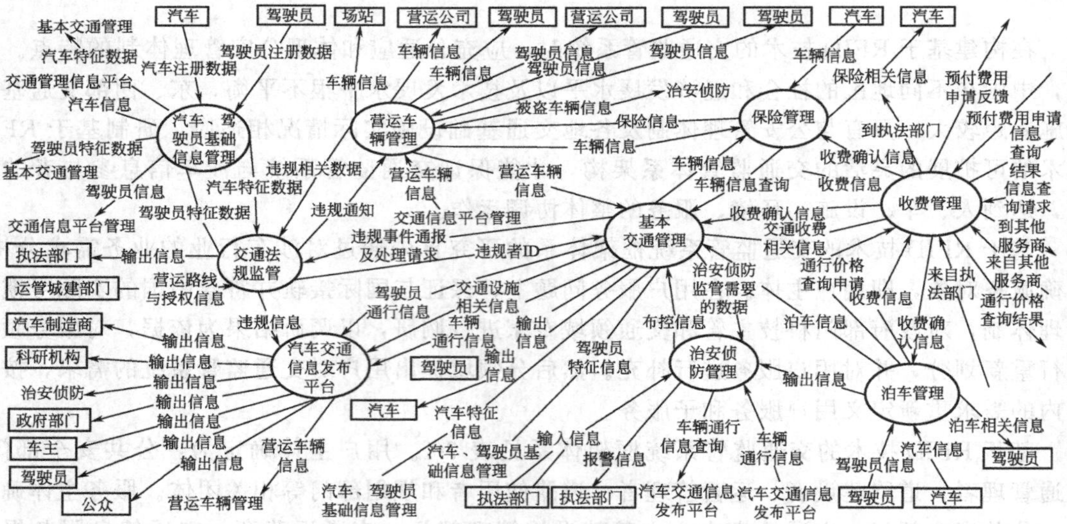

图 7-1　基于 RFID 技术的交通监管系统顶层数据流

从以上实际需求分析来设计实际的基于 RFID 技术的交通监管系统应该具有的结构，直接决定物理框架中各子系统的细节和子系统间信息交换的细节。图 7-2 以交通法规监管为例给出了系统的物理框架。

随着 RFID 技术在交通领域中的应用日益广泛，考虑公安管理体制和现阶段的国情，创建基于 RFID 技术的交通监管系统框架体系尤为重要，可以为各区域交通监管系统的建设提

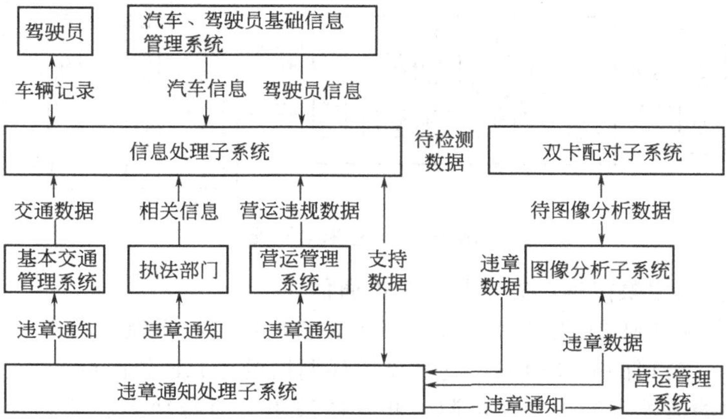

图 7-2　交通法规监管系统物理框架

供指导，开展本框架体系研究符合现代警务的发展方向，在提升交通监管能力的同时为我国高新技术产业的发展提供优良的舞台，将对促进国民经济和社会的快速发展具有十分重要的意义。

7.2　RFID 技术在智能交通监管信息采集中的设计与应用

交通系统是一个复杂的综合性系统，单独从道路或车辆的角度来考虑，很难解决交通问题，必须把车辆和道路综合起来全盘考虑，交通信息的采集尤为重要，采用其高频射频识别技术实现交通数据的采集可以对交通情况进行实时、准确、高效的监管。

7.2.1　RFID 交通数据采集原理

射频识别交通数据采集系统主要由读写器和应答器等组成，交通数据采集的工作原理如下：读写器与应答器通过电磁波进行能量传递和数据通信，在系统工作过程中，读写器首先通过天线发送加密数据载波信号到 RFID 汽车标签，标签的发射天线工作区域被激活，同时将加密的载有目标识别码的高频加密载波信号采用某种调制方式经卡内高频发射模块发射出去，接收天线接收到射频卡发来的载波信号，经读写器接收处理后，提取出目标识别码送至计算机，完成预设的系统功能和自动识别，从而实现交通的自动化管理。

7.2.2　RFID 系统硬件设计

本系统选用 MSP430 单片机作为主控模块，与发射模块和接收模块、串口通信模块共同构成射频标签的读写系统，MSP430 负责对 RFID 标签的读写控制，并与上位机通信，通过使用反碰撞技术可以识别感应多个标签，并且能够自动识别 RFID 标签是否被重复处理。系统工作原理如图 7-3 所示。

主控模块选择 TI 公司的 MSP430，它是一款超低功耗高性能单片机，片内组合了不同功能模块，可以适应不同层次需求，开发时可降低开发者的大量工作。MSP430 内置 FLASH 存储器、RAM，采用 16 位的精简指令集，集成 16 个通用寄存器和常数发生器，极大提高了代码执行效率。本设计选用 MSP430F2013，其内部有 2Kbits 的程序空间和 128bits

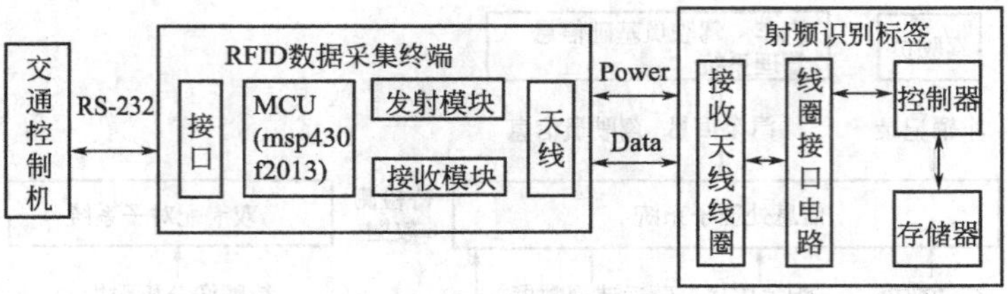

图 7-3　信息采集原理

的数据存储空间，采用模拟串口方式与上位机通信。

发射模块由射频调制/发射芯片以及功率放大芯片组成，原理如图 7-4 所示。调制/发射芯片选用 Motorola 公司的 mc33493，它是锁相环调谐的 UHF 频段调制/发射芯片，具有集成的 VCO、环路滤波器，输出功率可调。此外还采用了前端功率放大芯片对输出的射频信号进行放大，提高系统的发射功率。工作频率采用 915MHz。

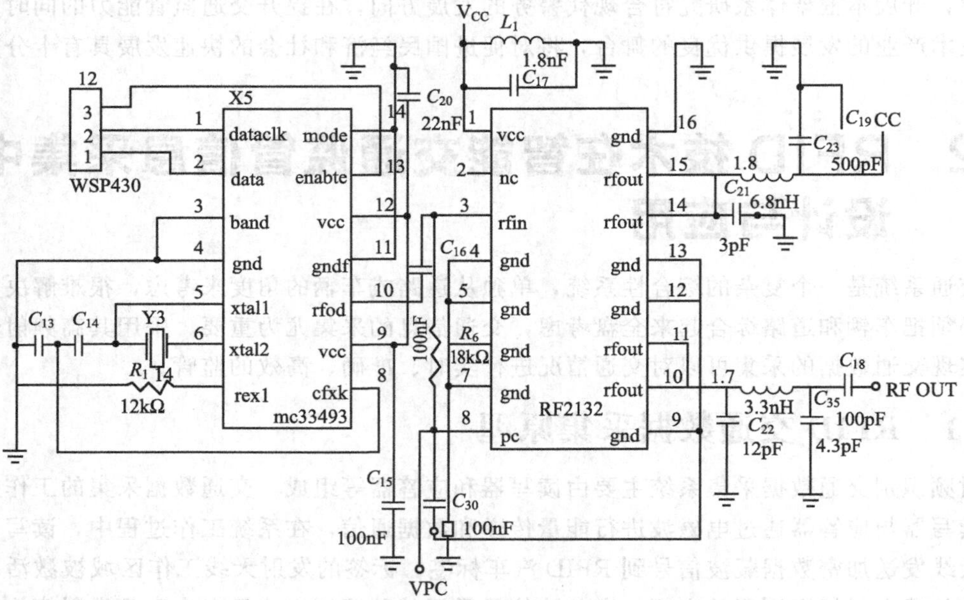

图 7-4　发射模块原理

接收部分功能如图 7-5 所示，射频接收/解调芯片选用 Motorola 公司的 mc33593，它是一种由锁相环调谐的 UHF 频段射频接收/解调芯片。天线接收的反向调制信号经过定向耦合器到接收通路，检波后的信号通过差动放大、低通滤波、运算放大后，进行 A/D 转换送至主控模块进行解码。读写器进行读写时，读写器与应答器的距离不是固定不变的，如果读写器与应答器的距离较远则接收到的信号较弱，为提高系统的接收灵敏度，在天线与射频接收/解调器之间增加了由 RF2173 组成的放大电路，对接收到的信号进行放大。

读写器采用 RS-232 接口与交通控制器进行通信，传送采集到的交通信息，交通控制器根据采集到的车流信息随时调整交通信号，同时将采集到的交通信息上传到信息中心作进一步的处理，电平转换芯片采用 MAX232。

射频识别读写器部分的工作流程如图 7-6 所示。系统上电初始化后，等待上位机的允许读卡命令，当接收到上位机的指令后，进入到循环读卡处理，开始采集交通车辆数据信息。

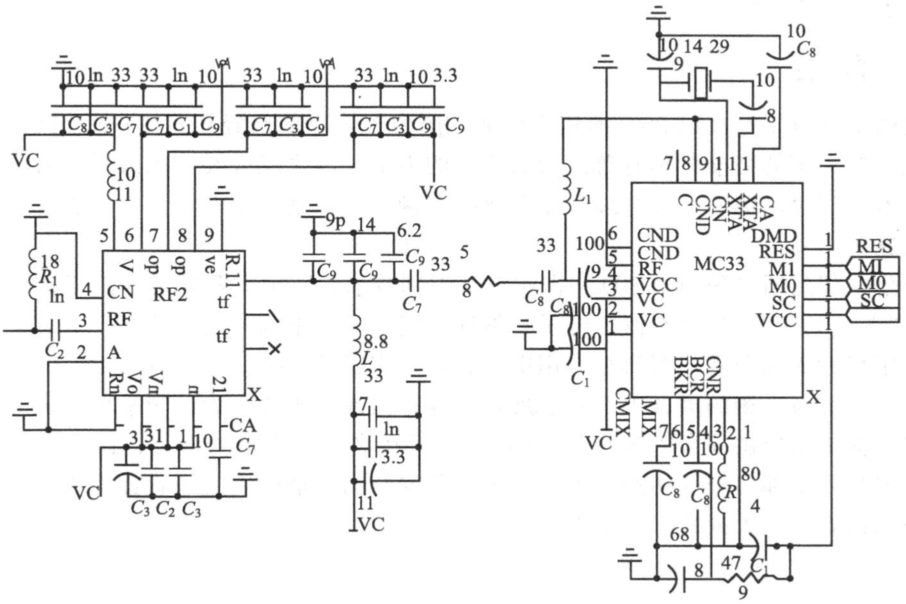

图 7-5　接收模块原理

首先，读写器发送命令给标签，接收到命令的标签产生应答，如果有多个标签应答产生冲突，则进行防冲突处理。正确识别标签后，将采集到的数据传给上位机，进入下一次的采集，直道接到上位机的停止命令，停止采集数据。

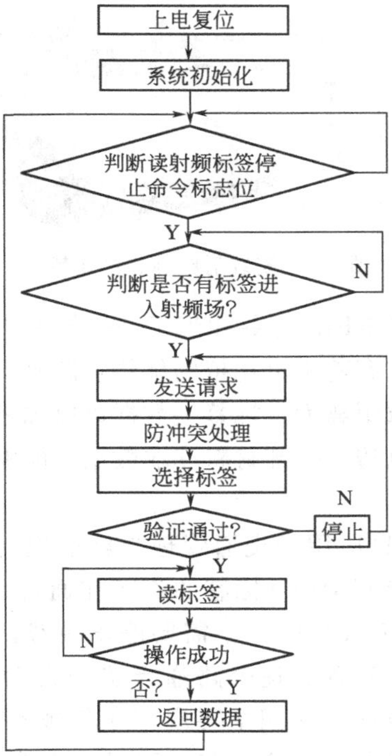

图 7-6　数据采集流程

与传统的交通数据采集方式相比较，RFID 能够获得持续不断的数据，并且能直接反映实际交通流，利用 RFID 可以实现车辆的实时跟踪，将采集的交通数据通过网络传输到交通控制中心，通过控制中心汇总分析后，在各个路段向司机报告交通情况，并利用电子地图实时显示交通情况从而缓解交通压力。通过实时跟踪，还可以自动查处违章车辆、记录违章情况等。这项技术的应用使在不影响交通流的情况下实时采集交通数据成为可能，将极大促进交通状况的改善。无线射频识别交通监管技术将成为实时交通信息采集的未来发展趋势。

7.3　汽车 RFID 技术在道路交通管理中的应用

车辆是道路交通安全中的基本要素之一，也是造成道路交通事故的重要因素之一。在现代社会中车辆成为大家不可缺少的交通工具，当然车辆的管理也是必不可少，以免造成不必要的财产损失和人员伤亡。

7.3.1 简述

在我国车辆每年都在以20%的速度增加，国内车辆目前已经超过6000万辆，驾驶员超过一亿人，对车辆的精准管理有着巨大而迫切的需求。国家发改委明确鼓励公安系统基于无线射频技术实现对车辆的精准管理，重点解决车辆自动识别、动态监测、车牌套用与防伪等方面的问题。

目前公安部门通过采用RFID和视频双基识别技术为特定车辆配装“汽车数字化标准信源”，即“电子车牌”，其具有汽车电子身份证功能，实质上为一种工作于UHF频段，且具有多项应用特性的无源陶基型汽车专用电子标签，其原理如图7-7所示。RFID技术经过不断创新求索，在与市场的磨合中不断发展，提高打击涉车不法行为的精准度和及时性，为本地区特定车辆治安提供综合管理服务。RFID技术在高速、远距离识别、读取方面有很高的优越性，因此公安部门查处伪造车牌、妨害公共安全的车辆的力度也就如虎添翼，对特定车辆管理的工作效率大大提高（图7-8）。

图7-7 安装射频标签的车辆

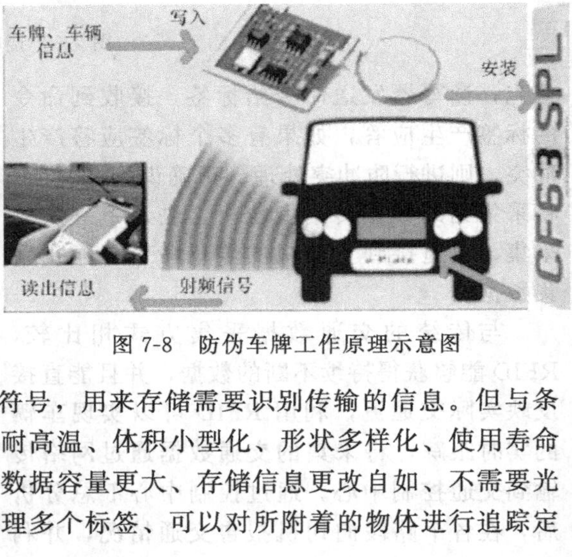

图7-8 防伪车牌工作原理示意图

前景RFID标签相当于条码技术中的条码符号，用来存储需要识别传输的信息。但与条码相比它有着不可比拟的优势，防水、防磁、耐高温、体积小型化、形状多样化、使用寿命长、读取距离大、标签上数据可以加密、存储数据容量更大、存储信息更改自如、不需要光源、可以透过外部材料读取数据、能够同时处理多个标签、可以对所附着的物体进行追踪定位等。

RFID应用于交通管理与城市规划的典型案例是在高速公路收费方面的车辆自动识别系统。装有RFID标签的汽车在通过装有读写器的专用隧道、停车场或高速公路路口（图7-9、图7-10）时，不需要停车缴费，读出设备可快速、准确地记录通过车辆的编号或账户信息，实现高速公路通行费的自动征收与管理，大大提高了行车速度和效率。在射频卡应用方面，我国主要应用于智能交通领域，不仅节约了劳动力成本，而且可以大大提高乘客的通行速度，甚至可以收集乘客分布和流向的有关数据，从而优化公交系统的行车路线与车次安排。

在射频识别技术的使用过程中，由于其具有体积小、容量大、使用寿命长和可以重复使用的特点，使其在当前的交通运输过程中经常被作为监控设施来使用，再加之其在使用过程中可对高速移动物体进行识别和鉴别的特点，因此在通信过程中有着广泛的应用前景。

图 7-9　不停车收费站

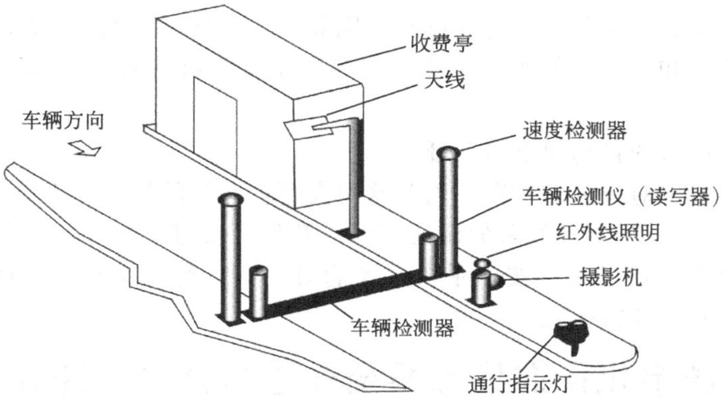

图 7-10　收费亭式不停车收费系统原理

7.3.2　用于汽车识别的数字化标准信源

我国目前所运行、使用的汽车上均装有法定的“标准信源”，这是当前公安交警部门对汽车进行统一的牌号发放和监管的过程，是通过各种信息技术对汽车进行全方位信息提取的过程。它内含车辆身份号（车牌号）、车辆的最初级分类、车辆属地信息等，如图 7-11 所示。

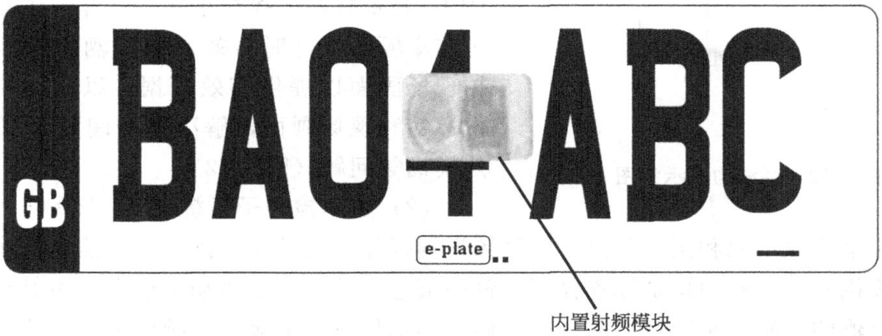

图 7-11　基于射频防伪技术的车牌及其内置射频模块

7.3.3 用于汽车识别的数字化标准信源系统在道路交通领域中涉及的关键技术

(1) 车卡和双芯双界面司机卡的研制及识别

数字化信息技术在射频识别技术应用中是一个系统化的过程，是一个完整化的过程。随着在当前先进的科学技术不断发展过程中的应用，车辆双界面射频识别技术已成为一个不可变动的过程，是当前发展的前提基础。车卡是紧贴挡风玻璃安装的。而驾驶员用的司机卡，则是一个在驾驶状态下临时安置于车辆挡风玻璃上的电子标签，携带方便和防止损坏，特别是畅行条件下的身份自动识别认证和对车、驾对应关系的判定认证是难点和关键。

(2) 不同车型挡风玻璃上卡的安装技术

随着当前科学技术的飞速发展，汽车行业在发展过程中也出现了多元化发展趋势，汽车种类已成为当前繁杂的模式，是当前各个国家和市场上的不断需求。挡风玻璃上沿高度距离地面从 1～3m 以上不等，除此之外，还有贴装了含金属保护膜的车辆、挡风玻璃含金属夹层的车辆、车顶上带金属雨篷的车辆，以及个别非常规的异型车辆。因此必须探索、研究不同车型上的装卡位置和方法，使所有安装“汽车数字化标准信源”的车都能顺利被基站所识别。

(3) 车卡和司机卡的自动识别与认证

由于车卡和司机卡对应的是“车、驾”这两大管理对象的身份，因此必须设计一种进行“车、驾授权配对使用”机制、权限的认证管理以及设计出基站对车、驾的配对关系进行实时认证的技术。只有具备了这一技术手段，才能对“车、驾”这两大管理对象做到“看得准、认得清、分得开、管得住”。

7.3.4 汽车数字化标准信源系统在道路公安交通管理的应用

RFID 射频识别交通管理系统可以根据被管理对象状况灵活构建，从功能上满足不同的机动车监控要求，一般由如下子系统构成。

(1) 交通违章检测子系统

包括 RFID 读写器、车辆过往检测单元、交通信号灯状态检测单元和用于在通过交通信号灯状态检测单元判定当前交通信号灯处于红灯状态且通过车辆过往检测单元，检测到有车辆经过时判定该车辆违章并控制 RFID 读写器读取该车辆 RFID 身份标签的控制单元。这样构成的检测装置可在车辆闯红灯时有效获取车辆身份信息，并抓拍现场画面以提供有效证据，以及回传 RFID 身份标签和现场画面，解决现有闯红灯摄像装置图片模糊等问题（图 7-12）。

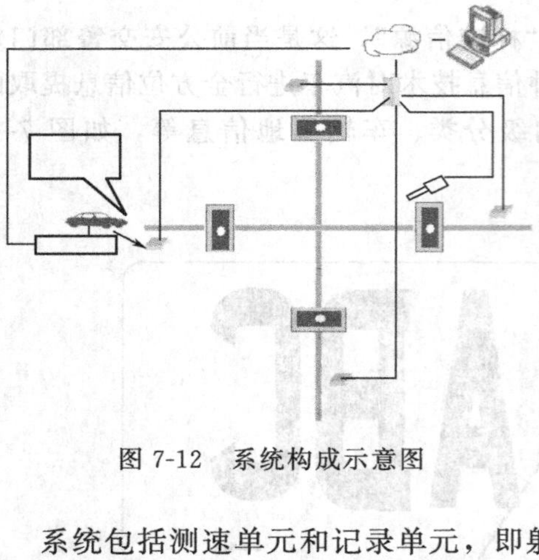

图 7-12 系统构成示意图

(2) 超速检测子系统

系统包括测速单元和记录单元，即射频识别标签、射频识别读写器、信息传输单元、监控中心计算机系统。射频识别标签存储车辆的信息，并贴附在机动车辆上；由射频识别读写器完成对车辆的识别、车辆信息的读取、违规车辆信息的记录；射频识别读写器与信息传输单元连接并通过信息传输单元发送和接收信息；信息传输单元采用有线连接通信技术或无线通信技术，将信息发送到监控中心的计算机系统，或将监控中心发送的命令传送给射频识别读写器进行相应的操作；监控中心计算机系统存储射频识别读写器发送来的信息并进行相应处理，同时发送控制射频识别读写器的指令，如图 7-13 所示。

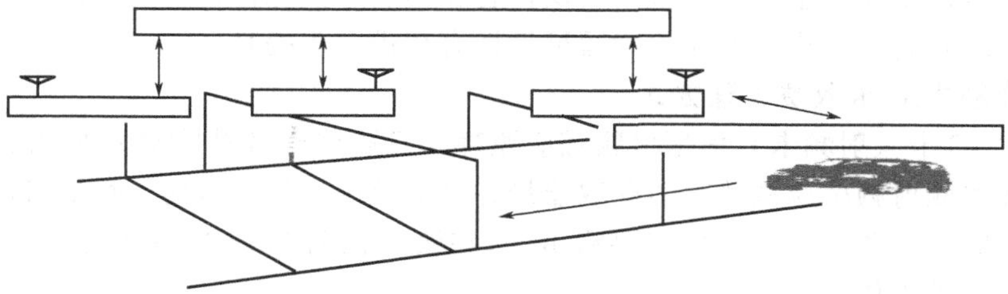

图 7-13　超速检测系统示意图

(3) 超载检测子系统

压电薄膜交通传感器检测，经过传感器的轮胎，会对压电薄膜产生压力形变，输出一个与所受压力成正比的模拟信号，其输出的周期与轮胎经过传感器上的时间相同。每一个轮胎碾压传感器时，传感器就会即时产生一个新的电子脉冲。利用压电薄膜传感器对行驶车辆称重的检测原理是对受力产生的信号积分。可采用电感线圈＋压电传感器的方案，既可测得轴数又可测得车数，两个传感器之间的距离 L 一般取 3m，或短于 3m（也可根据需要确定）。动态称重系统同时具备识别单、双轮胎的能力，即通过斜埋压电电缆 3 就可解决这个问题。Φ 一般取 30°～50°。对经过车辆通过身份识别后，读取压力传感器数据，将身份数据与载重数据送入上位机进行超载检测，应用压电电缆进行动态超载检测的布置如图 7-14 所示。

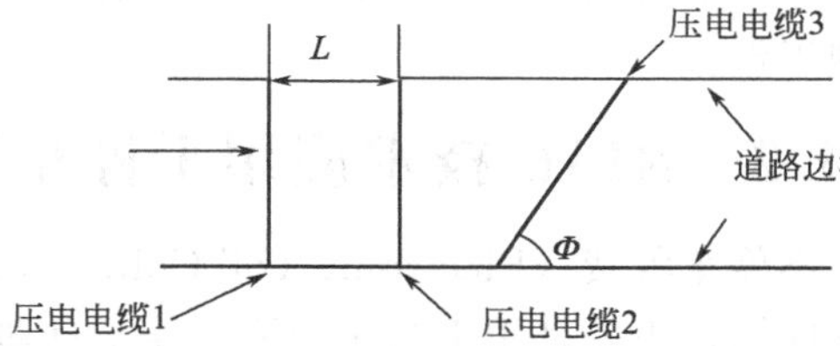

图 7-14　压电电缆埋设示意图

7.4 RFID 技术在智能停车场管理中的应用

随着我国近年来城市经济繁荣，城市化进程的加快，城市道路机动车交通量日益剧增，很多大中城市不仅出现了动态交通的严重阻塞，而且由于城市中心区停车政策不明确、配建资金渠道不畅、停车场管理混乱等原因使停车位严重匮乏，因而不同程度地发生了占道停车、违章停车，进一步加剧了交通阻塞，导致交通事故上升。

要做好城市静态交通管理，除做好城市规划和合理进行停车场布局外，如何完善停车场内部停车管理就显得非常重要，而停车场智能管理系统正是解决这一问题的必要手段。

7.4.1 停车场收费管理系统的分类及特点

停车场收费管理系统可分为半自动化和自动化两种。半自动化停车场收费管理系统，只是收费需要人工操作，其他所有功能都是自动化；而全自动化停车场收费管理系统，则是设立自动收费站，无需操作员即可完成收费管理工作。目前国内停车场采用的收费管理方式主要有以下几种。

(1) 人工收费管理

由工作人员对车辆停车进行收费管理，这种停车场管理方式已很少看到，主要是露天停车场或小型停车场还采用这种方式。

(2) 接触式IC卡收费管理方

IC卡技术在许多公共场合的信息处理方面获得了较为广泛的应用。接触式IC卡通过触点与读写器连接以获取能量并进行数据交换，它在功能、信息保密性与存储容量方面具有优势，但使用要求较高，操作不方便，读写可靠性有待进一步提高。

(3) 非接触式IC卡收费管理方式

非接触式IC卡（射频卡）根据射频感应原理，只要将卡片放在读写器附近一定的距离之内就能通过线圈射频感应从读写器获取能量并交换数据，使用方便、快捷且不易损坏。但车辆驶入驶出时仍然要停车，司机需要将IC卡在读卡机前50cm左右处晃一下才能完成计时、计费、记录等工作。

(4) 微波射频式非接触式识别卡收费管理方式

是未来智能停车场收费管理系统的发展方向，车辆进出停车场时不需要停车即可完成一系列工作。

7.4.2 RFID技术应用于停车场智能管理系统

不停车收费（Electronic Toll Collection，ETC）技术在世界各国智能交通系统中已得到广泛应用，主要是用于高速公路不停车自动收费系统。不停车自动收费系统包括车辆自动识别系统和电子计费技术。自动车辆识别技术是实现不停车自动收费系统的核心技术。车辆自动识别技术分为三个部分：自动车辆身份识别（Automatic Vehicle Identification，AVI）技术，自动车辆车型识别（Automatic Vehicle Classification，AVC）技术和视频稽查系统（Video Enforcement Systems，VES）。

系统的核心技术是长距离射频自动识别系统，由电子标签、通信器及相应的附件组成。通信器以2.45GHz的微波频率发射查询信号，如有电子标签进入其信号区域，标签内的ID识别编码将被送出，通信器接收此ID码后进行识别，如此码被证实有效，通信器将向附属设施发出动作命令，计算机记录有关信息并进行存储，栏杆机自动抬起或放下，实现车辆进入或驶出停车场时不需停车，连续运行。

为了实现停车场车辆进出不停车自动收费，需要在车辆上安装车载智能识别卡（也称电子标签），在收费口安装车辆自动识别系统（AVI）。车载智能识别卡与收费口车辆自动识别系统（AVI）的无线电收发器之间，通过无线电波实现车辆自动识别和数据交换，获取通过车辆的类型和所属用户等数据，并由计算机从电子钱包中划拨停车费并自动进行存储，指挥车辆通行，从而实现不停车自动收费。

AVC技术和VES在智能停车场收费管理中也不可或缺。AVC技术保证系统工作的稳定性，防止发生交换车载识别卡等舞弊现象，避免停车场由于车型判别失误造成损失。VES可以通过获取车辆的车牌号，与从车载智能识别卡中读出的车辆信息进行比较，从而防止作弊事件的发生。

7.4.3 系统程序设计流程

车辆进场流程框图如图7-15所示，车辆出场流程框图如图7-16所示。

车辆驶近入口处，可以看到停车场指示信息，标志显示入口方向与车库内车位的情况，若停车场满位，则满灯亮拒绝车辆进入，若停车场未满则允许车辆进入。此时通信器将发出微波，对驶入车辆进行身份识别。

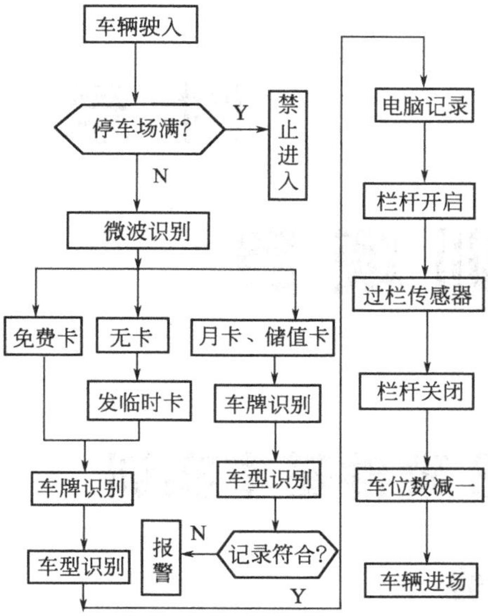

图 7-15　车辆进场流程框图

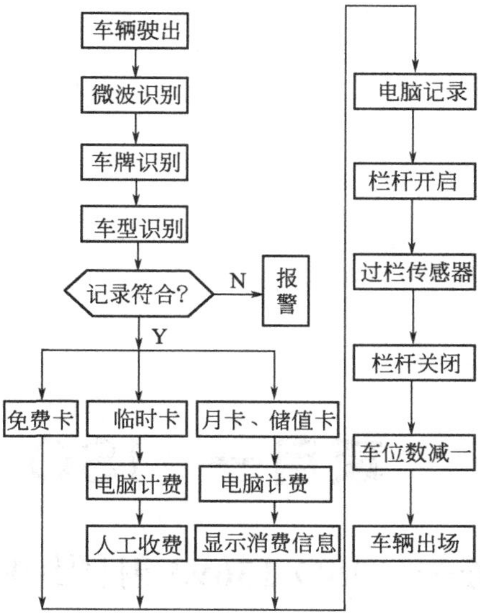

图 7-16　车辆出场流程框图

附录

实训项目

项目一 ISO 15693 硬件基本实训

任务一 ISO 15693 射频编码测量实验

一、任务目的

熟悉和学习 ISO/IEC 18000-3、ISO 15693 标准规范的第二部分规定的数据编码方式，掌握脉冲位置调制技术的 256 取 1、4 取 1 数据编码模式。

二、任务内容

通过示波器观测输出的编码信号。

三、基本原理

ISO/IEC 18000-3、ISO15693 标准规范的第二部分规定。

1. “256 取 1”编码模式

一个独立字节的值可以通过一个脉冲的位置来表现，脉冲在 256 个连续 $256/f_c$ (18.8μs) 时间段中的位置决定该字节的值，这样，一个字节耗时 4.833ms，通信速率为 1.65Kbps ($f_c/8192$)。VCD 发送的数据帧的最后字节要在 EOF 之前传输完毕。

脉冲发生在决定数值的时间段（18.8μs）的后半段（9.44μs）。

2. “四中取一”编码

“四中取一”PPM 模式用在同时传输两个位的情况。一个字节中连续的四个数据对，LSB 先进行传输。

数据传输率为 26.48Kbps ($f_c/512$)。

四、所需仪器

射频技术实验箱、示波器。

五、实施步骤

1. 测试线连接

连接示波器：使用 CH1 探头，探头选用×10 倍，地接到 J20 测试架，探针接到 J21 测试架。

设置示波器：触发源选择 CH1。

2. 操作

打开控制软件RFID综合实验平台，平台默认的实验为LF 125kHz实验，所以要切换到HF ISO 15693实验模式下，如图1所示。

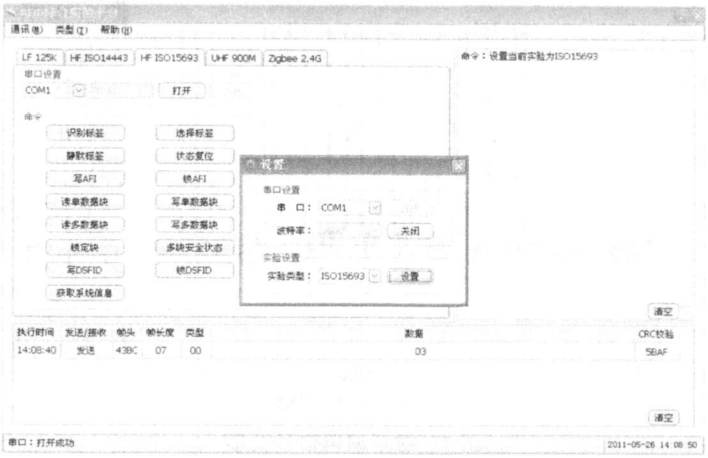

图1 设置ISO 15693实验

设置好后，关闭设置对话框，打开串口设置，点击识别标签命令，选择自动识别，如图2所示。

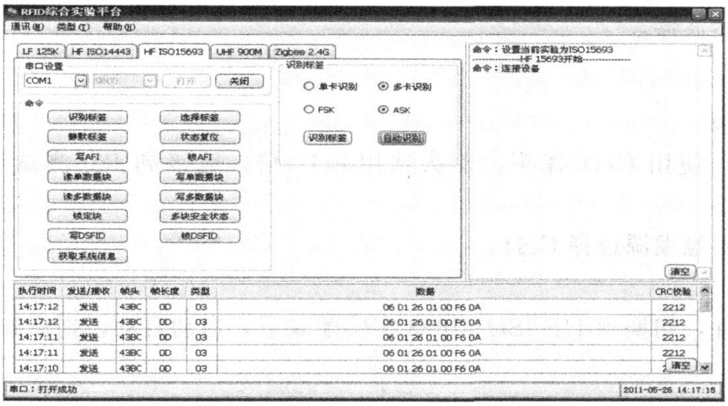

图2 ISO 15693自动识别设置

设置好后，把ISO 15693的卡放在对应的天线感应区内，这时软件会提示找到卡，并打印卡号。

3. 观测信号

大体如图3所示。

可通过调节示波器水平扫描刻度，精确观测编码信号波形。

任务二 ISO 15693射频载波测量实验

一、 任务目的

了解系统载波信号的产生部分原理、实现方法。

二、 任务内容

观测系统产生的载波信号。

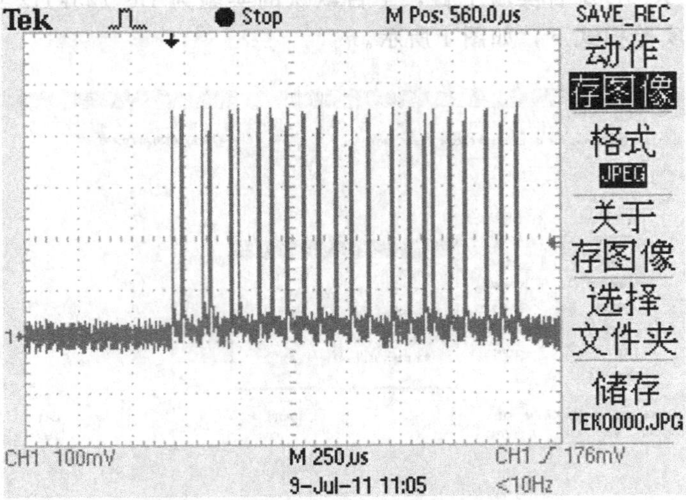

图 3　射频编码信号波形

三、基本原理

基于高频模拟信号产生基本原理。

四、所需仪器

供电电源、示波器。

五、实施步骤

1. 测试线连接

连接示波器：使用 CH1 探头，探头选用×10 倍，地接到 J20 测试架，探针接到 J8 测试架。

设置示波器：触发源选择 CH1。

2. 操作

打开控制软件，切换到 HF ISO 15693 实验模式下，启动自动识别标签。

3. 观测信号

大体如图 4 所示。

任务三　ISO 15693 射频调制测量实验

一、任务目的

熟悉和学习 ISO/IEC 18000-3、ISO 15693 标准规范的第二部分规定的通信信号调制部分，掌握本标准的 ASK 调制技术。

二、任务内容

通过示波器观测输出的调制信号。

三、基本原理

ISO/IEC 18000-3、ISO 15693 标准规范的第二部分规定。

VCD 和 VICC 之间通信用 ASK 调制原理进行，两种调制指数：10％和 100％。VICC 均可解码，而 VCD 决定用哪种指数依靠 VCD 的选择。

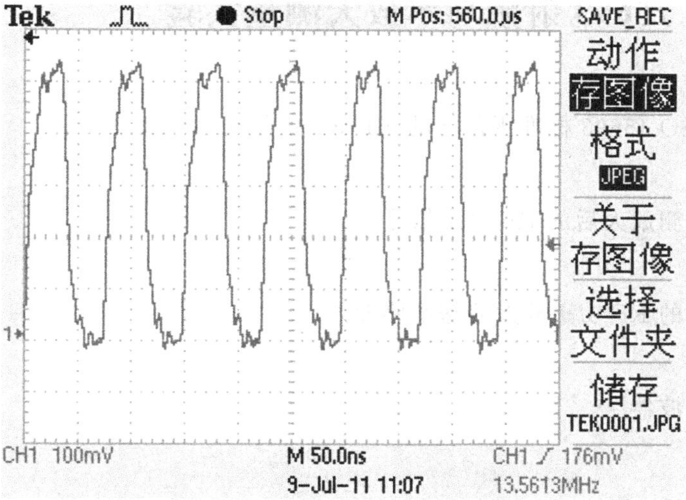

图 4　射频载波信号

四、所需仪器

供电电源、示波器。

五、实施步骤

1. 测试线连接

连接示波器：使用 CH1 探头，探头选用×10 倍，地接到 J20 测试架，探针接到 J10 测试架。

设置示波器：触发源选择 CH1。

2. 操作

打开控制软件，切换到 HF ISO 15693 实验模式下，启动自动识别标签。

3. 观测调制信号

如图 5 所示。

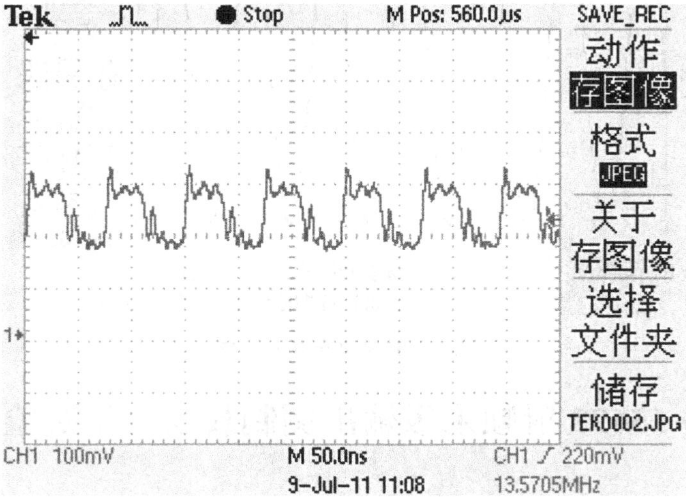

图 5　射频调制信号波形

任务四　ISO 15693 射频功率放大测量实验

一、任务目的

熟悉和学习 ISO 15693 标准规范下的 HF RF 信号功率放大技术。

二、任务内容

通过示波器观测放大后的 RF 输出信号。

三、基本原理

基于分离器件的 RF 功率放大的基本原理。

四、所需仪器

供电电源、示波器。

五、实施步骤

1. 测试线连接

连接示波器：使用 CH1 探头，探头选用×10 倍，地接到 J20 测试架，探针接到 J12 测试架。

设置示波器：触发源选择 CH1。

2. 操作

打开控制软件，切换到 HF ISO 15693 实验模式下，启动自动识别标签。

3. 观测信号

如图 6 所示。

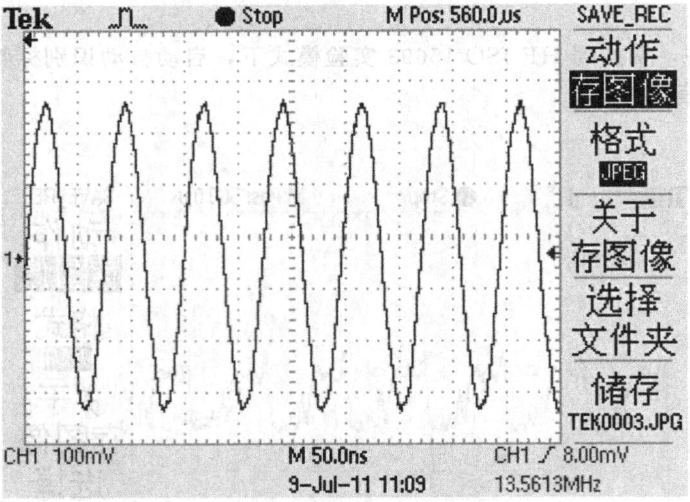

图 6　射频功率放大信号

任务五　ISO 15693 射频末级输出调制载波测量实验

一、任务目的

熟悉和学习 ISO/IEC 18000-3、ISO 15693 标准规范的 RF 末级输出调制载波信号。

二、任务内容

通过示波器观测 RF 末级输出调制载波信号。

三、基本原理

基于 ISO 15693 标准的数字调制的基本原理。

四、所需仪器

供电电源、示波器。

五、实施步骤

1. 测试线连接

连接示波器：同时使用 CH1、CH2 探头，探头选用×10 倍，地都接到 J20 测试架，CH1 探针接到 J12 测试架，CH2 探针接到 J21 测试架。

设置示波器：触发源选择 CH2。

2. 操作

打开控制软件，切换到 HF ISO 15693 实验模式下，启动自动识别标签。

3. 观测信号

如图 7 所示。

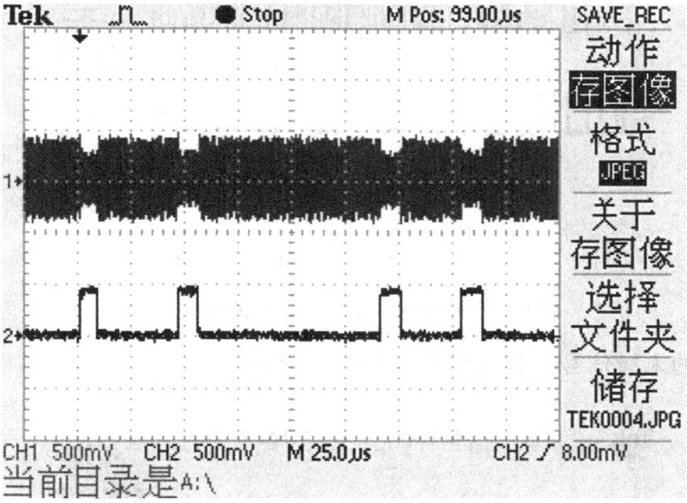

图 7　射频末级输出调制载波信号

任务六　ISO 15693 射频 FSK 测量实验

一、任务目的

熟悉和学习 ISO/IEC 18000-3、ISO 15693 标准规范的从电子标签返回信号的解调技术。

二、任务内容

通过示波器观测从电子标签返回的使用双负载波 FSK 解调后的信号。

三、基本原理

负载调制的基本原理。

四、 所需仪器

供电电源、示波器。

五、 实施步骤

1. 测试线连接

连接示波器：同时使用 CH1、CH2 探头，探头选用×10 倍，地都接到 J20 测试架，CH1 探针接到 J9 测试架，CH2 探针接到 J21 测试架。

设置示波器：触发源选择 CH2。

2. 操作

打开控制软件，切换到 HF ISO 15693 实验模式下，选择 FSK 模式，启动自动识别标签。

3. 观测信号

如图 8 所示。

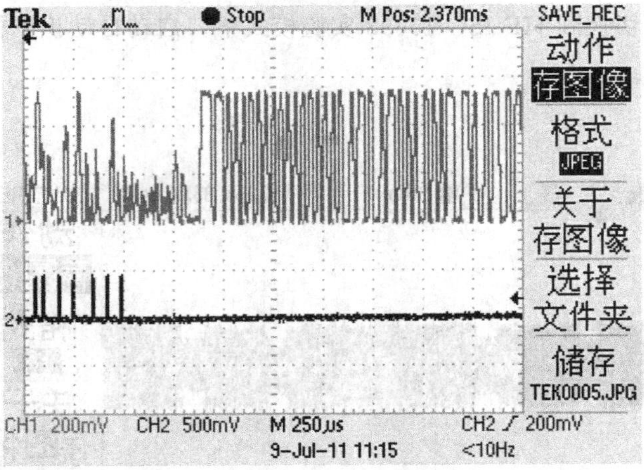

图 8　FSK 解调电子标签返回的末级信号

上面是 FSK 的末级信号，其初级信号如图 9 所示。

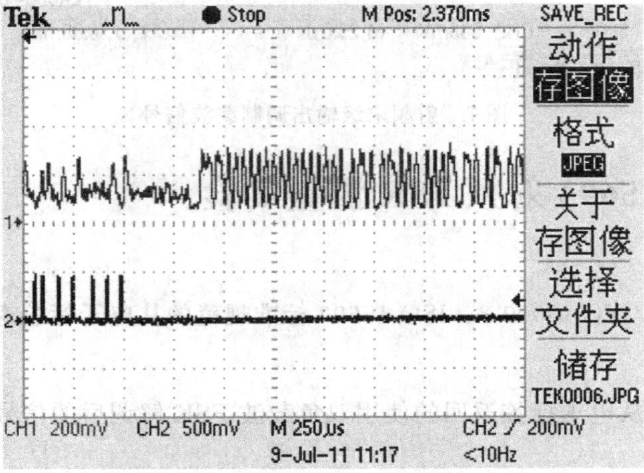

图 9　FSK 解调电子标签返回的初级信号

任务七　ISO 15693 射频 ASK 测量实验

一、任务目的

熟悉和学习 ISO/IEC 18000-3、ISO 15693 标准规范的从电子标签返回信号的解调技术。

二、任务内容

通过示波器观测从电子标签返回的使用一种负载波 ASK 解调后的信号。

三、基本原理

负载调制的基本原理。

四、所需仪器

供电电源、示波器。

五、实施步骤

1. 测试线连接

连接示波器：同时使用 CH1、CH2 探头，探头选用×10 倍，地都接到 J20 测试架，CH1 探针接到 J11 测试架，CH2 探针接到 J21 测试架。

设置示波器：触发源选择 CH2。

2. 操作

打开控制软件，切换到 HF ISO 15693 实验模式下，选择 FSK 模式，启动自动识别标签。

3. 观测信号

如图 10、图 11 所示。

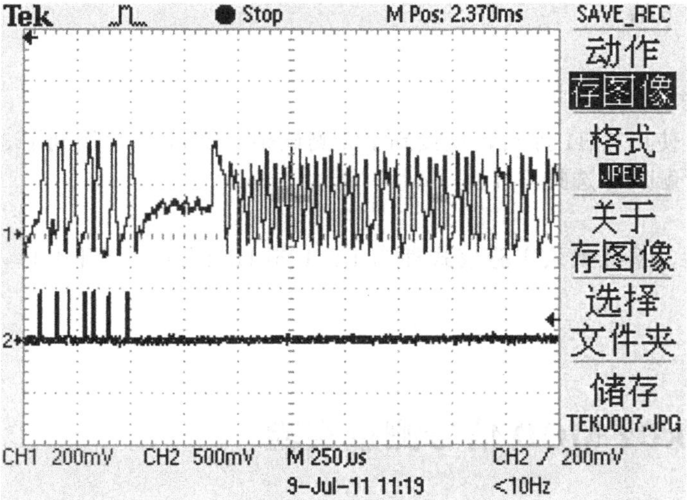

图 10　ASK 解调电子标签返回的末级信号

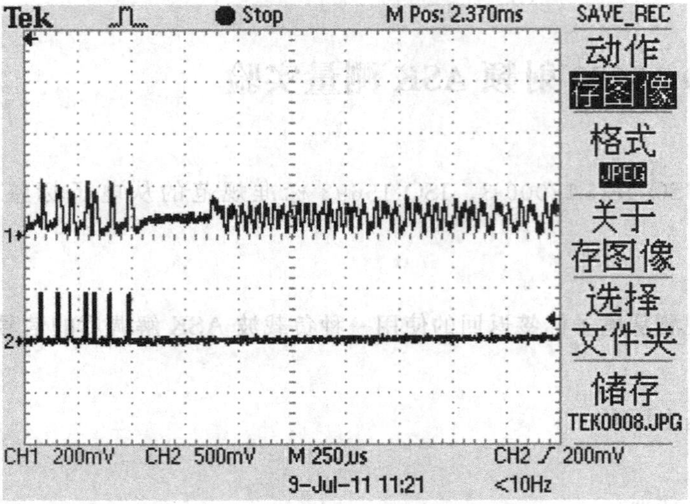

图 11　ASK 解调电子标签返回的初级信号

项目二　125kHz 硬件基本实训

任务一　125kHz 时钟信号测量实验

一、 任务目的

熟悉和学习 ISO/IEC 18000-2、ISO 18000 标准规范的从电子标签返回的时钟信号。

二、 任务内容

通过示波器观测从电子标签返回的时钟 CLK 信号。

三、 基本原理

负载调制的基本原理。

四、 所需仪器

供电电源、示波器。

五、 实施步骤

1. 测试线连接

连接示波器：使用 CH1 探头，地接到 J22 测试架，CH1 探针接到 J23 测试架。

设置示波器：触发源选择 CH。

2. 操作

打开控制软件，系统默认实验模式即为 LF 125kHz 模式，打开串口，启动只读自动识别标签。

3. 观测信号

如图 12 所示。

任务二　125kHz MOD 信号测量实验

一、 任务目的

熟悉和学习 ISO/IEC 18000-2、ISO 18000 标准规范的对射频进行调制的信号。

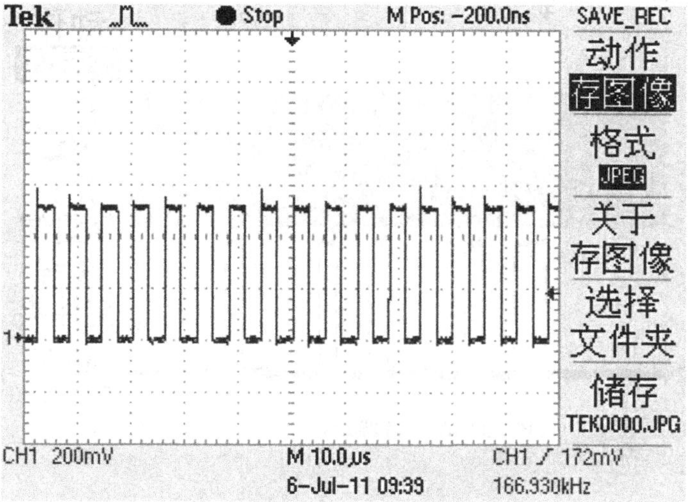

图 12　解调电子标签返回的时钟信号

二、 任务内容

通过示波器观测微处理器对射频芯片进行调制的 MOD 信号。

三、 基本原理

负载调制的基本原理。

四、 所需仪器

供电电源、示波器。

五、 实施步骤

1. 测试线连接

连接示波器：使用 CH1 探头、CH2 探头，地都接到 J22 测试架，CH1 探针接到 J23 测试架，CH2 接到 J24 测试架。

设置示波器：触发源选择 CH。

2. 操作

打开控制软件，系统默认实验模式即为 LF 125kHz 模式，打开串口，选择读写卡操作的读数据。

3. 观测信号

如图 13 所示。

任务三　125kHz 调制解调信号测量实验

一、 任务目的

熟悉和学习 ISO/IEC 18000-2、ISO 18000 标准规范的对射频进行调制和解调的信号。

二、 任务内容

通过示波器观测射频调制的 MOD 信号和解调的 DEMOD 信号。

三、 基本原理

负载调制的基本原理。

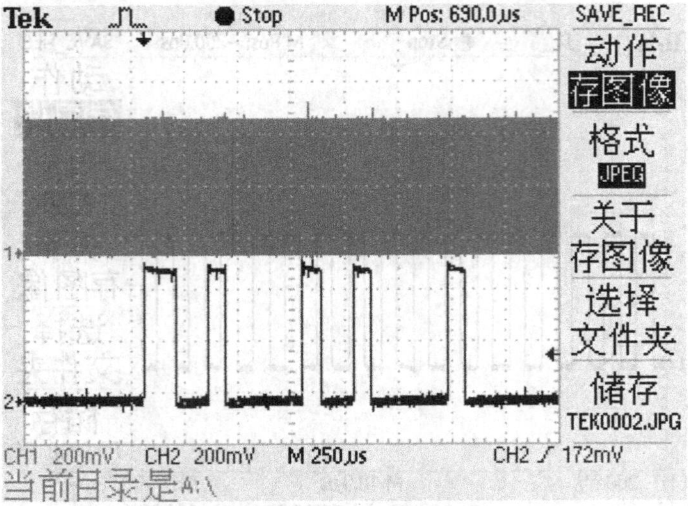

图 13　射频调制信号

四、所需仪器

供电电源、示波器。

五、实施步骤

1. 测试线连接

连接示波器：使用 CH1 探头、CH2 探头，地都接到 J22 测试架，CH1 探针接到 J24 测试架，CH2 接到 J25 测试架。

设置示波器：触发源选择 CH。

2. 操作

打开控制软件，系统默认实验模式即为 LF 125kHz 模式，打开串口，选择读写卡操作的读数据。

3. 观测信号

如图 14 所示。

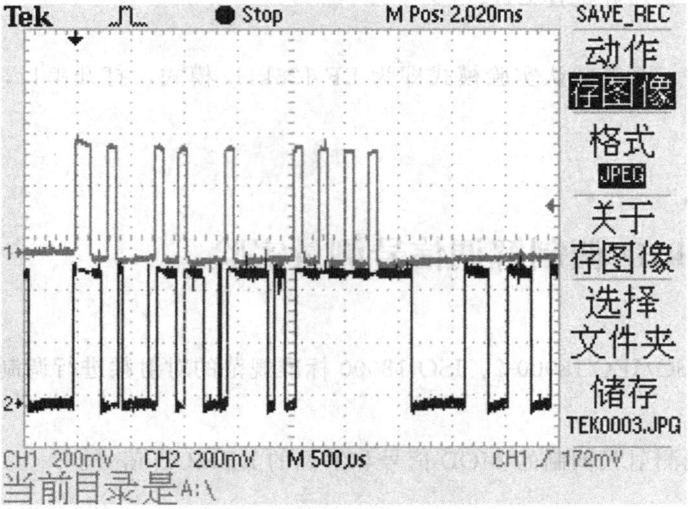

图 14　射频调制解调信号

项目三　125kHz ID 卡实训

任务一　ID 只读卡读取实验

一、 任务目的

1. 熟悉 CVT-RFID-II 实验箱基本操作。
2. 熟悉 CVT-RFID-II 综合实验平台。
3. 掌握 125kHz 只读卡操作基本原理。
4. 了解 125kHz 只读卡协议。

二、 任务内容

1. 认识 125kHz 只读卡。
2. 学会使用 CVT-RFID-II 综合实验平台识别 125kHz 只读卡卡号。
3. 观察只读卡读卡协议。

三、 预备知识

125kHz 卡片分为两种，一种是只读卡，一种是可读可写卡，本实验使用到的是只读卡片。

四、 实验设备

硬件：CVT-RFID-II 教学实验箱，PC 机。

软件：PC 机操作系统 Windows XP，RFID 综合实验平台环境。

五、 基础知识

软件界面分布如图 15 所示。

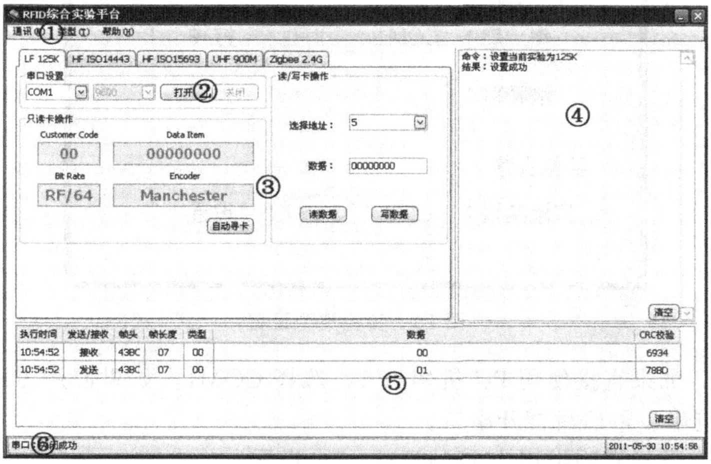

图 15　软件界面

图中，①为菜单栏，②为串口连接设置，③为实验操作区域，④为操作提示区域，⑤为协议显示列表，⑥为系统提示。

通信协议格式如下：

Byte0	Byte1	Byte2	Byte3	Byte4～Byte4＋n	Byte4＋n＋1～Byte4＋n＋2
0x43	0xBC	帧长度	模块类型	命令	CRC-16 校验

Byte0：帧头 1，'C'的 ASCII 码。

Byte1：帧头 2，Byte0 的反码。

Byte2：Byte0 到 Byte4＋n＋2 的总字节数。

Byte3：表示命令操作针对的模块。

0x00：表示设置实验类型。

0x01：表示 125kHz。

0x02：表示 13.56MHz-14443。

0x03：表示 13.56MHz-15693。

0x04：表示 900MHz。

0x05：表示 Zigbee1。

0x06：表示 Zigbee2。

Byte4＋n＋1～Byte4＋n＋2：Byte0 到 Byte4＋n 的 16 位 CRC 数据校验，高位在前，低位在后。

CRC 多项式：8408，初始值为 FFFF。

六、实施步骤

1. 将串口连接到实验箱 COM1 上，实验箱通电。
2. 打开 RFID 综合实验平台软件。
3. 选择菜单栏中的通信，点击设置，弹出设置实验类型对话框，如图 16 所示。

图 16　实验类型设置

4. 串口设置，如果直接使用 PC 机串口 1，选择 COM1，如果使用 USB 转串口或其他方式，请选择相应串口，然后打开串口。
5. 实验设置，选择实验类型为 125kHz，点击设置。
6. 选择“LF 125K”标签，连接串口线到实验箱串口 1，如果直接使用 PC 机串口 1，选择 COM1，如果使用 USB 转串口或其他方式，请选择相应串口，然后打开串口。
7. 点击只读卡操作中的自动寻卡按钮，程序会不停地向 125kHz 模块发送寻卡命令。将 125kHz 只读卡放到 125kHz 天线附近，当 125kHz 模块读到有只读卡时，只读卡操作面板上会出现卡号显示，若没有识别到只读卡，则显示全 0。

8. 观察读到的卡号，如图 17 所示。

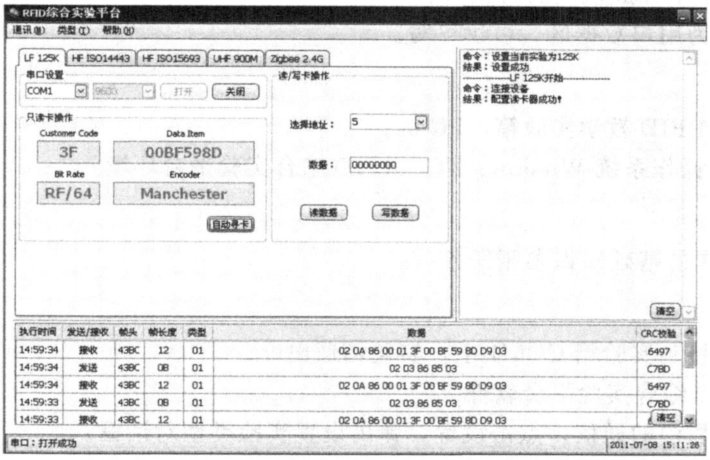

图 17　125kHz 只读卡实验

从图 17 可以看出，读取到这张 ID 卡的信息为

Customer Code：3F

Data　　Item：00BF598D

Bit　　Rate：RF/64

Encoder：　　Manchester

9. 关闭自动寻卡。

任务二　125kHz ID 可读写卡实验

一、任务目的

1. 熟悉 CVT-RFID 实验箱基本操作。
2. 熟悉 CVT-RFID 综合实验平台。
3. 掌握 125kHz 读写卡操作基本原理。
4. 了解 125kHz 读写卡协议。

二、任务内容

1. 认识 125kHz 读写卡。
2. 学会使用 CVT-RFID 综合实验平台对 125kHz 读写卡进行数据读写操作。
3. 观察读写卡读写数据协议。

三、预备知识

读写卡片的数据区分为 16 块，每一块有 32 位。

块 0 存放卡片信息及通用码等，该块为只读块。

块 1 存放卡片的身份识别码（UID），该块为只读块。

块 2 存放卡片密码，该块为只写块，为了保护卡片密码，该块在本平台中不开放写权限。

块 3 存放卡片保护字，用于控制卡片每块的读写权限，该块每一位都是一次性写入，写入后不可修改，为保证卡片正常使用，在本平台中不开放该块的写权限。

块 4 存放卡片配置字，用于配置卡片每块的加密情况，该块可读可写，为保证卡片正常使用，在本平台中不开放该块的写权限。

块 5～块 15 为用户数据区，可读可写。

四、所需设备

硬件：CVT-RFID 教学实验箱，PC 机。

软件：PC 机操作系统 Windows XP，RFID 综合实验平台环境。

五、基础知识

关于软件操作的基础知识参照任务一。

六、实施步骤

1. 将串口连接到实验箱 COM1 上，实验箱通电。
2. 打开 RFID 综合实验平台软件。
3. 选择菜单栏中的通信，点击设置，弹出设置实验类型对话框。
4. 串口设置，如果直接使用 PC 机串口 1，选择 COM1，如果使用 USB 转串口或其他方式，请选择相应串口，然后打开串口。
5. 实验设置，选择实验类型为 125kHz，点击设置。
6. 选择“LF 125K”标签，连接串口线到实验箱串口 1，如果直接使用 PC 机串口 1，选择 COM1，如果使用 USB 转串口或其他方式，请选择相应串口，然后打开串口。
7. 将 125kHz 可读写卡放到 125kHz 天线附近，在选择地址下拉菜单中选择一个地址，点击可读写卡操作中的读数据按钮，观察读到的卡号，如图 18 所示。

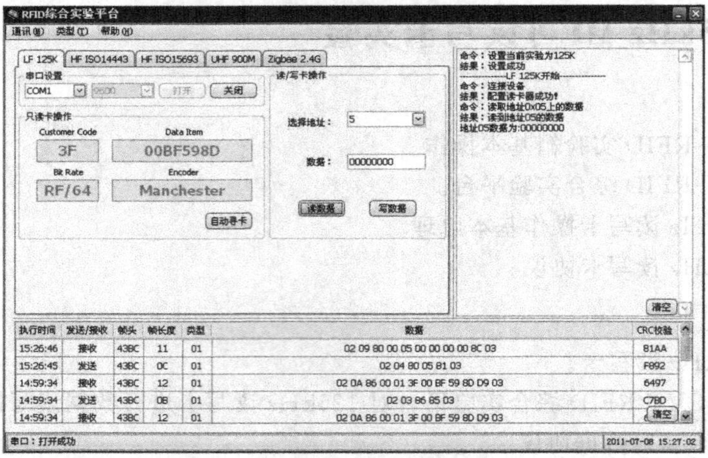

图 18　125kHz 可读写卡读数据实验

从图 18 可以看出，这张 ID 卡的地址 5 的数据为：00000000，可以选择不同的地址，然后读取数据。

8. 仍然选择地址 5，在数据栏里把“00000000”改成“12345678”，点击写数据按钮，提示栏里会提示写入数据完成，这时再点击读数据按钮，查看地址 5 的数据写入是否成功，如图 19 所示。

从图 19 可以看出，地址 5 的数据写入完成后，数据由“00000000”改成“12345678”，

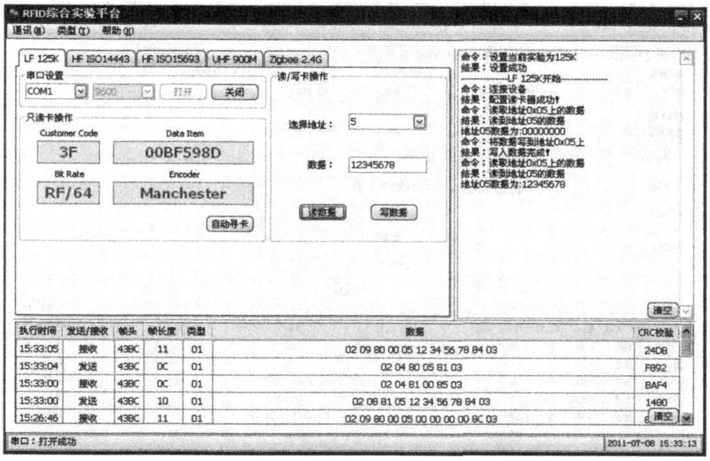

图 19　125kHz 可读写卡写数据实验

这表示对 ID 卡的写入数据是成功的。地址 5～地址 15 是可读可写区，可以选择这些地址，进行写数据实验。

项目四　ISO 14443 标签实训

任务一　ISO 14443 标签寻卡操作实验

一、任务目的

1. 熟悉 CVT-RFID-II 实验箱基本操作。
2. 熟悉 CVT-RFID-II 综合实验平台。
3. 理解 Mifare one 卡操作基本原理。
4. 了解 Mifare one 卡通信协议。

二、任务内容

1. 认识 Mifare one 卡。
2. 学会使用 CVT-RFID-II 综合实验平台识别 Mifare one 卡号。
3. 了解 Mifare one 卡通信协议。

三、预备知识

Mifare one 卡相关知识。

四、所需设备

硬件：CVT-RFID-II 教学实验箱，PC 机。

软件：PC 机操作系统 Windows XP，RFID 综合实验平台环境。

五、基础知识

HF ISO 14443 的软件界面分布如图 20 所示。

六、实施步骤

1. 将串口连接到实验箱 COM1 上，实验箱通电。

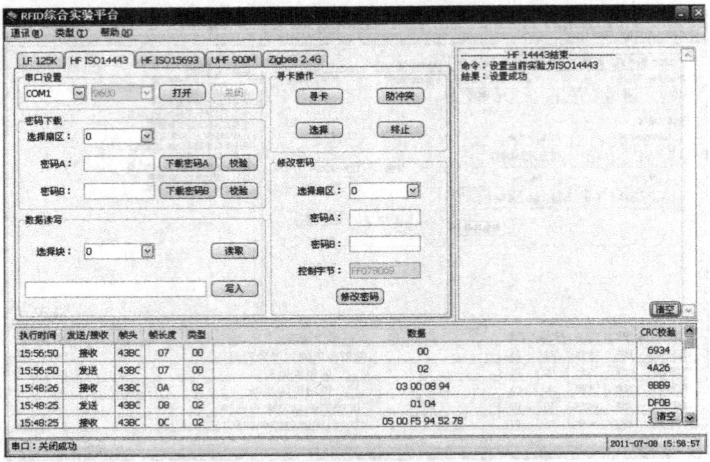

图 20　软件界面

2. 打开 RFID 综合实验平台软件。

3. 选择菜单栏中的通信，点击设置，弹出设置实验类型对话框，如图 21 所示。

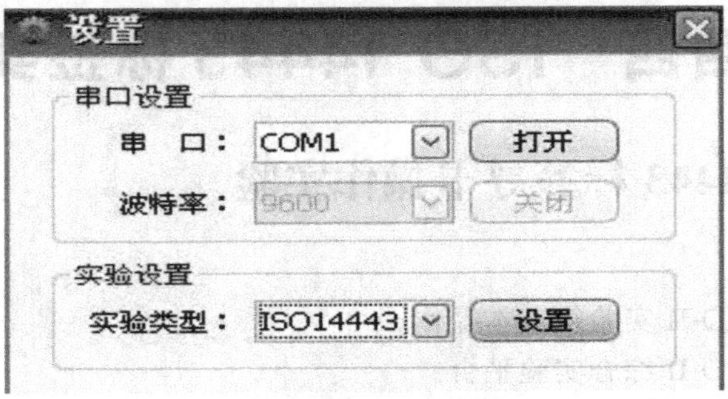

图 21　实验类型设置

4. 串口设置，如果直接使用 PC 机串口 1，选择 COM1，如果使用 USB 转串口或其他方式，请选择相应串口，然后打开串口。

5. 实验设置，选择实验类型为 ISO 14443，点击设置。

6. 选择 HF 14443 标签，连接串口线到实验箱串口 1，如果直接使用 PC 机串口 1，选择 COM1，如果使用 USB 转串口或其他方式，请选择相应串口，然后打开串口。

7. 将 HF 14443 标签放到 ISO 14443 天线附近，依次点击寻卡操作中的寻卡按钮、防冲突和选择。

8. 观察并分析任务结果。如图 22 所示。

从图 22 可以看出，读取到这张 ID 卡的信息如下：卡类型为 Mifare One 卡；卡号为 F5945278。

任务二　ISO 14443 标签密码下载实验

一、任务目的

1. 熟悉 CVT-RFID-II 实验箱基本操作。

2. 熟悉 CVT-RFID-II 综合实验平台。

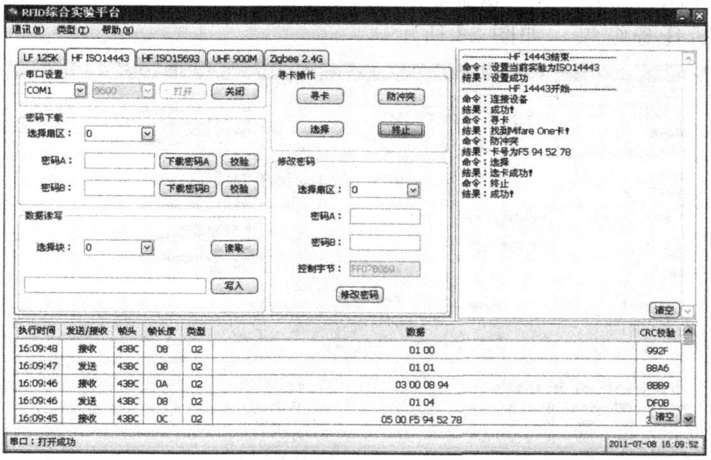

图 22　ISO 14443 标签寻卡操作

3. 理解 Mifare one 卡操作基本原理。

4. 了解 Mifare one 卡通信协议。

二、任务内容

1. 认识 Mifare one 卡。

2. 学会使用 CVT-RFID-II 综合实验平台对 Mifare one 卡进行密码下载。

3. 了解 Mifare one 卡通信协议。

三、预备知识

Mifare one 卡相关知识。

四、所需设备

硬件：CVT-RFID-II 教学实验箱，PC 机。

软件：PC 机操作系统 Windows XP，RFID 综合实验平台环境。

五、基础知识

软件界面参照任务一。

六、实施步骤

1. 将串口连接到实验箱 COM1 上，实验箱通电。

2. 打开 RFID 综合实验平台软件。

3. 选择菜单栏中的通信，点击设置，弹出设置实验类型对话框。

4. 串口设置，如果直接使用 PC 机串口 1，选择 COM1，如果使用 USB 转串口或其他方式，请选择相应串口，然后打开串口。

5. 实验设置，选择实验类型为 ISO 14443，点击设置。

6. 选择 HF 14443 标签，连接串口线到实验箱串口 1，如果直接使用 PC 机串口 1，选择 COM1，如果使用 USB 转串口或其他方式，请选择相应串口，然后打开串口。

7. 将 HF 14443 标签放到 ISO 14443 天线附近，依次点击寻卡操作中的寻卡、防冲突和选择按钮。

8. 在密码下载操作中，选择扇区 0，密码 A 填写“FFFFFFFFFFFF”（这是初始密码），依次点击下载密码 A 和校验按钮。

9. 观察并分析任务结果。如图 23 所示。

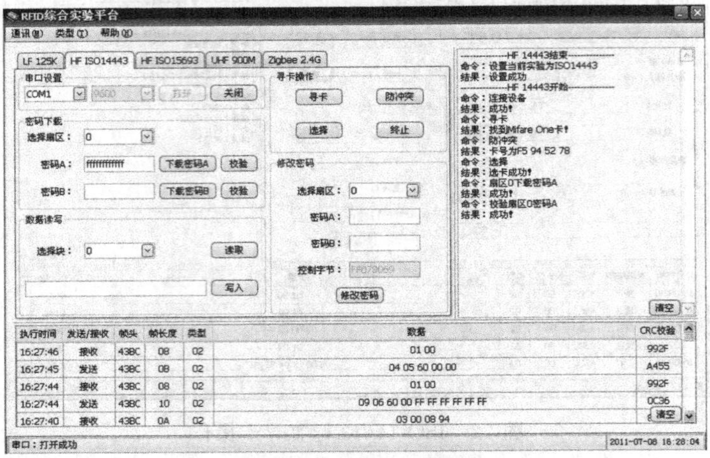

图 23　ISO 14443 标签密码下载校验

任务三　ISO 14443 标签数据读写实验

一、 任务目的

1. 熟悉 CVT-RFID-II 实验箱基本操作。
2. 熟悉 CVT-RFID-II 综合实验平台。
3. 理解 Mifare one 卡操作基本原理。
4. 了解 Mifare one 卡通信协议。

二、 任务内容

1. 认识 Mifare one 卡。
2. 学会使用 CVT-RFID-II 综合实验平台对 Mifare one 卡进行数据读写。
3. 了解 Mifare one 卡通信协议。

三、 预备知识

Mifare one 卡相关知识。

四、 所需设备

硬件：CVT-RFID-II 教学实验箱，PC 机。

软件：PC 机操作系统 Windows XP，RFID 综合实验平台环境。

五、 基础知识

软件界面参照任务一。

六、 实施步骤

1. 将串口连接到实验箱 COM1 上，实验箱通电。

2. 打开 RFID 综合实验平台软件。

3. 选择菜单栏中的通信，点击设置，弹出设置实验类型对话框。

4. 串口设置，如果直接使用 PC 机串口 1，选择 COM1，如果使用 USB 转串口或其他方式，请选择相应串口，然后打开串口。

5. 实验设置，选择实验类型为 ISO 14443，点击设置。

6. 选择 HF 14443 标签，连接串口线到实验箱串口 1，如果直接使用 PC 机串口 1，选择 COM1，如果使用 USB 转串口或其他方式，请选择相应串口，然后打开串口。

7. 将 HF 14443 标签放到 ISO 14443 天线附近，依次点击寻卡操作中的寻卡、防冲突和选择按钮。

8. 在密码下载操作中，选择扇区 0，密码 A 填写“FFFFFFFF”（这是初始密码），依次点击下载密码 A 和校验按钮。

9. 在数据读写操作中，选择块 0（块 0 属于只读区），点击读取按钮。如图 24 所示。

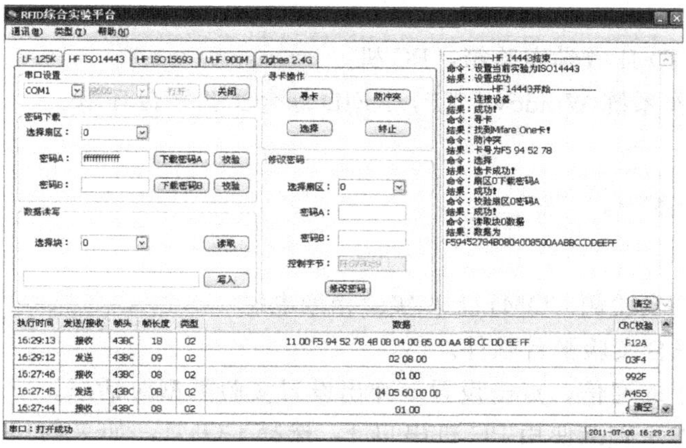

图 24　ISO 14443 标签数据读取

10. 选择块 1，先点击读取按钮，然后在数据栏填入全 0，再点击写入按钮。可以再次点击读取按钮，查看写入是否成功，如图 25 所示。

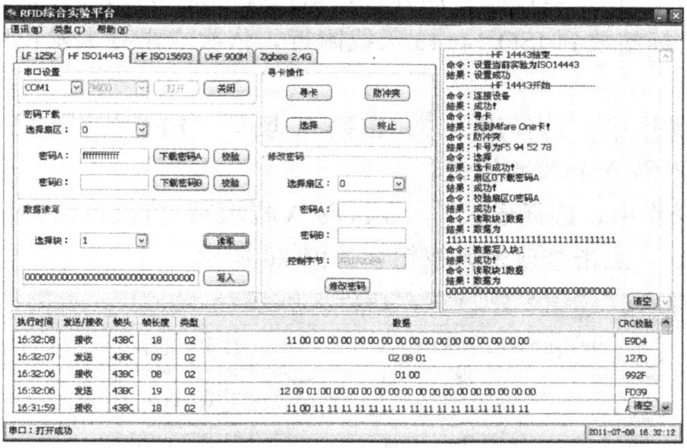

图 25　ISO 14443 标签数据写入

任务四　ISO 14443 标签密码修改实验

一、 任务目的

1. 熟悉 CVT-RFID-II 实验箱基本操作。

2. 熟悉 CVT-RFID-II 综合实验平台。

3. 理解 Mifare one 卡操作基本原理。

4. 了解 Mifare one 卡通信协议。

二、任务内容

1. 认识 Mifare one 卡。

2. 学会使用 CVT-RFID-II 综合实验平台对 Mifare one 卡进行密码修改。

3. 了解 Mifare one 卡通信协议。

三、预备知识

Mifare one 卡相关知识。

四、所需设备

硬件：CVT-RFID-II 教学实验箱，PC 机。

软件：PC 机操作系统 Windows XP，RFID 综合实验平台环境。

五、基础知识

软件界面参照任务一。

六、实施步骤

1. 将串口连接到实验箱 COM1 上，实验箱通电。

2. 打开 RFID 综合实验平台软件。

3. 选择菜单栏中的通信，点击设置，弹出设置实验类型对话框。

4. 串口设置，如果直接使用 PC 机串口 1，选择 COM1，如果使用 USB 转串口或其他方式，请选择相应串口，然后打开串口。

5. 实验设置，选择实验类型为 ISO 14443，点击设置。

6. 选择 HF 14443 标签，连接串口线到实验箱串口 1，如果直接使用 PC 机串口 1，选择 COM1，如果使用 USB 转串口或其他方式，请选择相应串口，然后打开串口。

7. 将 HF 14443 标签放到 ISO 14443 天线附近，依次点击寻卡操作中的寻卡、防冲突和选择按钮。

8. 在密码下载操作中，选择扇区 0，密码 A 填写“FFFFFFFFFFFF”（这是初始密码），依次点击下载密码 A 和校验按钮。

9. 在修改密码操作中，选择扇区 0，在密码 A 栏填写‘111111111111’，在密码 B 栏也填写‘111111111111’，点击修改密码按钮，如图 26 所示。

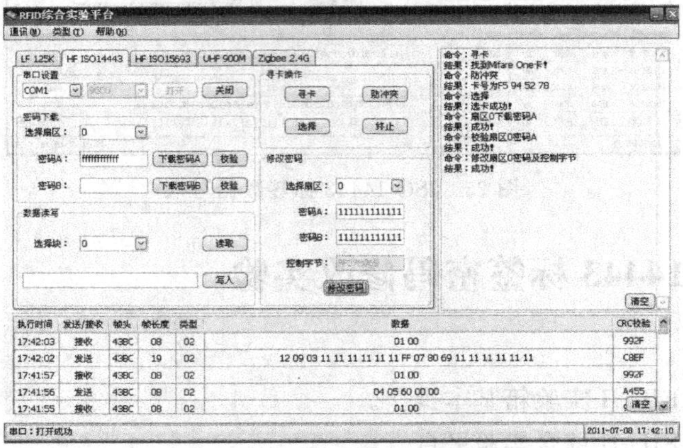

图 26　ISO 14443 标签密码修改

10. 重复步骤 7、步骤 8，这时如果密码填写“FFFFFFFFFFFF”，信息打印栏提示密码校验失败。再重复步骤 7、步骤 8，密码填写“111111111111”，信息打印栏提示密码校验成功。这说明步骤 9 修改密码成功，如图 27 所示。

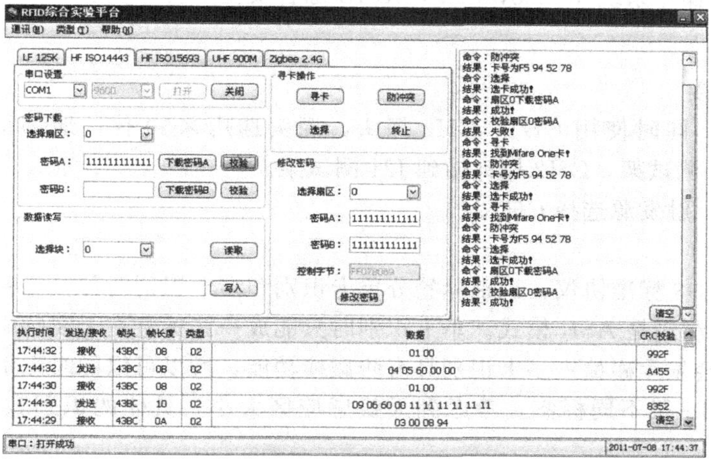

图 27　ISO 14443 标签密码修改验证

项目五　ISO 15693 标签实训

任务一　ISO 15693 标签识别实验

一、任务目的

熟悉和学习 ISO/IEC 18000-3、ISO 15693 标准规范第三部分协议和指令内容。

二、任务内容

通过示波器观测从电子标签在标签识别命令下返回的信号。

三、基本原理

ISO 15693 标准规范第三部分。

当收到目录请求命令，VICC 将完成防冲突序列。

请求包含：标志；目录命令编码；AFI，假如 AFI 标志已设置；Mask 长度；Mask 值；CRC。

目录标志被设置为 1。

标志 5～8 根据表 3-9 定义。

目录请求格式：

SOF	标志	目录	可选择的 AFI	Mask 长度	Mask 值	CRC16	EOF
	8 位	8 位	8 位	8 位	0～64 位	16 位	

响应包括：DSFID；唯一的 ID。

如果 VICC 发现一个错误，它将保持静默。

目录响应格式：

SOF	标志	DSFID	UID	CRC16	EOF
	8 位	8 位	64 位	16 位	

四、所需设备

硬件：CVT-RFID-II 教学实验箱，PC 机，示波器。

软件：PC 机操作系统 Windows XP，RFID 综合实验平台环境。

五、实施步骤

1. 测试线连接

连接示波器：同时使用 CH1、CH2 探头，探头选用×10 倍，地都接到 J20 测试架，CH1 探针接到 J9 测试架，CH2 探针接到 J21 测试架。

设置示波器：触发源选择 CH2。

2. 操作

根据 ISO 15693 标准协议，识别标签分单卡识别和多卡识别两种，每种识别模式下，可以选择是 FSK 调制还是 ASK 模式。单卡识别时只能放一张标签在天线感应区内，同时识别两张以上标签时会发生碰撞；多卡识别具有防碰撞功能，所以可以同时识别多张标签，理论上可以一次识别 16 张不同标签。考虑到天线感应区大小，具体的识别数量根据实验情况确定。

识别标签时，可以选择“识别标签”和“自动识别”，点击“识别标签”按钮一次，上位机发送一次寻卡命令，点击“自动识别”按钮后，上位机启动循环寻卡命令，直到再次点击“自动识别”按钮，则停止识别标签。

打开控制软件，切换到 HF ISO 15693 实验模式下，把 ISO 15693 标签放到 ISO 15693 的天线感应区内，选择 FSK 模式，启动自动识别标签。操作界面如图 28 所示，信息栏会打印出找到的标签号。

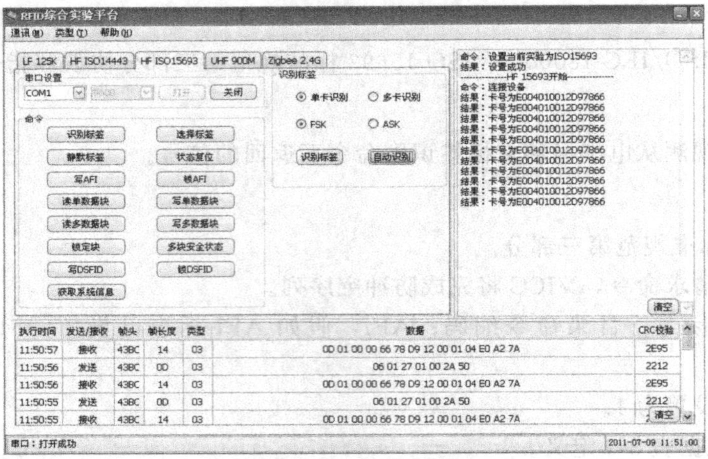

图 28　FSK 模式下 INVENTORY 命令实验

从图 28 的信息栏里可以看出以下内容。

“执行时间：11:50:56”发送的内容可以分解为：帧头“43BC”；帧长度“0D”，即整个发送的数据包长度为 13 个字节，包含帧头和 CRC 校验；模块类型“03”，表示当前的实验是“HF ISO 15693”实验；数据“06 01 27 01 00 2A 50”，其中“06”为数据的长度，“01”为命令序号，“27 01 00 2A 50”中的“27”为目录请求格式的标志，表示当前启动的识别是单卡识别、选择 FSK 模式进行通信，“01”为请求格式的目录，“00”为请求格式的 Mask

长度，“2A 50”为请求格式的 CRC；CRC 校验‘22 12’。

“执行时间：11:50:57”接收的内容可以分解为：帧头“43BC”；帧长度“14”，即整个发送的数据包长度为 20 个字节，包含帧头和 CRC 校验；模块类型“03”，表示当前的实验是“HF ISO 15693”实验；数据“0D 01 00 00 66 78 D9 12 00 01 04 E0 A2 7A”，其中“0D”为数据的长度，“01”为命令序号，后面紧跟的两个“00”分别为目录响应格式的标签返回标志和 DSFID 值，后面 8 个字节数据为识别到的标签号 UID，低位在前，高位在后，组合得到的标签号即“E004010012D97866”，在右上方的信息栏可以看到该标签号已经被打印出来，“A2 7A”为响应格式的 CRC，响应格式的具体定义参见 ISO 15693 标准协议第三部分。

3. 观测信号

如图 29 所示。

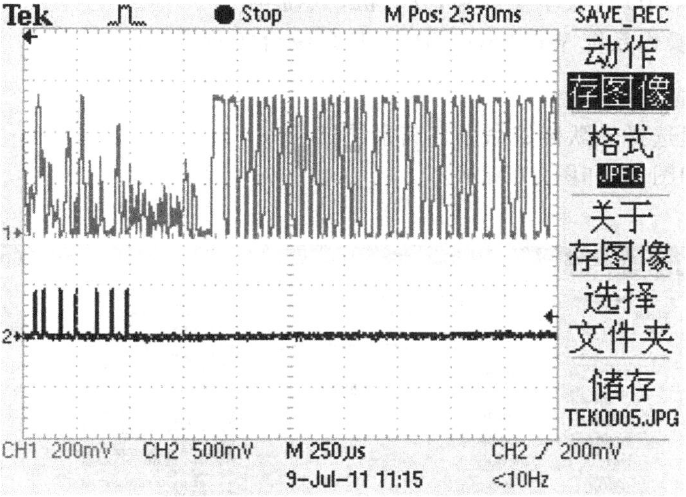

图 29　FSK 模式下的标签识别实验波形

图 29 中，CH1 通道是标签返回的信号，即 VICC 到 VCD，CH2 是触发信号，即 VCD 到 VICC 帧。关于 VCD 和 VICC 之间的通信信号接口参见前面章节的有关内容，结合示波器观测的波形，分析 ISO 15693 标准协议中的标签识别部分。

任务二　ISO 15693 静默标签实验

一、 任务目的

熟悉和学习 ISO/IEC 18000-3、ISO 15693 标准规范第三部分协议和指令内容。

二、 任务内容

通过示波器观测从电子标签在静默标签命令下返回的信号。验证执行命令后电子标签的状态。

三、 基本原理

ISO 15693 标准规范第三部分。

当收到保持静默命令，VICC 将进入保持静默状态并且不返回响应。保持静默状态没有响应。

当保持静默时：当目录标志被设置，VICC 不会处理任何请求；VICC 将处理任何可定位的请求。

在以下情况，VICC 将跳出静默状态：重新设置（断电）；收到选择请求，如果支持将进入选择状态，如果不支持将返回；收到重置或者准备请求，将进入准备状态。

保持静默请求格式：

SOF	标志	保持静默	UID	CRC16	EOF
	8 位	8 位	64 位	16 位	

请求参数：UID（强制的）。

在寻址模式，保持静默命令将总是被执行（选择标志置 0，并且寻址标志置 1）。

四、 所需设备

硬件：CVT-RFID-II 教学实验箱，PC 机，示波器。

软件：PC 机操作系统 Windows XP，RFID 综合实验平台环境。

五、 实施步骤

在命令列表里选择静默标签命令，其余同任务一。

观测信号，如图 30 和图 31 所示。

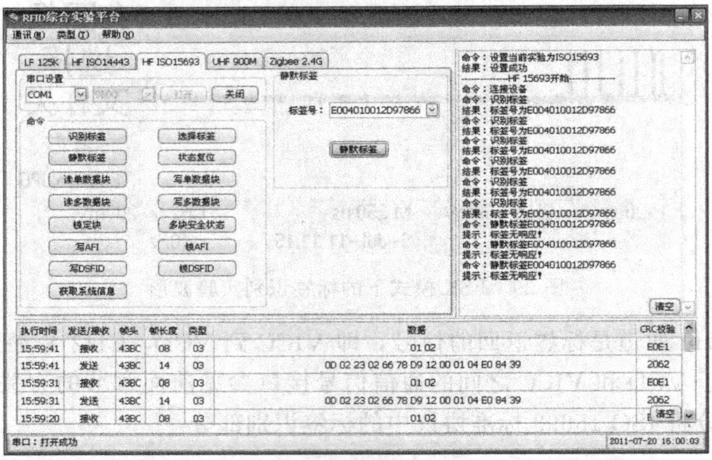

图 30 ISO 15693 静默标签

发送和接收的数据包分析参见任务一。

结果波形分析参见任务一。

任务三 ISO 15693 标签选择实验

一、 任务目的

熟悉和学习 ISO/IEC 18000-3、ISO 15693 标准规范第三部分协议和指令内容。

二、 任务内容

通过示波器观测从电子标签在 SELECT 命令下返回的信号。验证执行命令后电子标签的状态。

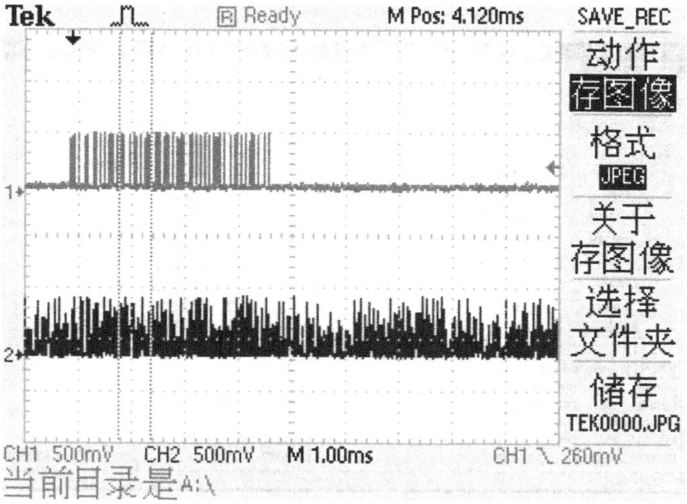

图 31　ISO 15693 静默标签实验波形

三、 基本原理

ISO 15693 标准规范第三部分。

当接收到选择命令：假如 UID 等于其自身的 UID，VICC 将进入选择状态，并将发送一个响应；假如不一样，VICC 将回到准备状态，并将不发送响应。选择命令在寻址模式下将总是被执行（选择标志设置为 0。寻址标志设置为 1）。

选择请求格式：

SOF	标志	选择	UID	CRC16	EOF
	8 位	8 位	64 位	16 位	

请求参数：UID（强制的）。

当设置错误标志时选择块的响应格式：

SOF	标志	错误码	CRC16	EOF
	8 位	8 位	16 位	

四、 所需设备

硬件：CVT-RFID-II 教学实验箱，PC 机，示波器。

软件：PC 机操作系统 Windows XP，RFID 综合实验平台环境。

五、 实施步骤

在命令列表里点击选择标签命令，其余同任务一。

观测信号，如图 32 和图 33 所示。

发送和接收的数据包分析参见任务一。

任务结果波形分析参见任务一。

任务四　ISO 15693 标签状态复位实验

一、 任务目的

熟悉和学习 ISO/IEC 18000-3、ISO 15693 标准规范第三部分协议和指令内容。

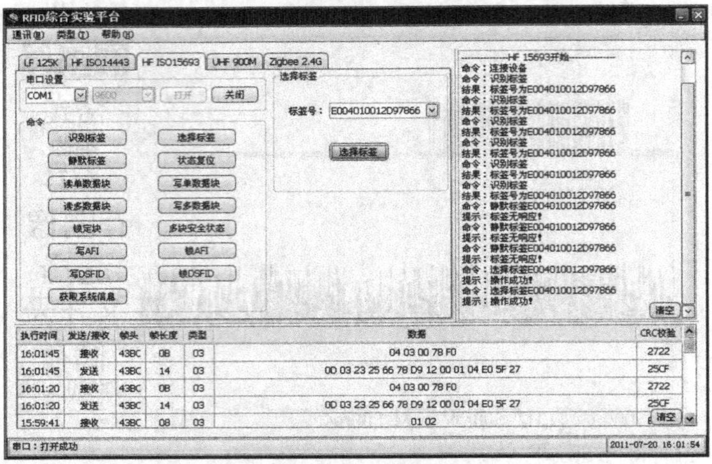

图 32　ISO 15693 选择标签

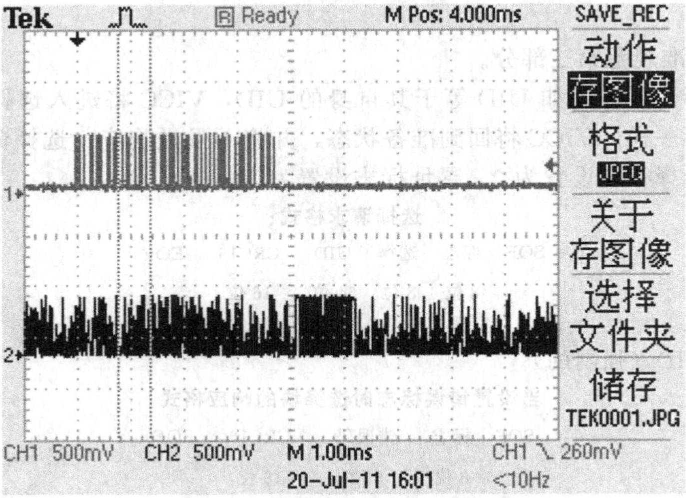

图 33　ISO 15693 选择标签实验波形

二、任务内容

通过示波器观测从电子标签在 RST TO READY 命令下返回的信号。验证执行命令后电子标签的状态。

三、基本原理

ISO 15693 标准规范第三部分。

当收到复位准备命令，VICC 将返回至准备状态。

复位请求格式：

SOF	标志	复位准备	UID	CRC16	EOF
	8 位	8 位	64 位	16 位	

请求参数：（可选的）UID。

当设置错误标志时复位准备响应格式：

SOF	标志	错误码	CRC16	EOF
	8 位	8 位	16 位	

当没有设置错误标志时复位准备响应格式：

SOF	标志	CRC16	EOF
	8 位	16 位	

应答参数：错误标志（和错误码，假如错误标志已设置）。

四、 所需设备

硬件：CVT-RFID-II 教学实验箱，PC 机，示波器。

软件：PC 机操作系统 Windows XP，RFID 综合实验平台环境。

五、 实施步骤

在命令列表里选择状态复位命令，其余同任务一。

观测信号，如图 34 和图 35 所示。

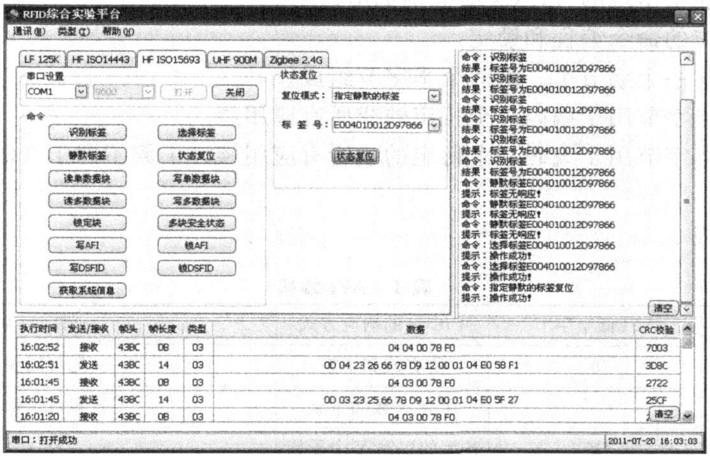

图 34　ISO 15693 标签状态复位

发送和接收的数据包分析参见任务一。

任务结果波形分析参见任务一。

任务五　ISO 15693 标签写 AFI 实验

一、 任务目的

熟悉和学习 ISO/IEC 18000-3、ISO 15693 标准规范第三部分协议和指令内容。

二、 任务内容

通过示波器观测从电子标签在 WRITE AFI 命令下返回的信号。

三、 基本原理

ISO 15693 标准规范第三部分。

AFI（Application Family Identifier）代表由 VCD 锁定的应用类型，VICCs 只有满足所

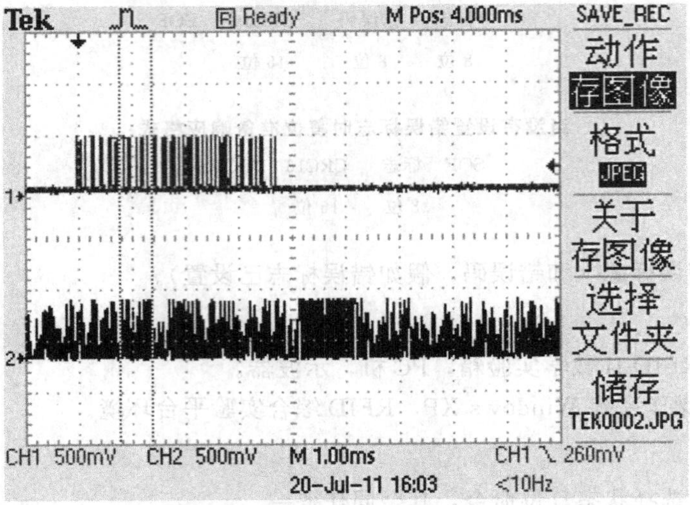

图 35　ISO 15693 标签状态复位波形

需的应用准则才能从出现的 VICCs 中被挑选出。

AFI 将被相应的命令编程和锁定。

AFI 被编码在一个字节里，由两个半字节组成。

AFI 的高位半字节用于编码一个特定的或所有应用族。

AFI 的低位半字节用于编码一个特定的或所有应用族，子族不同于 0 的编码有其自己的所有权。

AFI 编码见表 1。

表 1　AFI 编码

AFI 高半字节	AFI 低半字节	VICCs 的响应方式	注　释
'0'	'0'	所有族和子族	无可用预选
X	'0'	所有 X 族的子族	宽可用预选
X	Y	X 族的仅第 Y 个子族	
'0'	Y	仅子族 Y 所有权	
'1'	'0',Y	运输	批量运输,公交,航空
'2'	'0',Y	金融	IEP,银行,零售
'3'	'0',Y	标识	进入控制
'4'	'0',Y	无线电通信	公共电话,GSM
'5'	'0',Y	医疗	
'6'	'0',Y	多媒体	互联网服务
'7'	'0',Y	游戏	
'8'	'0',Y	数据存储	便携文件夹
'9'	'0',Y	条款管理	
'A'	'0',Y	快递包裹	
'B'	'0',Y	邮政服务	
'C'	'0',Y	航空运输	

续表

AFI 高半字节	AFI 低半字节	VICCs 的响应方式	注　释
'D'	'0',Y	RFU	
'E'	'0',Y	RFU	
'F'	'0',Y	RFU	

注：X='1'～'F'，Y='1'～'F'。

VICC 支持的 AFI 是可选的。

假如 VICC 不支持 AFI，并且假如 AFI 标志已设置，VICC 将不应答任何请求中的 AFI 值。

假如 VICC 支持 AFI，VICC 将根据表 1 中匹配的规则作出应答。

当收到写 AFI 请求，VICC 将 AFI 值写入其内存中。

假如可选择标志没有设置，当它已完成写操作启动后，VICC 将返回其响应：t_{1nom} [$4352/f_c$（320.9μs）] +$4096/f_c$（302μs）的倍数，总误差±$32/f_c$，并且最近一次检测到 VCD 请求的 EOF 的上升沿以后 20ms。

假如可选择标志已设置，VICC 将等待收到来自 VCD 的 EOF，然后基于该接收信息将返回其响应。

写 AFI 请求格式：

SOF	标志	写 AFI	UID	AFI	CRC16	EOF
	8 位	8 位	64 位	8 位	16 位	

请求参数：（可选的）UID，AFI。

当设置错误标志时写 AFI 的响应格式：

SOF	标志	错误码	CRC16	EOF
	8 位	8 位	16 位	

当没有设置错误标志时写 AFI 的响应格式：

SOF	标志	CRC16	EOF
	8 位	16 位	

应答参数：错误标志（和错误码，假如错误标志已设置）。

四、所需设备

硬件：CVT-RFID-II 教学实验箱，PC 机，示波器。

软件：PC 机操作系统 Windows XP，RFID 综合实验平台环境。

五、实施步骤

在命令列表里选择写 AFI 命令，其余同任务一。

观测信号，如图 36 和图 37 所示。

发送和接收的数据包分析参见任务一。

实验波形分析参见任务一。

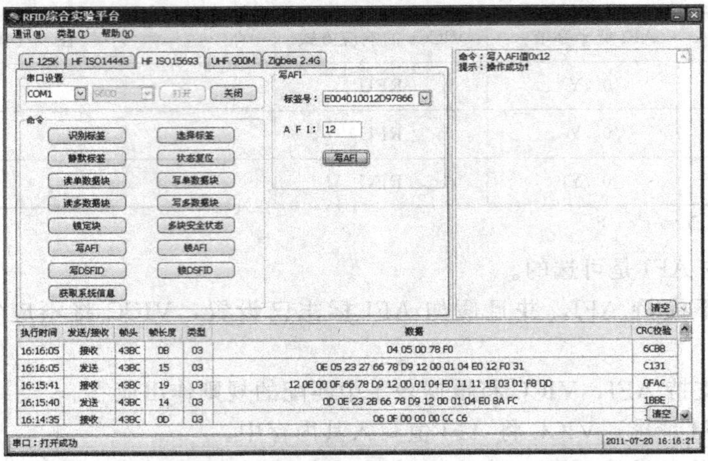

图 36　ISO 15693 标签写 AFI

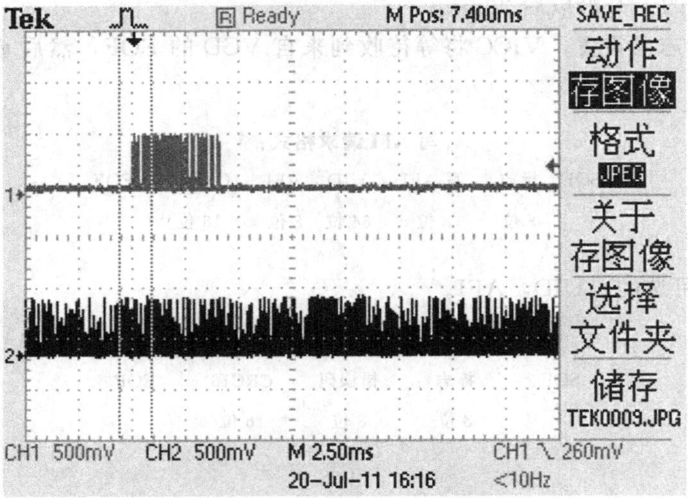

图 37　ISO 15693 标签写 AFI 实验波形

任务六　ISO 15693 标签锁 AFI 实验

一、任务目的

熟悉和学习 ISO/IEC 18000-3、ISO 15693 标准规范第三部分协议和指令内容。

二、任务内容

通过示波器观测从电子标签在 LOCK AFI 命令下返回的信号。

三、基本原理

ISO 15693 标准规范第三部分。

当收到锁定 AFI 请求，VICC 将 AFI 值永久地锁定在其内存中。

假如可选择标志没有设置，当它已完成写操作启动后，VICC 将返回其响应：t_{1nom} [$4352/f_c$（320.9μs）] $+4096/f_c$（302μs）的倍数，总误差 $\pm 32/f_c$，并且最近一次检测到

VCD 请求的 EOF 的上升沿以后 20ms。

假如可选择标志已设置，VICC 将等待收到来自 VCD 的 EOF，然后基于该接收信息将返回其应答。

锁定 AFI 请求格式：

SOF	标志	锁定 AFI	UID	CRC16	EOF
	8 位	8 位	64 位	16 位	

请求参数：（可选的）UID。

当设置错误标志时锁定 AFI 的响应格式：

SOF	标志	错误码	CRC16	EOF
	8 位	8 位	16 位	

当没有设置错误标志时锁定 AFI 的响应格式：

SOF	标志	CRC16	EOF
	8 位	16 位	

应答参数：错误标志（和错误码，假如错误标志已设置）。

AFI 锁定后，将被写保护，即不能再写，变成只读。

四、 所需设备

硬件：CVT-RFID-II 教学实验箱，PC 机，示波器。

软件：PC 机操作系统 Windows XP，RFID 综合实验平台环境。

五、 实施步骤

在命令列表里选择锁 AFI 命令，其余同任务一。

观测信号，如图 38 和图 39 所示。

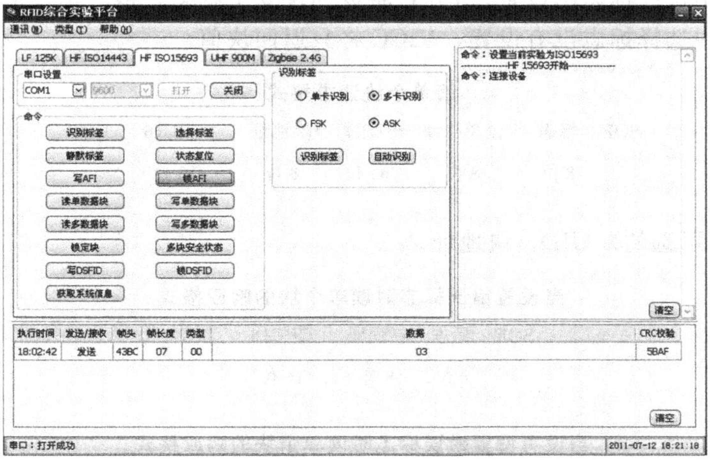

图 38　ISO 15693 标签锁 AFI

发送和接收的数据包分析参见任务一。

任务结果波形分析参见任务一。

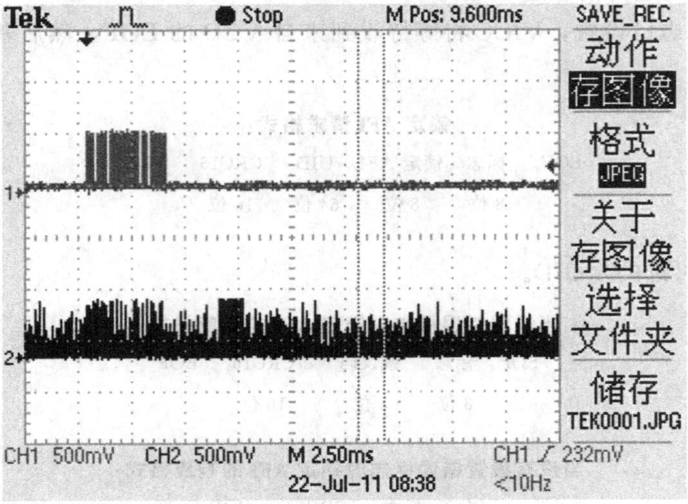

图 39　ISO 15693 标签锁 AFI 实验波形

任务七　ISO 15693 标签读单个块实验

一、任务目的

熟悉和学习 ISO/IEC 18000-3、ISO 15693 标准规范第三部分协议和指令内容。

二、任务内容

通过示波器观测从电子标签在读单个块命令下返回的信号。

三、基本原理

ISO 15693 标准规范第三部分。

当收到读单个块命令，VICC 将读请求块，并且在应答中返回它的值。

假如在请求中选择标志已设置，VICC 将返回块安全状态，接着是块值。

假如在请求中选择标志没有设置，VICC 将只返回块值。

读单个块请求格式：

SOF	标志	读单个块	UID	块地址	CRC16	EOF
	8 位	8 位	64 位	8 位	16 位	

请求参数：（可选的）UID，块地址。

当设置错误标志时读单个块的响应格式：

SOF	标志	错误码	CRC16	EOF
	8 位	8 位	16 位	

当没有设置错误标志时读单个块的响应格式：

SOF	标志	块安全状态	数据	CRC16	EOF
	8 位	8 位	块长度	16 位	

应答参数：错误标志（和错误码，假如错误标志已设置），块安全状态（假如选择标志

在请求中已设置)，块数据。

四、 所需设备

硬件：CVT-RFID-II 教学实验箱，PC 机，示波器。

软件：PC 机操作系统 Windows XP，RFID 综合实验平台环境。

五、 实施步骤

在命令列表里选择读单数据块命令，其余同任务一。

观测信号，如图 40 和图 41 所示。

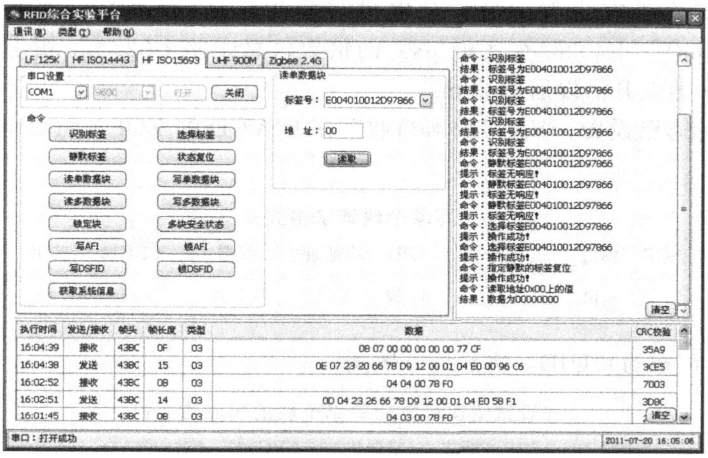

图 40　ISO 15693 标签读单数据块

发送和接收的数据包分析参见任务一。

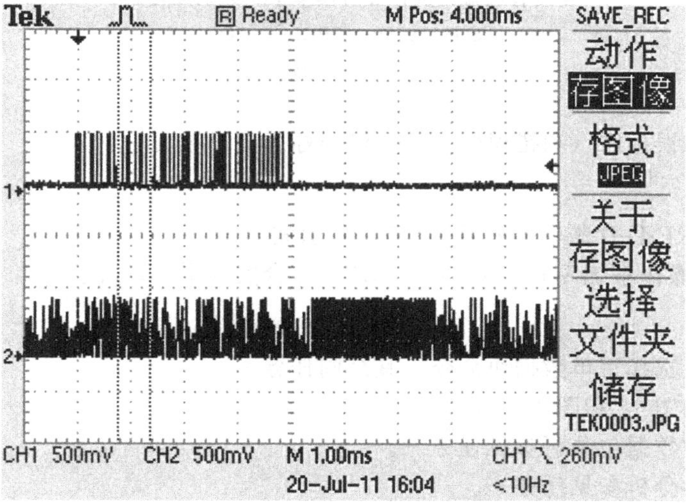

图 41　ISO 15693 标签读单数据块实验波形

任务结果波形分析参见任务一。

任务八　ISO 15693 标签写单数据块实验

一、 任务目的

熟悉和学习 ISO/IEC 18000-3、ISO 15693 标准规范第三部分协议和指令内容。

二、任务内容

通过示波器观测从电子标签在写单数据块命令下返回的信号。通过读单数据块命令读出相同块的数据，验证写单数据块命令的执行结果。

三、基本原理

ISO 15693 标准规范第三部分。

当收到写单个块命令，VICC 将包含在请求中的数据写入请求块，并且在应答中报告操作成功与否。

假如可选择标志没有设置，当它已完成写操作启动后，VICC 将返回其响应：$t_{1\text{nom}}$ [$4352/f_c$（320.9μs）] $+4096/f_c$（302μs）的倍数，总误差 $\pm 32/f_c$，并且最近一次检测到 VCD 请求的 EOF 的上升沿以后的 20ms。

假如可选择标志已设置，VICC 将等待收到来自 VCD 的 EOF，然后基于该接收信息将返回其响应。

写单个块请求格式：

SOF	标志	写单个块	UID	块地址	数据	CRC16	EOF
	8 位	8 位	64 位	8 位	块长度	16 位	

请求参数：（可选的）UID，块地址，数据。

当设置错误标志时写单个块的响应格式：

SOF	标志	错误码	CRC16	EOF
	8 位	8 位	16 位	

当没有设置错误标志时读单个块的响应格式：

SOF	标志	CRC16	EOF
	8 位	16 位	

应答参数：错误标志（和错误码，假如错误标志已设置）。

四、所需设备

硬件：CVT-RFID-II 教学实验箱，PC 机，示波器。

软件：PC 机操作系统 Windows XP，RFID 综合实验平台环境。

五、实施步骤

在命令列表里选择写单数据块命令，其余同任务一。

观测信号，如图 42 和图 43 所示。

发送和接收的数据包分析参见任务一。

任务结果波形分析参见任务一。

任务九 ISO 15693 标签锁块实验

一、任务目的

熟悉和学习 ISO/IEC 18000-3、ISO 15693 标准规范第三部分协议和指令内容。

二、任务内容

通过示波器观测从电子标签在锁块命令下返回的信号。

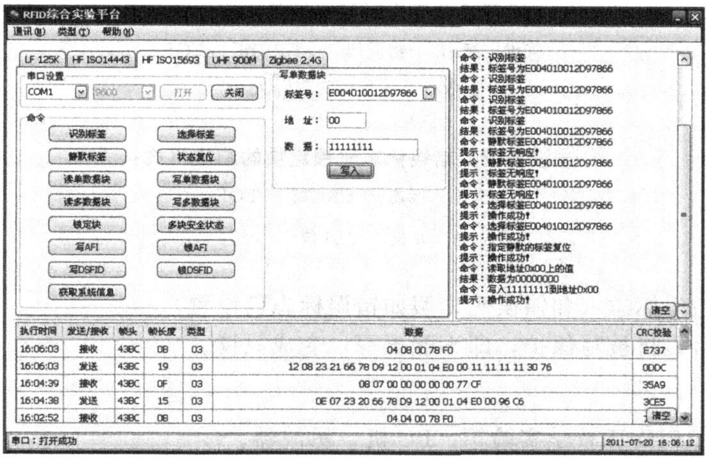

图 42　ISO 15693 标签写单数据块

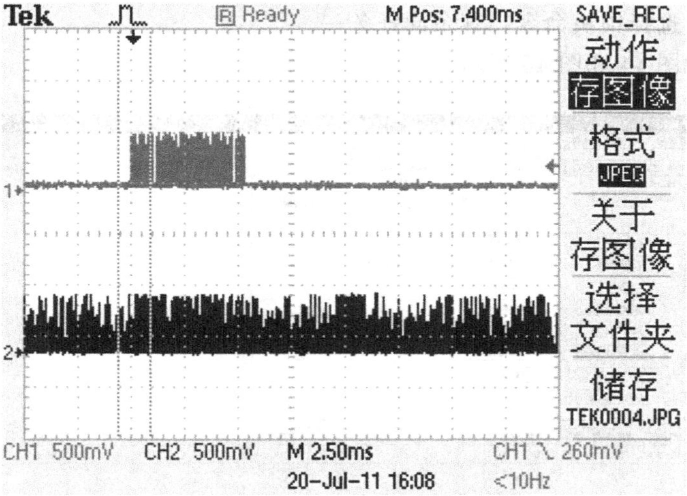

图 43　ISO 15693 写单数据块实验波形

三、 基本原理

ISO15693 标准规范第三部分。

当收到块锁定命令，VICC 将永久锁定请求块。

假如可选择标志没有设置，当它已完成锁定操作启动后，VICC 将返回其响应：t_{1nom} [$4352/f_c$（320.9μs）]+$4096/f_c$（302μs）的倍数，总误差±$32/f_c$，并且最近一次检测到 VCD 请求的 EOF 的上升沿以后 20ms。

假如可选择标志已设置，VICC 将等待收到来自 VCD 的 EOF，然后基于该接收信息将返回其响应。

锁定单个块请求格式：

SOF	标志	锁定块	UID	块地址	CRC16	EOF
	8 位	8 位	64 位	8 位	16 位	

请求参数：（可选的）UID，块地址。

当设置错误标志时锁定块的响应格式：

SOF	标志	错误码	CRC16	EOF
	8 位	8 位	16 位	

当没有设置错误标志时锁定块的响应格式：

SOF	标志	CRC16	EOF
	8 位	16 位	

应答参数：错误标志（和错误码，假如错误标志已设置）。

指定块锁定后，将被写保护，即不能再写，变成只读。

四、所需设备

硬件：CVT-RFID-II 教学实验箱，PC 机，示波器。

软件：PC 机操作系统 Windows XP，RFID 综合实验平台环境。

五、实施步骤

在命令列表里选择锁块命令，其余同任务一。

观测信号，如图 44 和图 45 所示。

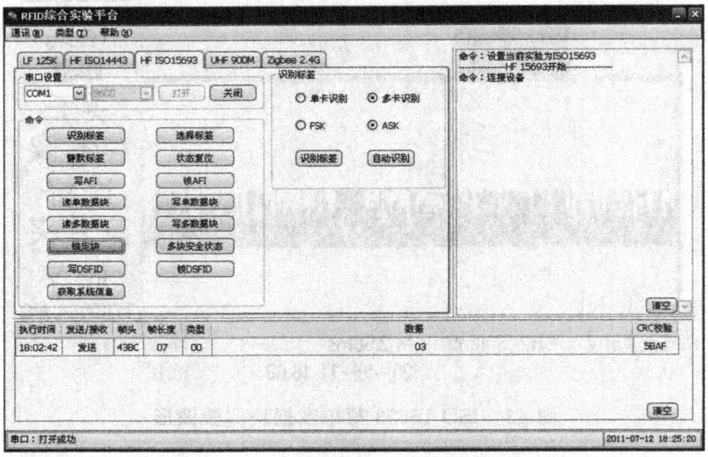

图 44　ISO 15693 标签锁定块

发送和接收的数据包分析参见任务一。

实验波形分析参见任务一。

任务十　ISO 15693 标签读多数据块实验

一、任务目的

熟悉和学习 ISO/IEC 18000-3、ISO 15693 标准规范第三部分协议和指令内容。

二、任务内容

通过示波器观测从电子标签在读多个数据块命令下返回的信号。

三、基本原理

ISO 15693 标准规范第三部分。

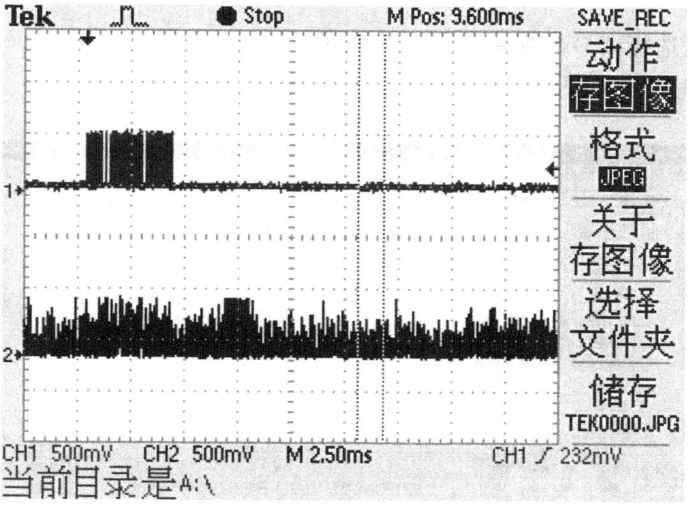

图 45　ISO 15693 标签锁块实验波形

当收到读多个块命令，VICC 将读请求块，并且在响应中发送回它们的值。

假如选择标志在请求中有设置，VICC 将返回块安全状态，接着返回一个接一个的块值。

假如选择标志在请求中没有设置，VICC 将只返回块值。

块编号从'00'～'FF'（0～255）。

请求中块的数目是一个，比 VICC 在其响应中应返回的块数目要少。

举例："块数量"域中的值'06'请求读 7 个块，值'00'请求读单个块。

读多个块请求格式：

SOF	标志	读多个块	UID	首个块序号	块数量	CRC16	EOF
	8 位	8 位	64 位	8 位	8 位	16 位	

请求参数：（可选的）UID，首个块序号，块的数量。

当设置错误标志时读多个块的响应格式：

SOF	标志	错误码	CRC16	EOF
	8 位	8 位	16 位	

当没有设置错误标志时读多个块的响应格式：

SOF	标志	块安全状态	数据	CRC16	EOF
	8 位	8 位	块长度	16 位	

应答参数：错误标志（和错误码，假如错误标志已设置），块安全状态 N（假如选择标志在请求中有设置），块值 N，块安全状态 $N+1$（假如选择标志在请求中有设置），块值 $N+1$等。此处 N 是首个请求（和返回）块。

四、所需设备

硬件：CVT-RFID-II 教学实验箱，PC 机，示波器。

软件：PC 机操作系统 Windows XP，RFID 综合实验平台环境。

五、实施步骤

在命令列表里选择读多数据块命令，其余同任务一

观测信号，如图 46 和图 47 所示。

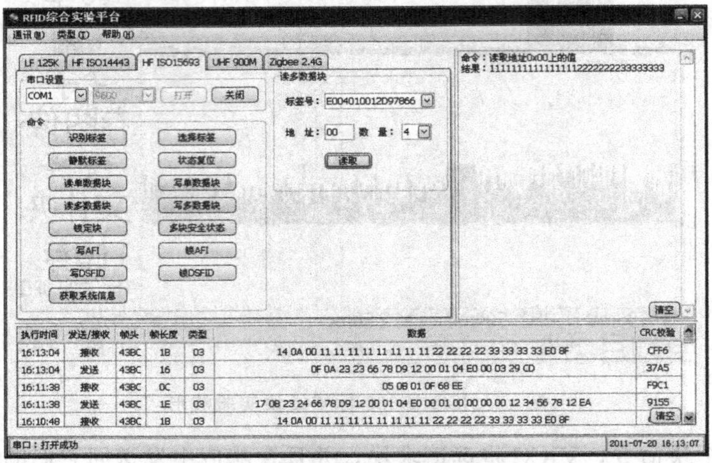

图 46 ISO 15693 标签读多数据块

发送和接收的数据包分析参见任务一。

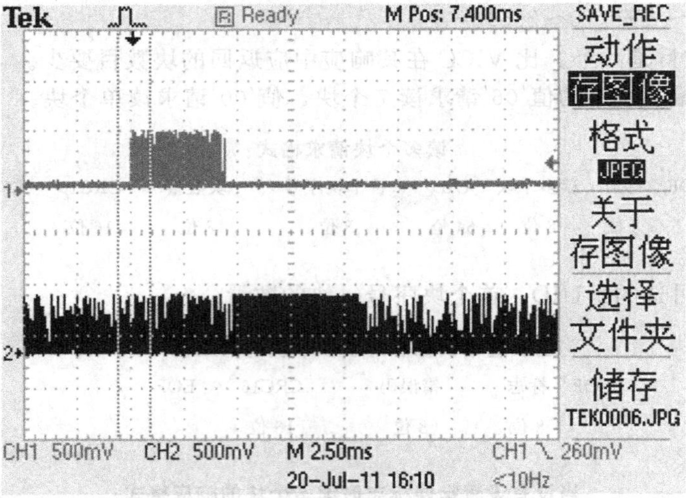

图 47 ISO 15693 标签读多数据块实验波形

任务结果波形分析参见任务一。

任务十一 ISO 15693 标签写多数据块实验

一、任务目的

熟悉和学习 ISO/IEC 18000-3、ISO 15693 标准规范第三部分协议和指令内容。

二、任务内容

通过示波器观测从电子标签在写多数据块命令下返回的信号。

三、基本原理

ISO 15693 标准规范第三部分。

当收到写多个块命令，VICC 将包含在请求中的数据写入请求块，并且在响应中报告操作成功与否。

假如可选择标志没有设置，当它已完成写操作启动后，VICC 将返回其响应：t_{1nom} [$4352/f_c$（320.9μs）]＋$4096/f_c$（302μs）的倍数，总误差±$32/f_c$，并且最近一次检测到 VCD 请求的 EOF 的上升沿以后 20ms。

假如可选择标志已设置，VICC 将等待收到来自 VCD 的 EOF，然后基于该接收信息将返回其响应。

写多个块请求格式：

SOF	标志	写多个块	UID	首个块序号	块数量	数据	CRC16	EOF
	8 位	8 位	64 位	8 位	8 位	块长度	16 位	

请求参数：（可选的）UID，首个块序号，块的数量，块数据。

当设置错误标志时写多个块的响应格式：

SOF	标志	错误码	CRC16	EOF
	8 位	8 位	16 位	

当没有设置错误标志时写多个块的响应格式：

SOF	标志	CRC16	EOF
	8 位	16 位	

应答参数：错误标志（和错误码，假如错误标志已设置）。

四、所需设备

硬件：CVT-RFID-II 教学实验箱，PC 机，示波器。

软件：PC 机操作系统 Windows XP，RFID 综合实验平台环境。

五、实施步骤

在命令列表里选择写多数据块命令，其余同任务一。

观测信号，如图 48 和图 49 所示。

发送和接收的数据包分析参见任务一。

任务结果波形分析参见任务一。

任务十二　ISO 15693 标签写 DSFID 实验

一、任务目的

熟悉和学习 ISO/IEC 18000-3、ISO 15693 标准规范第三部分协议和指令内容。

二、任务内容

通过示波器观测从电子标签在写 DSFID 命令下返回的信号。

三、基本原理

ISO15693 标准规范第三部分。

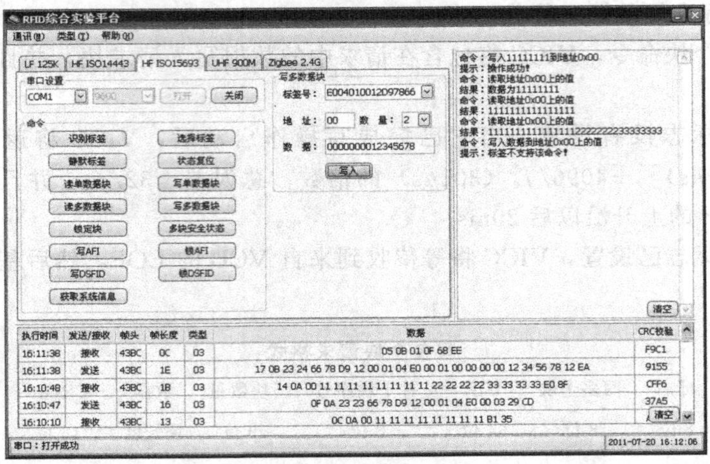

图 48 ISO 15693 标签写多数据块

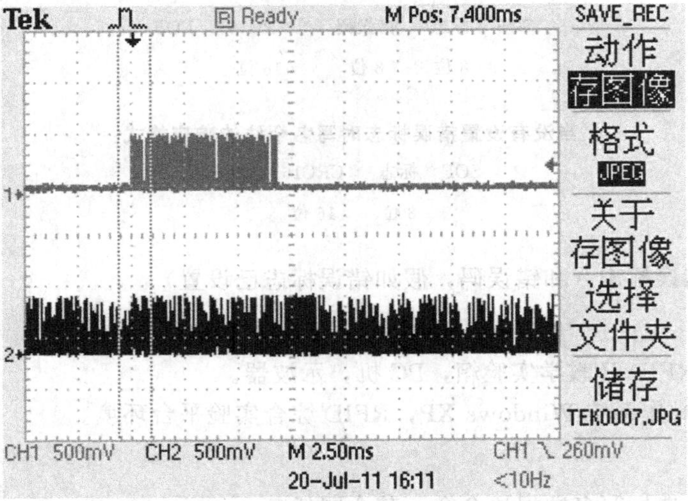

图 49 ISO 15693 标签写多数据块实验波形

当收到写 DSFID 请求，VICC 将 DSFID 值写入其内存中。

假如可选择标志没有设置，当它已完成写操作启动后，VICC 将返回其响应：$t_{1\text{nom}}$ [$4352/f_c$（320.9μs）] +$4096/f_c$（302μs）的倍数，总误差±$32/f_c$，并且最近一次检测到 VCD 请求的 EOF 的上升沿以后 20ms。

假如可选择标志已设置，VICC 将等待收到来自 VCD 的 EOF，然后基于该接收信息将返回其应答。

写 DSFID 请求格式：

SOF	标志	写 DSFID	UID	DSFID	CRC16	EOF
	8 位	8 位	64 位	8 位	16 位	

请求参数：（可选的）UID，DSFID。

当设置错误标志时写 DSFID 的响应格式：

SOF	标志	错误码	CRC16	EOF
	8 位	8 位	16 位	

当没有设置错误标志时写 DSFID 的响应格式：

SOF	标志	CRC16	EOF
	8 位	16 位	

应答参数：错误标志（和错误码，假如错误标志已设置）。

四、 所需设备

硬件：CVT-RFID-II 教学实验箱，PC 机，示波器。

软件：PC 机操作系统 Windows XP，RFID 综合实验平台环境。

五、 实施步骤

在命令列表里选择写 DSFID 命令，其余同任务一。

观测信号，如图 50 和图 51 所示。

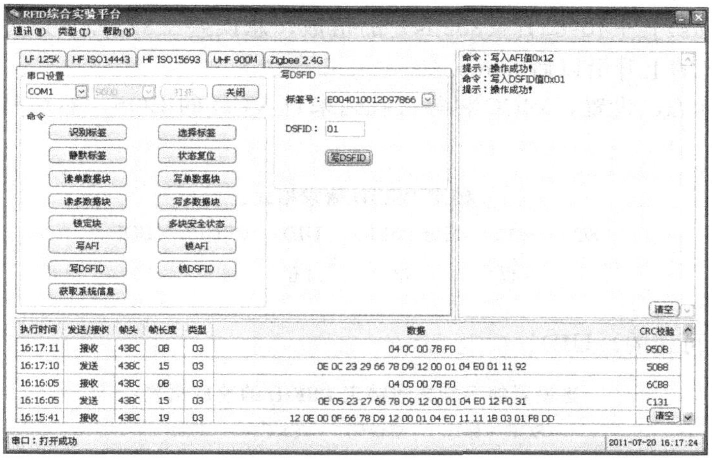

图 50 ISO 15693 标签写 DSFID

发送和接收的数据包分析参见任务一。

任务结果波形分析参见任务一。

任务十三 ISO 15693 标签锁 DSFID 实验

一、 任务目的

熟悉和学习 ISO/IEC 18000-3、ISO 15693 标准规范第三部分协议和指令内容。

二、 任务内容

通过示波器观测从电子标签在锁 DSFID 命令下返回的信号。

三、 基本原理

ISO15693 标准规范第三部分。

当收到锁定 DSFID 请求，VICC 将 DSFID 值永久地锁定在其内存中。

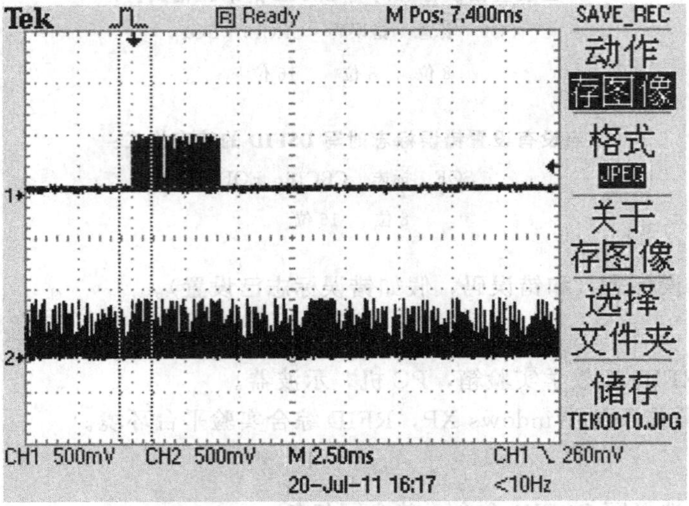

图 51　ISO 15693 标签写 DSFID 实验波形

假如可选择标志没有设置，当它已完成写操作启动后，VICC 将返回其响应：$t_{1\mathrm{nom}}$［$4352/f_c$（320.9μs）］+$4096/f_c$（302μs）的倍数，总误差 $\pm 32/f_c$，并且最近一次检测到 VCD 请求的 EOF 的上升沿以后 20ms。

假如可选择标志已设置，VICC 将等待收到来自 VCD 的 EOF，然后基于该接收信息将返回其响应。

锁定 DSFID 请求格式：

SOF	标志	锁定 DSFID	UID	CRC16	EOF
	8 位	8 位	64 位	16 位	

请求参数：（可选的）UID。

当设置错误标志时锁定 DSFID 的响应格式：

SOF	标志	错误码	CRC16	EOF
	8 位	8 位	16 位	

当没有设置错误标志时锁定 DSFID 的响应格式：

SOF	标志	CRC16	EOF
	8 位	16 位	

应答参数：错误标志（和错误码，假如错误标志已设置）。

DSFID 锁定后，将被写保护，即不能再写，变成只读。

四、所需设备

硬件：CVT-RFID-II 教学实验箱，PC 机，示波器。

软件：PC 机操作系统 Windows XP，RFID 综合实验平台环境。

五、实施步骤

在命令列表里选择锁 DSFID 命令，其余同任务一。

观测信号，如图 52 和图 53 所示。

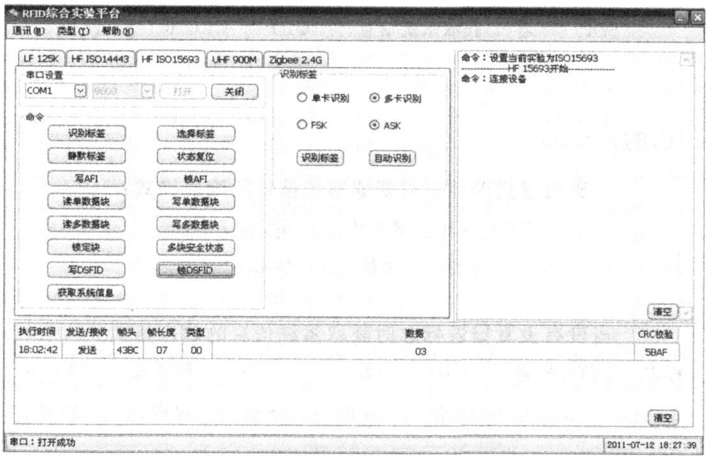

图 52　ISO 15693 标签锁 DSFID

发送和接收的数据包分析参见任务一。

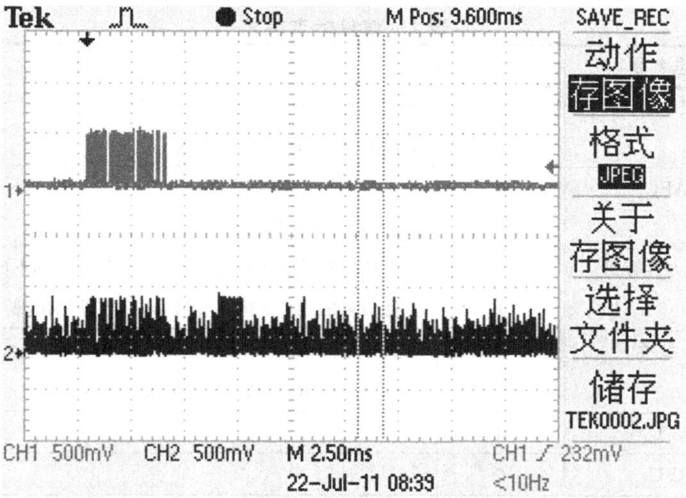

图 53　ISO 15693 标签锁 DSFID 实验波形

任务结果波形分析参见任务一。

任务十四　ISO 15693 标签获取系统信息实验

一、任务目的

熟悉和学习 ISO/IEC 18000-3、ISO 15693 标准规范第三部分协议和指令内容。

二、任务内容

通过示波器观测从电子标签在获取系统信息命令下返回的信号。

三、基本原理

ISO 15693 标准规范第三部分。

获取系统信息允许从 VICC 重新得到系统信息值。

获取系统信息请求格式：

SOF	标志	获取系统信息	UID	CRC16	EOF
	8位	8位	64位	16位	

请求参数：（可选的）UID。

当设置错误标志时获取系统信息的响应格式：

SOF	标志	错误码	CRC16	EOF
	8位	8位	16位	

当没有设置错误标志时获取系统信息的响应格式：

SOF	标志	信息标志	UID	DSFID	AFI	信息域	CRC16	EOF
	8位	8位	64位	8位	8位	见表2	16位	

应答参数：错误标志（和错误码，假如错误标志已设置）；（假如错误标志没有设置）信息标志，UID（强制的）。

假如它们相应的标志已设置，信息域以它们相应的标志为顺序，定义见表2。

表2 信息标志定义

位	标志名称	值	描述
b1	DSFID	0	不支持DSFID,DSFID域不出现
		1	支持DSFID,DSFID域出现
b2	AFI	0	不支持AFI,AFI域不出现
		1	支持AFI,AFI域出现
b3	VICC内存容量	0	不支持信息的VICC内存容量,内存容量域不出现
		1	支持信息的VICC内存容量,内存容量域出现
b4	IC参考	0	不支持信息的IC参考,IC参考域不出现
		1	支持信息的IC参考,IC参考域出现
b5	RFU	0	
b6	RFU	0	
b7	RFU	0	
b8	RFU	0	

块容量以5bits的字节数量表达出来，允许定制到32字节，即256bits。它比实际的字节数目要少1。

举例：值'1F'表示32字节，值'00'表示1字节。

块数目是基于8bits，允许定制到256个块。它比实际的字节数目要少1。

举例：值'FF'表示256个块，值'00'表示1个块。

最高位的3bits保留，未来使用，可以设置为0。

IC参考基于8bits，它的意义由IC制造商定义。

四、所需设备

硬件：CVT-RFID-II教学实验箱，PC机，示波器。

软件：PC机操作系统Windows XP，RFID综合实验平台环境。

五、 实施步骤

在命令列表里选择获取系统信息命令，其余同任务一。

观测信号，如图 54 和图 55 所示。

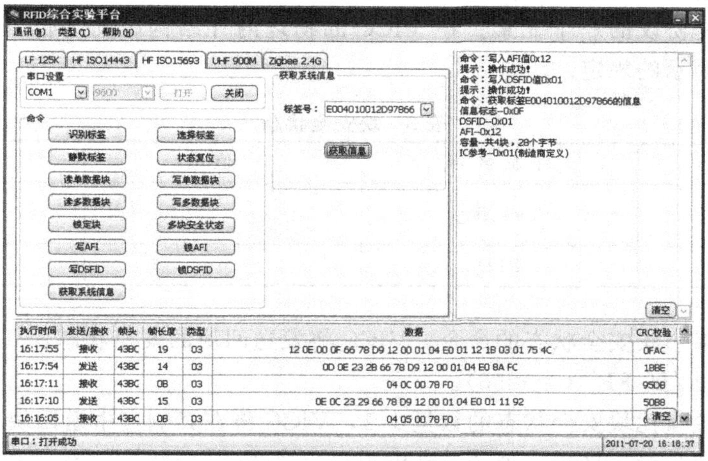

图 54　ISO 15693 标签获取系统信息

发送和接收的数据包分析参见任务一。

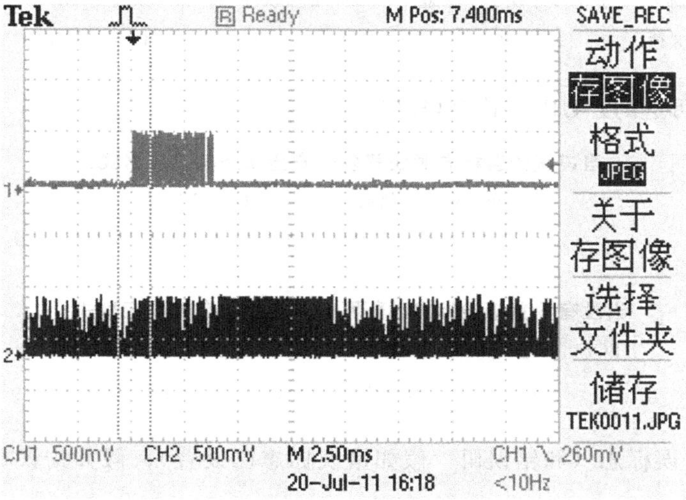

图 55　ISO 15693 标签获取系统信息实验波形

任务结果波形分析参见任务一。

任务十五　ISO 15693 标签获取多块安全状态实验

一、 任务目的

熟悉和学习 ISO/IEC 18000-3、ISO 15693 标准规范第三部分协议和指令内容。

二、 任务内容

通过示波器观测从电子标签在获取多块安全状态命令下返回的信号。

三、基本原理

ISO 15693 标准规范第三部分。

根据协议的规定，在响应一次 VCD 请求时（例如读单个块时），块安全状态（表 3）作为参数由 VICC 返回。块安全状态编码成一个字节。

块安全状态是协议的一个元素。在 VICC 的物理内存结构中的 8 位（bits）是否执行，这里没有暗示或明示的规定。

表 3　块安全状态

位	标志名称	值	描　述
b1	Lock_flag	0 1	非锁定 锁定
b2～b8	RFU	0	

当收到获取多个块安全状态的命令，VICC 将发送回块的安全状态。

块的编码从'00'到'FF'（0～255）。

请求中块的数量比块安全状态的数量少 1，VICC 将在其响应中返回块安全状态。

举例：在“块数量”域中，值'06'要求返回 7 个块安全状态。在“块数量”域中，值'00'要求返回单个块安全状态。

获取多个安全块状态的请求格式：

SOF	标志	获取多个块安全状态	UID	首个块序号	块的数量	CRC16	EOF
	8 位	8 位	64 位	8 位	16 位	16 位	

请求参数：（可选的）UID，首个块序号。

当设置错误标志时获取多个安全状态的响应格式：

SOF	标志	错误码	CRC16	EOF
	8 位	8 位	16 位	

当没有设置错误标志时获取多个安全状态的响应格式：

SOF	标志	信息标志	CRC16	EOF
	8 位	8 位，如果需要，需重复	16 位	

应答参数：错误标志（和错误码，假如错误标志已设置）；假如错误标志没有设置，返回块安全状态。

四、所需设备

硬件：CVT-RFID-II 教学实验箱，PC 机，示波器。

软件：PC 机操作系统 Windows XP，RFID 综合实验平台环境。

五、实施步骤

在命令列表里选择多块安全状态命令，其余同任务一。

观测信号，如图 56 和图 57 所示。

发送和接收的数据包分析参见任务一。

任务结果波形分析参见任务一。

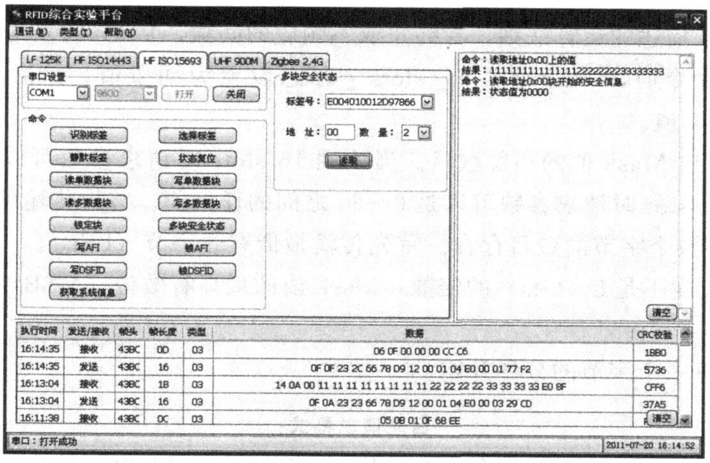

图 56　ISO 15693 标签获取多块安全状态

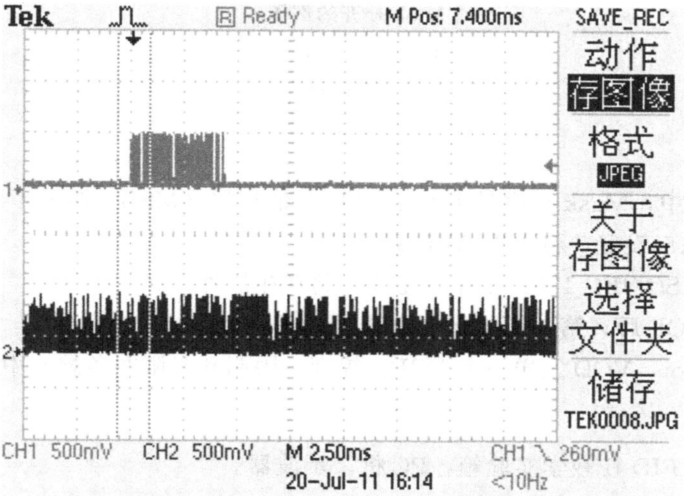

图 57　ISO 15693 标签获取多块安全状态实验波形

任务十六　ISO 15693 标签防碰撞实验

一、 任务目的

熟悉和学习 ISO/IEC 18000-3、ISO 15693 标准规范第三部分协议和指令内容。

二、 任务内容

理解 ISO 15693 标签防碰撞的原理和协议。

三、 基本原理

ISO 15693 标准规范第三部分。

防冲突序列的目的，是在 VCD 工作域中产生由 VICC 的唯一 ID（UID）决定的 VICCs 目录。

VCD 在与一个或多个 VICCs 通信中处于主导地位。它通过发布目录请求初始化卡通信。

根据条款 8.2 描述的运算法则，在终止或不响应的间隙，VICC 将发送其响应。

在发布目录命令时，VCD 将 Nb _ slots _ 标志设置为期望值，然后在命令域后加入 Mask 长度和 Mask 值。

Mask 长度指出 Mask 值的高位数目。当使用 16 slots 时请求参数可以是 0～60 之间的任何值，当使用 1 slot 时请求参数可以是 0～64 之间的任何值。首先传输低位（LSB）。

Mask 值以整数个字节的数目存在。首先传输最低有效字节（LSB）。

假如 Mask 长度不是 8（bits）的倍数，Mask 值的最高有效位（MSB）将补 0，使 Mask 值是整数个字节。

下一个域以下一个字节的分界开始。

目录请求格式：

SOF	标志	命令	Mask 长度	Mask 值	CRC16	EOF
	8 位	8 位	8 位	0～8 字节	16 位	

Mask 补齐的例子：

MSB	LSB
0000	0100 1100 1111
Pad	Mask 值

在上面的例子中，Mask 长度是 12bits。Mask 值高位（MSB）补了 4 个 0。

假如 AFI 标志已设置，将出现 AFI 域。

根据 EOF 在 ISO/IEC 15693-2 中的定义，将产生脉冲。

在收到请求 EOF 后，第一个 slot 马上开始启动。

接通至下一 slot，VCD 发送一个 EOF。规则、限制和时限在条款 9 中有规定。

四、 所需设备

硬件：CVT-RFID-II 教学实验箱，PC 机，示波器。

软件：PC 机操作系统 Windows XP，RFID 综合实验平台环境。

五、 实施步骤

在命令列表里选择识别标签命令，将三张 ISO 15693 的标签放到 ISO 15693 天线感应区，选择多卡识别，选 FSK 模式，点击识别标签按钮，如图 58 所示。

从图 58 可以看出，识别到了三张标签，它们的标签号显示在信息栏里。必须指出的是，根据 ISO 15693 的防碰撞协议规定，防碰撞的 16 个 slots 从'0'到'F'进行排列，所有在多卡识别时，如果不同标签的尾号相同，则会导致防碰撞过程失败。在上面三张标签里，标签尾号分别为'1'、'6'、'E'，所以防碰撞过程成功。

选 ASK 模式，点击识别标签按钮，如图 59 所示。

从图 59 可以看出，识别到了三张标签，它们的标签号显示在信息栏里。必须指出的是，根据 ISO 15693 的防碰撞协议规定，防碰撞的 16 个 slots 从'0'到'F'进行排列，所有在多卡识别时，如果不同标签的尾号相同，则会导致防碰撞过程失败。在上面三张标签里，标签尾号分别为'1'、'6'、'E'，所以防碰撞过程成功。

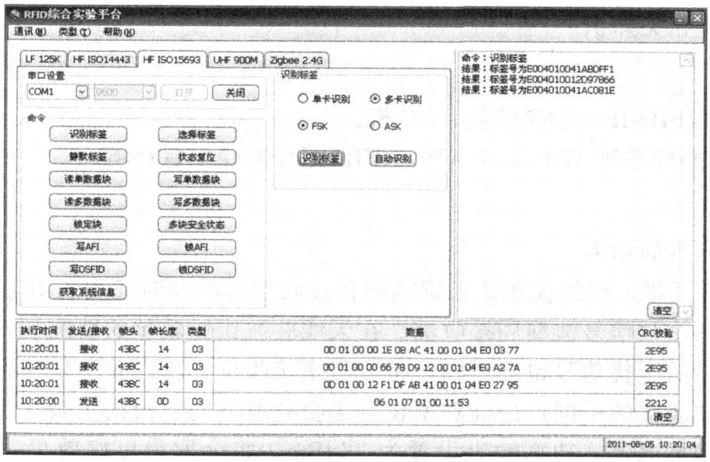

图 58　ISO 15693 标签 FSK 防碰撞

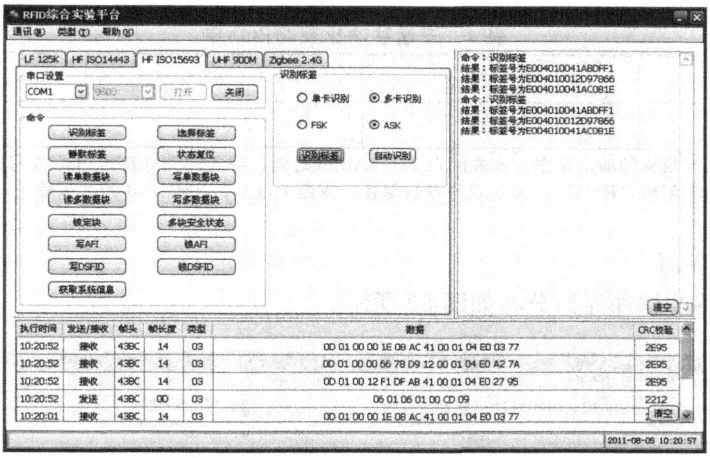

图 59　ISO 15693 标签 ASK 防碰撞

项目六　900MHz 标签实训

任务一　900MHz 标签功率设置实验

一、 任务目的

1. 熟悉 CVT-RFID-II 实验箱基本操作。
2. 熟悉 CVT-RFID-II 综合实验平台。
3. 了解 900MHz 标签的功率设置。

二、 任务内容

1. 熟悉 900MHz 标签的操作。
2. 学会使用 CVT-RFID-II 综合实验平台对 900MHz 标签进行功率设置。

三、预备知识

900MHz 标签相关知识。

四、所需设备

硬件：CVT-RFID-II 教学实验箱，PC 机。

软件：PC 机操作系统 Windows XP，RFID 综合实验平台环境。

五、基础知识

1. 900MHz 标签的功率

无源 UHF 读写器工作的模式要求读写器在接收信号的同时还要打开功放提供给标签能量，因此将会有一个强信号泄漏到接收端。在天线驻波比比较差的情况下，随着输出功率增强，泄漏到接收端的干扰信号也会增强，将会阻塞接收机。所以并不是功率越高，读卡距离越远。根据天线驻波比的不同，最佳功率设置也会有所不同。根据实验室测得结果，在天线驻波比小于 1.5 的情况下，功率输出设置为 26dBm，将会取得更好效果。如果天线的驻波比变得更差，应该适当减小输出功率。

表 4 列出了不同天线驻波比情况下推荐的输出功率。

表 4 天线驻波比及输出功率

天线驻波比	1～1.5	1.5～2.0	＞2.0
推荐的输出功率	26dbm	23dbm	＜20dbm

注：用于设置读写器模块的输出功率，有效值在 10～30dBm 之间。当上位机与 RMU900 读写器连接成功后，该功能才能进行操作。设定功率值后，RMU900 将该功率参数保存，重新上电后，RMU900 的默认输出功率为最后一次修改的功率值。

2. 软件操作界面

900MHz 标签的软件界面分布如图 60 所示。

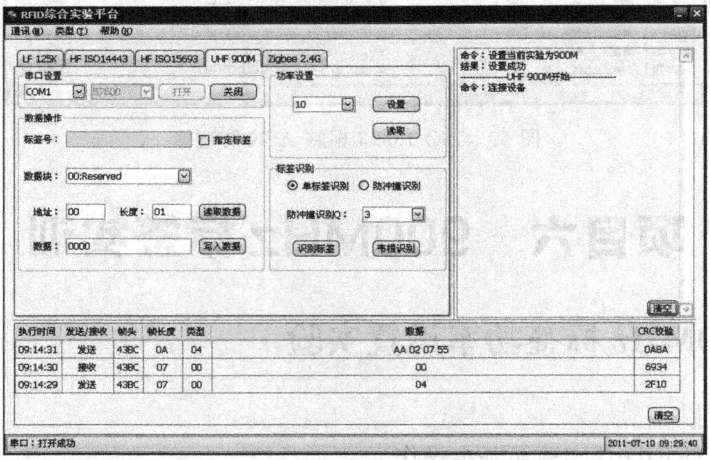

图 60 软件界面

六、实施步骤

1. 将串口连接到实验箱 COM1 上，实验箱通电。
2. 打开 RFID 综合实验平台软件。
3. 选择菜单栏中的通信，点击设置，弹出设置实验类型对话框（图 61）。

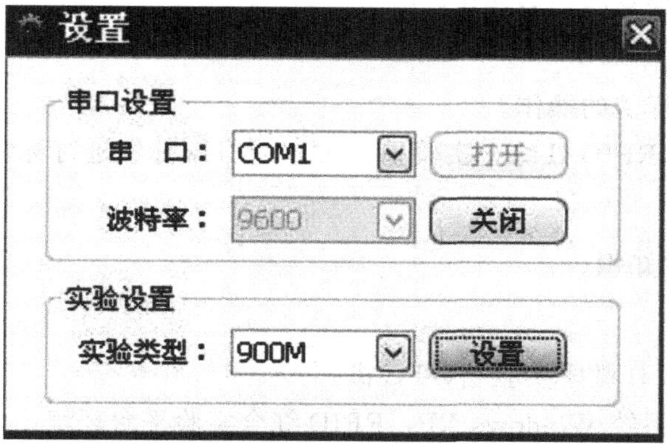

图 61 实验类型设置

4. 串口设置，如果直接使用 PC 机串口 1，选择 COM1，如果使用 USB 转串口或其他方式，请选择相应串口，然后打开串口。

5. 实验设置，选择实验类型为 900MHz，点击设置。

6. 选择 900MHz 标签，连接串口线到实验箱串口 2，如果直接使用 PC 机串口 1，选择 COM1，如果使用 USB 转串口或其他方式，请选择相应串口，然后打开串口。

7. 将 900MHz 标签放到 900MHz 天线附近，在功率设置栏选择“10”，点击设置按钮，再点击读取按钮，查看功率设置情况。

8. 观察实验结果。如图 62 所示。

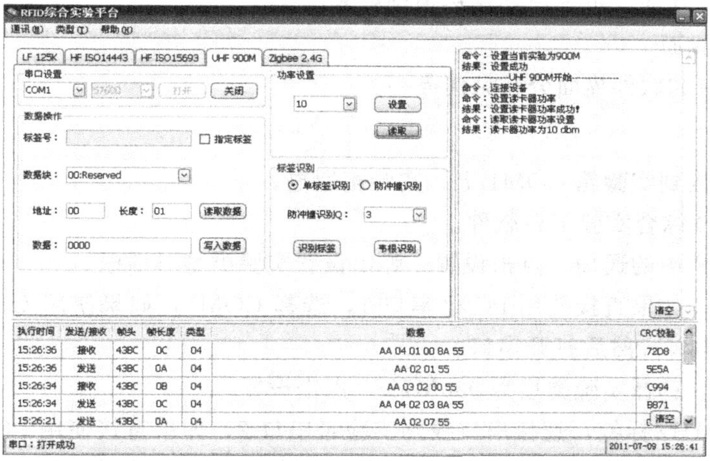

图 62 900MHz 标签设置功率

从图 62 可以看出，900MHz 标签的功率设置为 10dbm，实验中也可以选择其他的功率值进行设置。

任务二 900MHz 标签识别实验

一、 任务目的

1. 熟悉 CVT-RFID-II 实验箱基本操作。

2. 熟悉 CVT-RFID-II 综合实验平台。

3. 了解 900MHz 标签的识别操作。

二、 任务内容

1. 熟悉 900MHz 标签的操作。

2. 学会使用 CVT-RFID-II 综合实验平台对 900MHz 标签进行标签识别。

三、 预备知识

900MHz 标签相关知识。

四、 所需设备

硬件：CVT-RFID-II 教学实验箱，PC 机。

软件：PC 机操作系统 Windows XP，RFID 综合实验平台环境。

五、 基础知识

1. 900MHz 标签的识别

标签识别有：单标签识别和防碰撞识别，本实验是单标签识别实验。

标签识别的命令按钮有：识别标签和韦根识别。

识别标签命令：用于识别读写器通信范围内（以下简称为场内）的电子标签。该命令会启动识别循环，即点击命令后，识别标签一直循环，直到结束识别标签。可以选择是否启动防碰撞功能进行标签识别。

韦根识别命令：用于识别单张电子标签，通过韦根接口输出数据，符合 wiegend-26 协议。

不启动防碰撞功能，也不启动循环识别标签。

2. 软件操作界面

900MHz 标签的软件界面分布见任务一。

六、 实施步骤

1. 将串口连接到实验箱 COM1 上，实验箱通电。

2. 打开 RFID 综合实验平台软件。

3. 选择菜单栏中的通信，点击设置，弹出设置实验类型对话框。

4. 串口设置，如果直接使用 PC 机串口 1，选择 COM1，如果使用 USB 转串口或其他方式，选择相应串口，然后打开串口。

5. 实验设置，选择实验类型为 900MHz，点击设置。

6. 选择 900MHz 标签，连接串口线到实验箱串口 2，如果直接使用 PC 机串口 1，选择 COM1，如果使用 USB 转串口或其他方式，请选择相应串口，然后打开串口。

7. 将 900MHz 标签放到 900MHz 天线附近，在功率设置栏选择 "10"，点击设置按钮，再点击读取按钮，查看功率设置情况。

8. 在标签识别栏，选中单标签识别，点击识别标签按钮。

9. 观察实验结果。如图 63 所示。

从图 63 可以看出，900MHz 标签识别的卡号为 3000E2003411B802011616327174。

10. 在标签识别栏，选中单标签识别，点击韦根识别按钮。

11. 观察实验结果。如图 64 所示。

从图 64 可以看出，900MHz 标签识别的卡号为 3000E2003411B802011616327174。

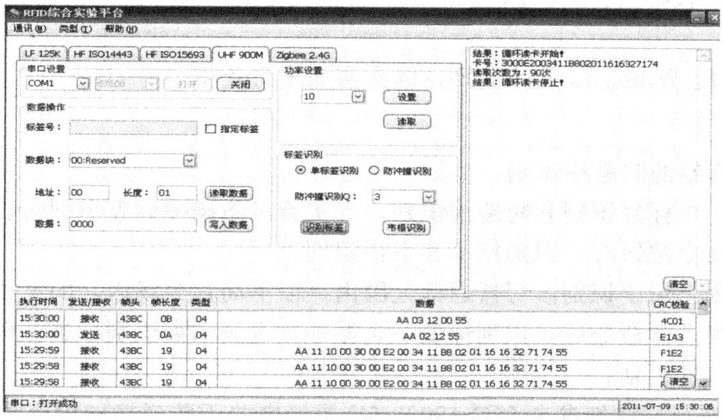

图 63　900MHz 标签识别标签

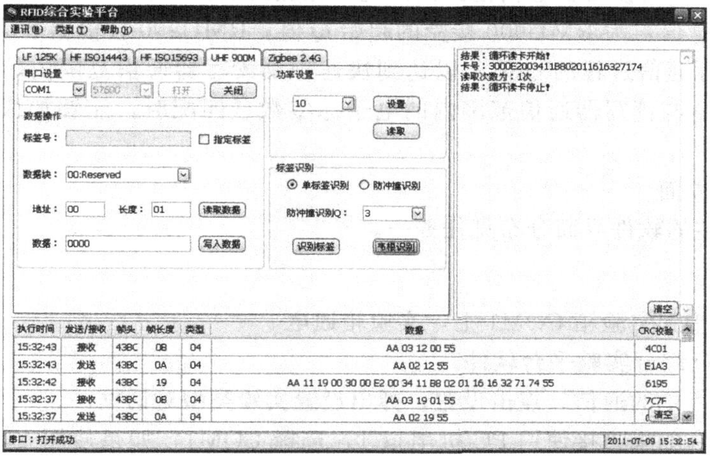

图 64　900MHz 标签韦根识别

任务三　900MHz 标签防碰撞识别实验

一、 任务目的

1. 熟悉 CVT-RFID-II 实验箱基本操作。
2. 熟悉 CVT-RFID-II 综合实验平台。
3. 了解 900MHz 标签的防碰撞操作。

二、 任务内容

1. 熟悉 900MHz 标签的操作。
2. 学会使用 CVT-RFID-II 综合实验平台对 900MHz 标签进行防碰撞识别。

三、 预备知识

900MHz 标签相关知识。

四、 所需设备

1. 硬件

CVT-RFID-II 教学实验箱，PC 机。

2. 软件

PC 机操作系统 Windows XP，RFID 综合实验平台环境。

五、 基础知识

1. 900MHz 标签的防碰撞识别

标签识别有：单标签识别和防碰撞识别，本实验是防碰撞标签识别实验。

标签识别的命令按钮有：识别标签和韦根识别。

识别标签命令：用于识别读写器通信范围内（以下简称为场内）的电子标签。该命令会启动识别循环，即点击命令后，识别标签一直循环，直到结束识别标签。可以选择是否启动防碰撞功能进行标签识别。

关于 Q 值的选择，详细参考 ISO 18000-6C 协议中关于防碰撞的内容说明。主要用于场内存在多张电子标签时，避免多张电子标签信号相互碰撞，导致读写器无法正常识别电子标签。Q 值的选择依据为读写器通信范围内的电子标签的数目（假设为 N），当 $2Q$ 接近 N 时，最佳。界面上的 Q 值，为 RMU900 接受的起始 Q 值，RMU900 会根据通信过程中的碰撞情况，智能调整实际通信过程的 Q 值，以达到快速识别读写器通信范围内的多个电子标签的目的。当起始 Q 值与读写器通信范围内的电子标签数量匹配时，能够加快识别效率。默认情况下，起始 $Q=3$。

2. 软件操作界面

900MHz 标签的软件界面分布见任务一。

六、 实施步骤

1. 将串口连接到实验箱 COM1 上，实验箱通电。
2. 打开 RFID 综合实验平台软件。
3. 选择菜单栏中的通信，点击设置，弹出设置实验类型对话框。
4. 串口设置，如果直接使用 PC 机串口 1，选择 COM1，如果使用 USB 转串口或其他方式，请选择相应串口，然后打开串口。
5. 实验设置，选择实验类型为 900MHz，点击设置。
6. 选择 900MHz 标签，连接串口线到实验箱串口 2，如果直接使用 PC 机串口 1，选择 COM1，如果使用 USB 转串口或其他方式，请选择相应串口，然后打开串口。
7. 将两张 900MHz 标签放到 900MHz 天线附近，在功率设置栏选择“10”，点击设置按钮，再点击读取按钮，查看功率设置情况。
8. 在标签识别栏，选中防碰撞识别，将 Q 值设置为 3，点击识别标签按钮。
9. 观察实验结果。如图 65 所示。

从图 65 可以看出：900MHz 标签防碰撞识别到第一张的卡号为 3000E2003411B802011616327174，读取次数 81 次；识别到的第二张的卡号为 123400000000，读取次数 106 次。

任务四　900MHz 标签数据读写实验

一、 任务目的

1. 熟悉 CVT-RFID-II 实验箱基本操作。
2. 熟悉 CVT-RFID-II 综合实验平台。

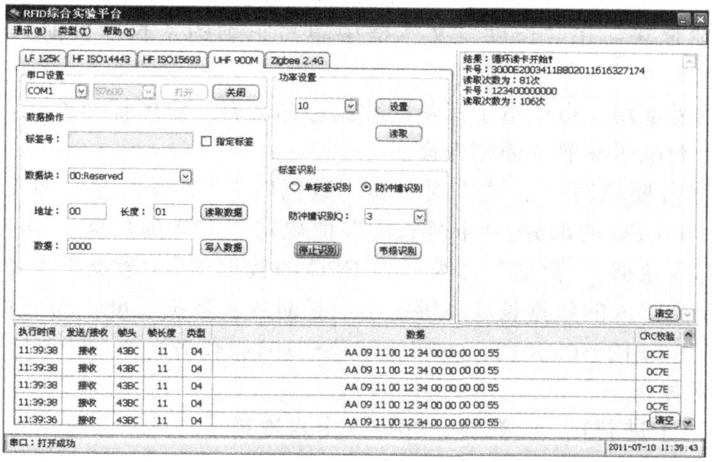

图 65　900MHz 标签防碰撞识别标签

3. 了解 900MHz 标签的数据读写操作。

二、 任务内容

1. 熟悉 900MHz 标签的操作。

2. 学会使用 CVT-RFID-II 综合实验平台对 900MHz 标签进行数据读写。

三、 预备知识

900MHz 标签相关知识。

四、 所需设备

硬件：CVT-RFID-II 教学实验箱，PC 机。

软件：PC 机操作系统 Windows XP，RFID 综合实验平台环境。

五、 基础知识

1. 900MHz 标签的数据读写操作

900MHz 标签的数据块分为如下四块。

数据块 00：Reserved

数据块 01：UII

数据块 10：TID

数据块 11：User

读取数据用于读取电子标签指定数据块的信息，如 UII、USER 的数据信息。当上位机与 RMU900 读写器连接成功后，该功能才能进行操作。读取电子标签的指定信息时，必须先在“标签 ID”文本框中填写一个标签 ID 号（为方便用户操作，本演示程序提供更加方便快捷的输入 ID 号的方法，即用户在已识别的标签号对应的状态栏进行单击，该电子标签的 ID 号即自动填写到“标签 ID”文本框中），在“地址”文本框中输入需要读取的初始地址块，在“长度”文本框中填写正确的字长，单位为“字”（即 2 个字节）。

写入数据用于往电子标签的指定数据块中写入数据信息，如写入 UII、USER 的数据信息。当上位机与 RMU900 读写器连接成功后，该功能才能进行操作。写入电子标签的指定数据块信息时，必须先在“标签 ID”文本框中填写一个标签 ID 号（为方便用户操作，本演示程序提供更加方便快捷的输入 ID 号的方法，即用户在已识别的标签号对应的状态栏进行单击，该电子标签的ID号即自动填写到“标签 ID”文本框中)，在“地址”文本框中输入需要读取的初始地址块，在“长度”文本框中填写正确的字长，目前只支持每次写 1 个字长。

循环写入数据需慎用，由于电子标签的数据存储区有一定的擦写寿命，因此进行连续数据写入操作，会影响电子标签的使用寿命。

“写 UII”操作需要填写“卡号长度”和“数据”。“卡号长度”即 UII 长度，单位为“字”，其包含 PC 和 EPC 两部分。“卡号长度”值规定了 UII 的长度，当卡号长度大于存储的容量时将无法写入数据。“数据”即为写入 EPC 的数据值，“数据”文本框内填入的数据以“字”为单位，当添入的数据长度不够一个字长时或者数据长度不为字长的整数倍时，需在数据前面补 0（如 0x12→0x0012，0x1234567→0x01234567）。

“写 UII”举例如下。

卡号长度：3（十进制）　　数据：0012（十六进制）

（根据 ISO 18000-6C 协议规定 UII＝PC＋EPC，卡号长度决定 PC 值。此处卡号长度为 3，卡号长度决定了 PC 值为 1000，即 UII 长度为 3 个字长，EPC 为 2 个字长，而“数据”文本框内填入数据长度为 1 个字长，因此，写入操作时，软件将自动将“数据”文本框内数据改为“00000012”，即向电子标签的 EPC 写入的数据将为“00000012”。）

“写用户数据”操作需要填写“地址”和“数据”。

“地址”为电子标签 USER 存储区的块地址。当地址大于存储区的最大地址值时将无法写入数据。

“数据”为写入 USER 存储区的数据值，“数据”文本框内填入的数据以字为单位，当填入的数据长度不够一个字长时或者数据长度不为字长的整数倍时，需前面补“0”（如 0x12→0x0012，0x1234567→0x01234567)。

“写用户数据”用例如下。

地址：3（十进制）　　数据：00120211（十六进制）

（该次操作写入的首地址为 3，而数据为“00120211”，系统软件将将“0012”写入地址为 3 的 USER 存储区，将“0211”写入地址为 4 的 USER 存储区。）

2. 软件操作界面

900MHz 标签的软件界面分布见任务一。

六、实施步骤

1. 将串口连接到实验箱 COM1 上，实验箱通电。
2. 打开 RFID 综合实验平台软件。
3. 选择菜单栏中的通信，点击设置，弹出设置实验类型对话框。
4. 串口设置，如果直接使用 PC 机串口 1，选择 COM1，如果使用 USB 转串口或其他方式，请选择相应串口，然后打开串口。
5. 实验设置，选择实验类型为 900MHz，点击设置。
6. 选择 900MHz 标签，连接串口线到实验箱串口 2，如果直接使用 PC 机串口 1，选择 COM1，如果使用 USB 转串口或其他方式，请选择相应串口，然后打开串口。
7. 将两张 900MHz 标签放到 900MHz 天线附近，在功率设置栏选择“10”，点击设置按钮，再点击读取按钮，查看功率设置情况。
8. 在标签识别栏，选中单标签识别，点击识别标签按钮。
9. 识别到标签后，在数据块栏选择“00”，地址“00”，长度“01”，点击读取数据按钮，观察实验结果。接着对数据块 01、10 和 11，分别进行数据读取。如图 66 所示。

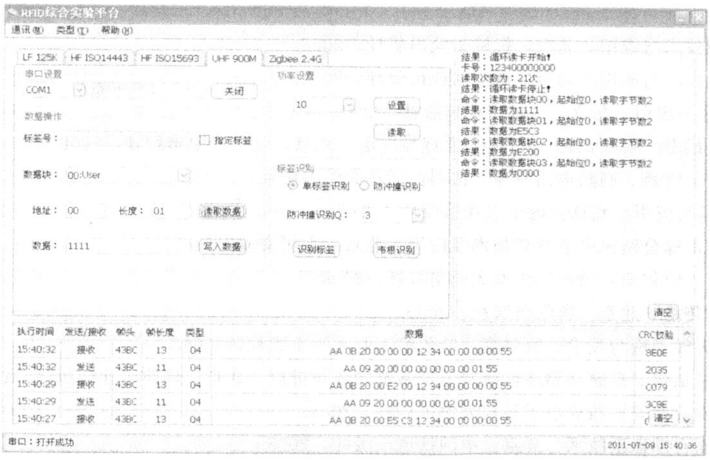

图 66　900MHz 标签数据块读取数据

从图 66 可以看出：900MHz 标签的卡号为 123400000000，读取次数 21 次。数据块读取结果如下。

数据块 00：1111

数据块 01：E5C3

数据块 10：E200

数据块 11：0000

10. 在标签识别栏，选中单标签识别，点击识别标签按钮。

11. 识别到标签后，在数据块栏选择“00”，地址“00”，长度“01”，点击读取数据按钮，观察实验结果。接着在数据操作的数据栏填“0000”，点击写入数据按钮，完成对标签的数据写入，写入完成后，可以点击读取数据按钮，查看数据写入是否成功。如图 67 所示。

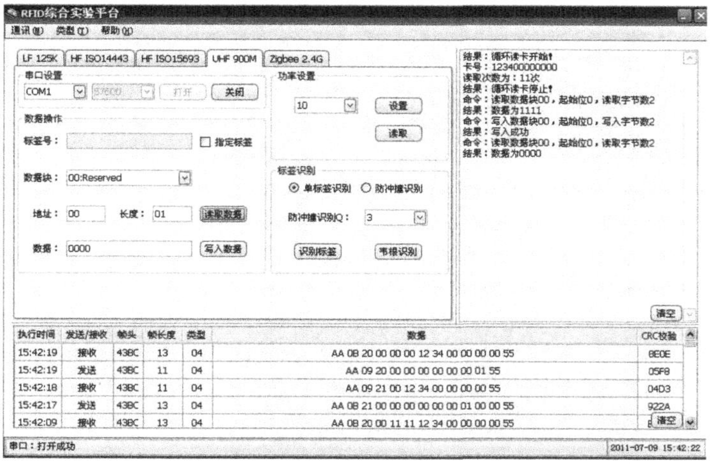

图 67　900MHz 标签数据块写入数据

从图 67 可以看出：900MHz 标签的卡号为 123400000000，读取次数 11 次。数据块 00 读取数据为'1111'，对数据块 00 写入数据'0000'后，再次读出的数据为'0000'，表明写入数据成功。

参 考 文 献

[1] 赵军辉．射频识别技术与应用．北京：机械工业出版社，2008.

[2] 米志强．射频识别技术与应用．北京：电子工业出版社，2011.

[3] 方龙雄．RFID 技术与应用．北京：机械工业出版社，2013.

[4] 单承赣，单玉峰，姚磊．射频识别（RFID）原理与应用．北京：电子工业出版社，2008.

[5] 邹国扬，顾涵铮，周雪娇．高频电路原理．杭州：浙江大学出版社，2006.

[6] 董丽华．RFID 技术与应用，北京：电子工业出版社，2008.

[7] 张智勇，朱立伟．高速公路机电系统新技术及应用．北京：人民交通出版社，2008.

[8] 马汉炎．天线技术．哈尔滨：哈尔滨工业大学出版社，2008.

[9] 李莉．天线与电波传播．北京：科学出版社，2009.

[10] 阮成礼．超宽带天线理论与技术．哈尔滨：哈尔滨工业大学出版社，2006.

[11] 陈启美，金凌，王从侠．高速公路通信收费监控系统构成与进展．北京：国防工业出版社，2006.

[12] 许学梅，天线技术．西安：西安电子科技大学出版社，2004.

[13] 张谦．现代物流与自动识别技术．北京：中国铁道出版社，2008.

[14] 张有光，唐长虹．EPCglobal RFID 技术标准概述．中国标准化，2008（1）：57-62.